高等数学基础

主　编　吴建春
副主编　杜　静
参　编　杜继琴　张玉梅　刘永翀

重庆大学出版社

内容简介

本书内容包括函数、极限与连续、导数与微分、导数的应用、不定积分、定积分及其应用、常微分方程、空间向量与解析几何、多元函数的微分学、多元函数的积分学、无穷级数、MATLAB 简介及其数学实验。教材中有一些标注“*”的章节,可以作为选学内容。

本书既可供高职院校各专业学生作为基础课教程使用,又可供高等数学初学者使用。

图书在版编目(CIP)数据

高等数学基础 / 吴建春主编. -- 重庆 : 重庆大学出版社, 2019.4(2024.12 重印)

ISBN 978-7-5689-1307-2

Ⅰ. ①高… Ⅱ. ①吴… Ⅲ. ①高等数学—高等职业教育—教材 Ⅳ. ①O13

中国版本图书馆 CIP 数据核字(2018)第 183909 号

高等数学基础

主　编　吴建春

副主编　杜　静

参　编　杜继琴　张玉梅　刘永翀

策划编辑:鲁　黎

责任编辑:陈　力　　版式设计:鲁　黎

责任校对:万清菊　　责任印制:张　策

*

重庆大学出版社出版发行

出版人:陈晓阳

社址:重庆市沙坪坝区大学城西路 21 号

邮编:401331

电话:(023) 88617190　88617185(中小学)

传真:(023) 88617186　88617166

网址:http://www.cqup.com.cn

邮箱:fxk@cqup.com.cn (营销中心)

全国新华书店经销

重庆长虹印务有限公司印刷

*

开本:787mm×1092mm　1/16　印张:15　字数:348千

2019 年 4 月第 1 版　2024 年 12 月第 5 次印刷

印数:8 041—9 040

ISBN 978-7-5689-1307-2　定价:46.00 元

前言

高等数学是高职院校大多数专业特别是理工科专业开设的一门必修课程，它既在人才素质培养和思维提升方面具有举足轻重的作用，又在高职教育中发挥着其他课程无法替代的专业服务功能和素质培养功能，也是对学生思维品质和能力进行培养的重要途径。通过高等数学的教学，可使学生掌握必备的数学知识和应用技能，并培养学生的理性思维，并以此为工具，提高对专业知识的学习和研究能力。本教材在高职教学中承担着两方面的任务：一是掌握必要的高等数学知识，将所学知识应用到专业课教学中，满足专业的需要，为专业服务，为学生在后继专业基础课和专业课程的学习中扫清障碍，做好铺垫；并且充分利用高等数学的工具性作用，为学生在以后的科研创新中起到一定的支撑作用；二是满足学历教育的必需，体现数学的基础性地位，使学生通过数学课程的学习而具有较扎实的数学基础，并培养自身不断自学、可持续发展的能力。

目前，随着高职院校的扩招，导致部分学生基础较差，并缺乏学习的主动性，对学习高等数学产生了恐惧心理。部分高职院校所用高等数学教材只是对高校本科高等数学的教材做了一些删减而形成的，内容烦琐，习题复杂，没有充分考虑高职学生的学习基础、接受知识的能力以及信息化条件下对数学的不同要求，导致高等职业院校高等数学教材与学生实际情况及教学脱节，使“学生学得艰难，教师教得更艰难”。因此，本教材打破课程原有结构体系，重新组合教学内容，从学生情况及信息化条件下对数学的不同要求的角度出发，加大高职院校高等数学教材的改革力度，促使每个学生在最适合自己的学习环境中求得最佳发展。编者经过长期的教学实践，详细的调查研究，充分考虑学生的学习基础、接受知识的情况及信息化条件下对数学的不同要求，编写了这本教材。本教材在许多方面都具有明显的高等职业院校特色，具体反映在下述方面。

1. 本教材内容简洁、适用

本教材的编写充分体现“以应用为目的，以必需够用为度”的原则，尽量避开定理的高深逻辑推理过程及带有技巧性的习题证明、计算。所选例题都是教师在授课过程中所使用过的，充分考虑了高职学生的接受能力，并注重公式应用，避免繁杂计算。课后习题及复习题充分与所讲例题相结合，注重所学知识的消化与吸收。

2. 从注重理论推导、技巧强化转变为注重实际应用及数学思想的培养

本教材在教材的编排上着重讲解基本概念、基本理论和基本方法，对概念、理论和方法叙述尽量做到通俗易懂，对基本理论和结论不作论证。对此，我们在高等数学基础的教材中增加了数学实验课的内容，就是讲授数学的主要思想、方法，而实验就是把一些比较难的或带有技巧性的题目在计算机上用 MATLAB 软件来进行处理，极大地调动了学生的学习兴趣。

3. 注重以实例引入概念，并最终回到数学应用的思想

本教材内容取舍的依据是注重与专业相结合，并与学生所就业的企业、行业对接，不同的专业在内容选取上侧重点不同。注重加强对学生的数学应用意识、兴趣及能力培养，培养学生用数学的原理和方法消化吸收专业知识的能力，并将此思想贯穿全书，加强了与实际应用联系较多的基础知识、基本方法和基本技能的训练。

4. 从注重将知识传授转变为注重学生数学能力的培养

在本教材的编写过程中，编者注重加强学生应用意识和应用能力的培养，融合“高等数学”必需的基础部分、专业拓展部分和强化应用能力部分内容，并将其整合为《高等数学基础》。以“加强基础，强化应用，整体优化，注重效果”为原则，根据学生的认知水平、对数学的认知规律，设计、组织和编排全书内容，力求实现基础性、实用性和谐与统一。

在教材编写过程中，编者做了大量的调查和研究，以确定本教材内容是相关专业所必需的基本要求。本书的内容设计有利于提高学生的应用能力，培养学生的数学意识，从而使学生具有较高的知识水平，实现教学目标。

本教材可供工科类、经济类专业的高等职业院校学生学习，也可供其他专业的高职高专教师、学生或初学者参考。

本书内容约120课时,不同专业可选取所需内容进行教学,通常课时为60～90课时,书中标注有“*”的小节可作为选学内容。

本书由酒泉职业技术学院吴建春教授担任主编;杜静副教授担任副主编;长期从事数学教学的杜继琴老师、张玉梅、刘永翀老师参加了本书大部分内容的编写及校对,并提出了良好的修改意见和建议,编者在此一并表示感谢!

由于编写经验不足,书中疏漏之处在所难免,恳请各位同仁和读者批评指正。

编　者

2018年5月9日

目录

第一章
函数、极限与连续

函数是高等数学的基础，是现实生活和生产实践中量与量之间的依从关系在数学中的反映，是现代数学的基本概念之一，也是高等数学的主要研究对象. 函数体现在整个内容中. 极限概念是微积分的理论基础，极限方法是微积分的基本分析方法. 因此，掌握、运用好极限方法是学好微积分的关键. 连续是函数的一个重要性态. 本章将介绍函数、极限与连续的基本知识和有关的基本方法.

第一节　函数的概念

在现实世界中，一切事物都在一定的空间中运动着. 17 世纪初，数学首先从对运动（如天文、航海问题等）的研究中引入函数这个基本概念. 以后 200 多年，这个概念在几乎所有的科学研究工作中占据了中心位置. 极限、导数、微分、积分都是围绕着函数来进行的，本节将介绍函数的概念、函数关系的结构与函数的特性.

一、绝对值、区间、邻域

（一）绝对值

$|x|<a$，从数轴上看，它的解集是 $-a$ 与 a 之间的部分，即 $-a<x<a$. 表示为集合，即：$\{x|-a<x<a\}$.

$|x|>a$，从数轴上看，它的解集是 $-a$ 左侧与 a 右侧的部分，即 $x>a$ 或 $x<-a$. 表示为集合，即解为 $\{x|x>a$ 或 $x<-a\}$.

关于 $|ax+b|<c$、$|ax+b|>c(c>0)$ 型不等式，将 $ax+b$ 看成一个整体时，可以化成 $|x|<a$，$|x|>a(a>0)$ 型不等式求解，即 $|ax+b|<c(c>0)$ 的解集是 $\{x|-c<ax+b<c\}$，$|ax+b|<c$ 的解集是 $\{x|ax+b>c$ 或 $ax+b<-c\}$，据此再求出原不等式的解集（平时常借助数轴求解）.

【例题 1】　解不等式 $|x+5|\leqslant 4$.

解:原式化为:$-4\leqslant x+5\leqslant 4$

即:$\{x|-9\leqslant x\leqslant -1\}$

【例题 2】 求不等式$|2x-5|>3$.

解:原式化为:$2x-5>3$ 或 $2x-5<-3$;

即解为$\{x|x>4$ 或 $x<-4\}$.

(二)区间

1. 有限区间

开区间 $(a,b)=\{x\mid a<x<b\}$

闭区间 $[a,b]=\{x\in R\mid a\leqslant x\leqslant b\}$

左开右闭区间$(a,b]=\{x\in R\mid a<x\leqslant b\}$

左闭右开区间 $[a,b)=\{x\in R\mid a\leqslant x<b\}$

2. 无限区间

$[a,+\infty]=\{a\leqslant x<+\infty\}$

$(-\infty,b]=\{-\infty<x\leqslant b\}$

$(a,+\infty)=\{a<x<+\infty\}$

$(-\infty,b)=\{-\infty<x<b\}$

$(-\infty,+\infty)=\{-\infty<x<+\infty\}$

(三)邻域

定义 设 a 与 δ 是两个实数,且 $\delta>0$,数集$\{x\,|\,|x-a|<\delta\}$称为点 a 的 δ 域,记为 $U(a,\delta)$

即
$$U(a,\delta)=\{x|a-\delta<x<a+\delta\}$$

其中点 a 称为该**邻域的中心**,δ 称为该**邻域的半径**(图 1.1).

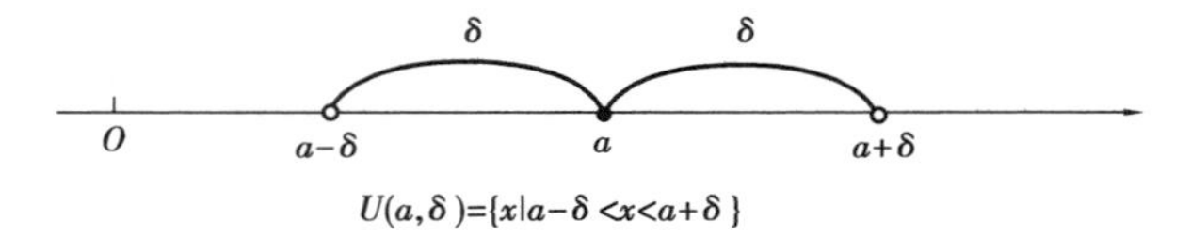

图 1.1

数集$\{x\,|0<|x-a|<\delta\}$称为**点 a 的 δ 空心邻域**,记为 $\mathring{U}(a,\delta)$

$$\mathring{U}(a,\delta)=\{x|a-\delta<x<a\}\cup\{x|a<x<a+\delta\}$$

【例题 3】 写出下例各点的邻域和空心邻域所表示的数集.

(1)$U(0,0.1)$ (2)$U(1,0.01)$ (3)$U(3,0.02)$ (4)$\mathring{U}(-1,0.1)$

解:(1)$U(0,0.1)$这里 $a=0,\delta=0.1$,

因为,$U(0,0.1)=\{x|0-0.1<x<0+0.1\}$

因此,$U(0,0.1)$表示区间$(-0.1,0.1)$.

(2)$U(1,0.01)$这里 $a=1,\delta=0.01$

因为,$U(0,0.1)=\{x|1-0.01<x<1+0.01\}$

因此,$U(1,0.01)$表示区间$(0.99,1.01)$.

(3) $U(3,0.02)$ 这里 $a=3,\delta=0.02$,

因为 $U(3,0.02)=\{x|3-0.02<x<3+0.02\}$

因此, $U(3,0.02)$ 表示区间 $(2.98,3.02)$.

(4) $U^{\circ}(-1,0.1)$ 这里 $a=-1,\delta=0.1$

因为, $U^{\circ}(0,0.1)=\{x|-1-0.01<x<-1\}\cup\{x|-1<x<-1+0.01\}$,

因此, $U^{\circ}(-1,0.1)$ 表示区间 $(-1.1,-1)\cup(-1,-0.9)$.

二、函数的概念

(一)函数的定义

定义:设有两个非空集合 M、N,如果当变量 x 在 M 内任意取定一个数值时,按照确定的法则 f,在 N 内有唯一的 y 与它相对应,则称 y 是 x 的**函数**. 通常 x 称为**自变量**,变量 x 的取值范围 M 称为这个**函数的定义域**; y 称为**函数值(或因变量)**,变量 y 的取值范围 N 称为这个**函数的值域**.

当 $x=x_0$,则有 $y=f(x_0)$,就称函数 $y=f(x)$ 在 $x=x_0$ 处有意义.

注:为了表明 y 是 x 的函数,我们用记号 $y=f(x)$、$y=F(x)$ 等来表示. 这里的字母"f""F"表示 y 与 x 之间的对应法则即函数关系,它们是可以任意采用不同的字母来表示的. 如果自变量在定义域内任取一个确定的值时,函数只有一个确定的值和它对应,这种函数称为单值函数,否则就称为多值函数. 这里我们只讨论单值函数.

(二)函数的定义域

函数的定义域是指使得 x 有意义的一切实数组成的集合. 对有实际背景的函数,其定义域根据实际背景中变量的实际意义确定. 在高中课本里我们学过的定义域有如下几种类型:

(1)分式中分母不为零;

(2)偶次根式中函数不能为负;

(3)在对数函数中,真数必大于零,底数大于零且不等于 1;

(4)在反正弦函数、反余弦函数中, x 满足 $|x|\leqslant 1$.

【例题 4】 求下列函数的定义域.

(1) $y=\dfrac{1}{2x-4}$;

(2) $y=\sqrt{2x+5}$;

(3) $y=\ln(3x-6)$;

(4) $y=\arcsin(2x-3)$.

(1) **解**:该函数的定义域满足 $2x-4\neq 0$

即为: $\{x|x\neq 2\}$.

(2) **解**:该函数的定义域满足 $2x+5\geqslant 0$

即为: $\left\{x\,\middle|\,x\geqslant -\dfrac{5}{2}\right\}$.

(3) **解**:该函数的定义域满足 $3x-6>0$;

即为:$\{x \mid x>2\}$.

(4)**解**:该函数的定义域满足$|2x-3|\leqslant 1$

即:$-1\leqslant 2x-3\leqslant 1$

即:$\{x \mid 1\leqslant x\leqslant 2\}$.

(三)函数相等

由函数的定义可知,一个函数的构成要素为:定义域、对应法则和值域.值域是由定义域和对应法则决定的,因此定义域M和对应法则f称为函数的两要素.如果两个函数的定义域和对应法则完全一致,我们就称两个**函数相等**.

【例题5】 判断下列函数是否为相同函数:

(1)$y=|x|$和$y=\sqrt{x^2}$;(2)$y=1$和$y=\sin^2 x+\cos^2 x$;

(3)$y=x+1$和$y=\dfrac{x^2-1}{x-1}$;(4)$y=\ln x^2$和$y=2\ln x$;

(5)$y=\cos x$和$y=\sqrt{1-\sin^2 x}$;(6)$y=\ln 5x$和$y=\ln 5\cdot\ln x$.

解:因为(1)与(2)中两函数的两要素分别相同,所以是相同函数;(3)与(4)中两函数的定义域不同,所以是不同函数;(5)和(6)的对应法则不同所以是不同函数.

(四)函数的表示方法

1.解析法

用数学式表示自变量和因变量之间的对应关系的方法即解析法.

例:$y=2x+1$,$x^2+y^2=1$都是解析式.根据函数的解析表达式的形式不同,函数也可分为显函数、隐函数、参数方程表示的函数和分段函数4种:

①显函数:函数y由x的解析表达式直接表示,例如$y=(x+1)^2$.

②隐函数:函数的自变量x与因变量y的对应关系由方程$F(x,y)=0$来确定,例如$e^{xy}=x+y$.

③参数方程表示的函数:函数自变量x与因变量y的对应关系通过第三个变量联系起来,例如

$$\begin{cases} x=g(t) \\ y=f(t) \end{cases} \quad t\text{为参变量}$$

④分段函数:函数在定义域的不同范围内,具有不同的解析表达式.现在来看几个分段函数的例子.

如绝对值函数

$$y=|x|=\begin{cases} x, & x\geqslant 0 \\ -x, & x<0 \end{cases}$$

的定义域为$D=(-\infty,+\infty)$,值域$R_f=[0,+\infty]$,图形如图1.2所示.

如符号函数

$$y=\operatorname{sgn} x=\begin{cases} 1, & x>0 \\ 0, & x=0 \\ -1, & x<0 \end{cases}$$

的定义域为 $D=(-\infty,+\infty)$，值域 $R_f=\{-1,0,1\}$，图形如图 1.3 所示.

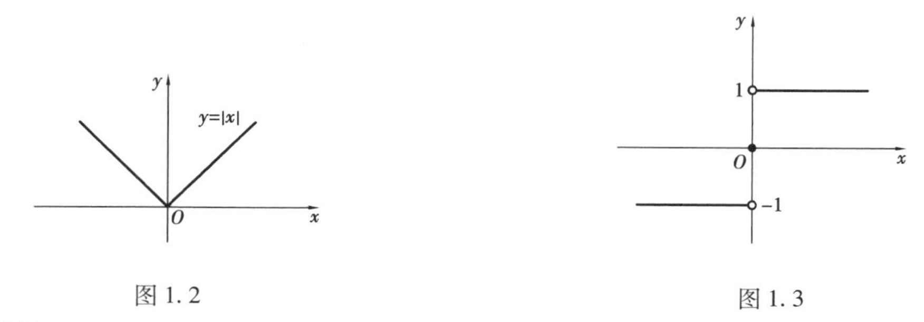

图 1.2　　　　图 1.3

2. 表格法

将一系列的自变量值与对应的函数值列成表来表示函数关系的方法，即表格法.

例：在实际应用中，我们经常会用到的平方表、三角函数表等都是用表格法表示的函数，例如：

n	1	2	3	4	5	10	100	1 000	…
$\left(1+\dfrac{1}{n}\right)^n$	2	2.250	2.370	2.441	2.448	2.592	2.705	2.718	…

3. 图像法

用坐标平面上曲线来表示函数的方法即图像法.

一般用横坐标表示自变量，纵坐标表示因变量. 例如，在直角坐标系中，半径为 r、圆心在原点的圆用图像法表示如图 1.4 所示，中心在原点，开口向上的抛物线用图像法表示如图 1.5 所示.

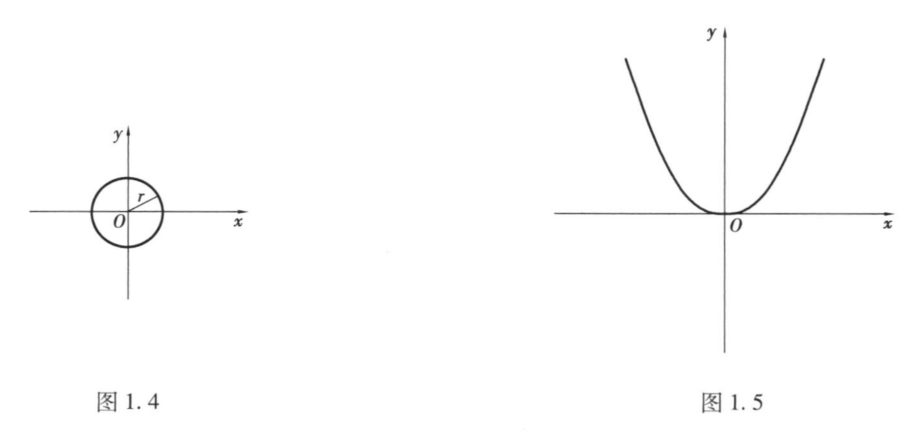

图 1.4　　　　图 1.5

习题 1.1

1. 解不等式.

(1) $|2x|\leqslant 4$；　　　(2) $|2x+5|\leqslant 9$；

(3) $|3x|>3$；　　(4) $|2x-4|>6$.

2. 写出下列各点的邻域和空心邻域所表示的数集：

(1) $U(2,0.1)$；　(2) $U(-2,0.1)$；　(3) $U(2,0.01)$；　(4) $U^{\circ}(2,0.1)$.

3. 判断下列各组函数是否相同，并说明理由：

(1) $y=x$ 与 $y=|x|$；

(2) $f(x)=\lg x^2$ 与 $g(x)=2\lg x$；

(3) $f(x)=x$ 与 $g(x)=\sqrt{x^2}$；

(4) $f(x)=x\sqrt[3]{x-1}$ 与 $g(x)=\sqrt[3]{x^4-x^3}$.

4. 求下列函数的定义域：

(1) $y=\dfrac{1}{3x+4}$；

(2) $y=\sqrt{2x-3}$；

(3) $y=\ln(x+6)$；

(4) $y=\arccos(2x-1)$.

5. 设 $f(x)=x^2-2x$，求函数 $f(x+3)$ 的表达式.

6. 设 $f(x+1)=x^2+2x+1$，求函数 $f(x)$ 的表达式.

第二节　函数的几种性质

一、函数的有界性

如果对属于某一区间 I 的所有 x 值总有 $|f(x)|\leqslant M$ 成立，其中 M 是一个与 x 无关的常数，那么我们就称 $f(x)$ 在区间 I 有界，否则便称无界.

注：一个函数，如果在其整个定义域内有界，则称为有界函数.

例如：函数 $y=\cos x$ 在 $(-\infty,+\infty)$ 内是有界的.

再如：当 $x\in(-\infty,+\infty)$ 时，恒有 $|\sin x|\leqslant 1$，所以函数 $f(x)=\sin x$ 在 $(-\infty,+\infty)$ 内是有界函数. 这里 $M=1$（当然，也可以取大于 1 的任何数作为 M 而使 $|f(x)|<M$ 成立）.

二、函数的单调性

如果函数 $f(x)$ 在区间 (a,b) 内随着 x 的增大而增大，即对于 (a,b) 内任意两点 x_1 及 x_2，当 $x_1<x_2$ 时，有 $f(x_1)<f(x_2)$，则称函数 $f(x)$ 在区间 (a,b) 内是**单调增加**的，称 (a,b) 为单增区间. 如果函数 $f(x)$ 在区间 (a,b) 内随着 x 增大而减小，即对于 (a,b) 内任意两点 x_1 及 x_2，当 $x_1<x_2$ 时，有 $f(x_1)>f(x_2)$，则称函数 $f(x)$ 在区间 (a,b) 内是**单调减小**的，称 (a,b) 为单减区间.

增函数:$x_1 < x_2 \Rightarrow f(x_1) < f(x_2)$

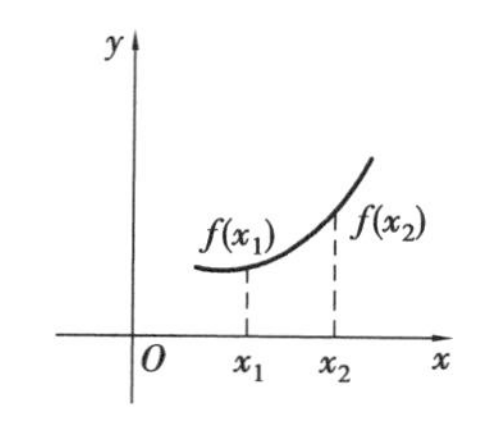

图 1.6

减函数:$x_1 < x_2 \Rightarrow f(x_1) > f(x_2)$

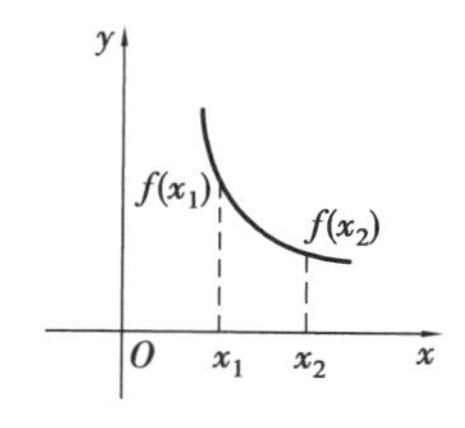

图 1.7

例如:函数 $y=\sin x$ 在区间$\left[-\frac{\pi}{2},\frac{\pi}{2}\right]$上是单调增加的,在区间$\left[\frac{\pi}{2},\frac{3\pi}{2}\right]$上是减少的.

再如:函数$f(x)=x^2$ 在区间$(-\infty,0)$上是单调减小的,在区间$(0,+\infty)$上是单调增加的.

三、函数的奇偶性

如果函数$f(x)$对于定义域$(-a,a)$内的任意 x 都满足$f(-x)=f(x)$,则$f(x)$称为偶函数;如果函数$f(x)$对于定义域内的任意 x 都满足$f(-x)=-f(x)$,则$f(x)$称为奇函数.

注:偶函数的图形是关于 y 轴对称的,如函数 $y=\cos x$;奇函数的图形是关于原点对称的,如 $y=\sin x$.

【例题 1】 判断下列函数的奇偶性.

(1)$f(x)=x^5-2x^3$　　　　(2)$f(x)=\cos 3x$

解:(1)$f(-x)=(-x)^5-2(-x)^3=-x^5+2x^3=-(x^5-2x^3)=-f(x)$

由函数奇偶性的定义可知,该函数在其定义区间内为偶函数.

(2)$f(-x)=\cos(-3x)=\cos 3x=f(x)$

由函数奇偶性的定义可知,该函数在其定义区间内为偶函数.

【例题 2】 判断函数 $y=\ln(x+\sqrt{x^2+1})$的奇偶性.

解:
$$\begin{aligned}f(-x)&=\ln(-x+\sqrt{(-x)^2+1})\\&=\ln(-x+\sqrt{x^2+1})\\&=\ln\frac{1}{x+\sqrt{x^2+1}}\\&=-\ln(x+\sqrt{x^2+1})=-f(x)\end{aligned}$$

由函数奇偶性的定义可知,该函数在其定义区间内为奇函数.

四、函数的周期性

对于函数$f(x)$,若存在一个不为零的数 l,使得关系式$f(x+l)=f(x)$对于定义域内任何 x 值都成立,则$f(x)$称为**周期函数**,l 是$f(x)$的周期.

注:通常所说的周期函数的周期是指最小正周期,并非每一个函数都有最小正周期,如常数函数 $y=a$ 及狄利克雷函数.

一般函数 $\sin x,\cos x$ 是以 2π 为周期的周期函数;函数 $\tan x$ 是以 π 为周期的周期函数.

$y=A\ \sin(wt+\varphi)$（A,w,φ 均为常数，$A\neq 0,w>0$）的周期为$\frac{2\pi}{w}$.

对于一般的周期函数，设$f(x)$是$(-\infty,+\infty)$上以 T 为周期的周期函数，a,b 是常数且 $a>0$，则函数$f(ax+b)$的周期是$\frac{T}{a}$.

如果某个函数可以分解成两个函数$f_1(x)$与$f_2(x)$，设$f_1(x)$与$f_2(x)$分别以 T_1 与 T_2 为周期，并且，如果存在 T_1,T_2 的（正整数倍的）最小公倍数 T，则函数$f_1(x)+f_2(x)$以 T 为周期.

【例题 3】 求下列函数的周期：

（1）$f(x)=\sin\left(5x-\frac{\pi}{7}\right)$；　　（2）$k(x)=\tan\frac{x}{2}$；

（3）$g(x)=\sin\frac{x}{2}-7\ \cos\frac{x}{3}$；　　（4）$h(x)=\sin 4x+\cos 2x$.

解：（1）对照以上分析，$\omega=5$，故$f(x)$以$\frac{2\pi}{5}$为周期.

（2）$\tan x$ 的周期是 π，所以 $\tan\frac{x}{2}$的周期是 2π.

（3）$\sin\frac{x}{2}$以 4π 为周期，$\cos\frac{x}{3}$以 6π 为周期，4π 与 6π 的最小公倍数为 12π，故 $g(x)$以 12π 为周期.

（4）$\sin 4x$ 的周期是$\frac{\pi}{2}$，$\sin 2x$ 的周期是 π，$\frac{\pi}{2}$与 π 的最小公倍数为 π，所以 $h(x)$的周期是 π.

五、反函数

（一）反函数的定义

定义　设 $y=f(x)$为定义在 D 上的函数，其值域为 M. 若对于数集 M 中的每个数 y，数集 D 中都有唯一的一个数 x 使$f(x)=y$，这就是说变量 x 是变量 y 的函数. 这个函数称为函数$y=f(x)$的反函数，记为 $x=f^{-1}(y)$. 其定义域为 M，值域为 D.

习惯上，常用 x 表示自变量，y 表示因变量，因此函数 $y=f(x)$的反函数 $x=f^{-1}(y)$常改写为 $y=f^{-1}(x)$，函数 $y=f(x)$称为原函数；函数 $y=f(x)$与其反函数 $y=f^{-1}(x)$之间存在着如下关系：

$$f^{-1}(f(x))=x,\quad f(f^{-1}(x))=x$$

（二）反函数的性质

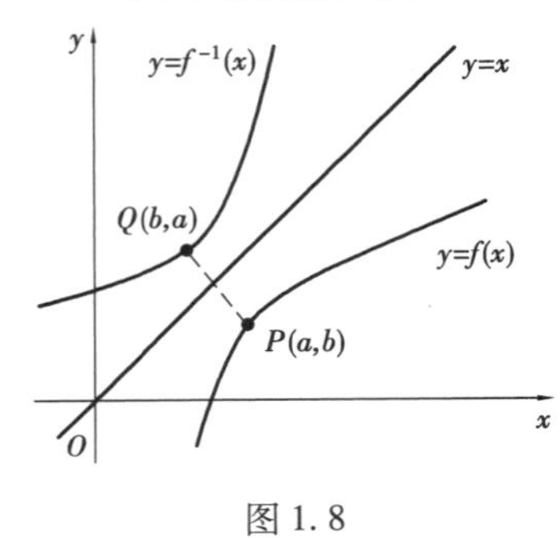

图 1.8

在同一坐标平面内，$y=f(x)$与反函数 $y=f^{-1}(x)$的图形是关于直线 $y=x$ 对称的，如图1.8所示.

【例题 4】 求下列函数的反函数及其定义域：

（1）$y=ax+b$　（a,b 是常数，$a\neq 0$）；

（2）$y=x^2-1$　（$x>0$）.

解：（1）由 $y=ax+b$，移项解出 x 便得反函数：

$$x=\frac{1}{a}(y-b)$$

即反函数为：$y=\frac{1}{a}(x-b)$，定义域为$(-\infty,+\infty)$.

(2)解：由 $y=x^2-1\quad(x>0)$

$x=\sqrt{y+1}\quad(x>0)$

即反函数为：$y=\sqrt{x+1}$.

习题 1.2

1. 求下列函数的周期.

(1)$f(x)=\sin\left(5x-\frac{\pi}{7}\right)$；

(2)$g(x)=\sin\frac{x}{2}-7\cos\frac{x}{3}$；

(3)$h(x)=\sin 4x+\cos 2x$；

(4)$k(x)=\tan\frac{x}{2}$.

2. 判断下列函数的奇偶性.

(1)$f(x)=x^4-2x^2$；

(2)$f(x)=\tan 5x$；

(3)$f(x)=\cos 2x+\sin^2 2x$；

(4)$f(x)=\frac{e^x-1}{e^x+1}$.

3. 求下列函数的反函数.

(1)$y=2x+4$；

(2)$y=\frac{x+3}{x-1}\quad(x\in\mathbf{R}$，且 $x\neq 1)$.

第三节　初等函数

一、基本初等函数

我们常用的基本初等函数有6种，分别是常数函数、指数函数、对数函数、幂函数、三角函数及反三角函数.

(一)常数函数

$y=c$(c 为常数).

(二)幂函数

1. 函数 $y=x^\alpha$ 称为幂函数，其中 x 是自变量，α 是常数.

幂函数 $y=x$、$y=x^{\frac{1}{2}}$、$y=x^2$、$y=x^{-1}$、$y=x^3$ 的图像如图1.9所示.

2. 幂函数的性质及图像的变化规律

①所有的幂函数在$(0,+\infty)$都有定义，并且图像都过点$(1,1)$.

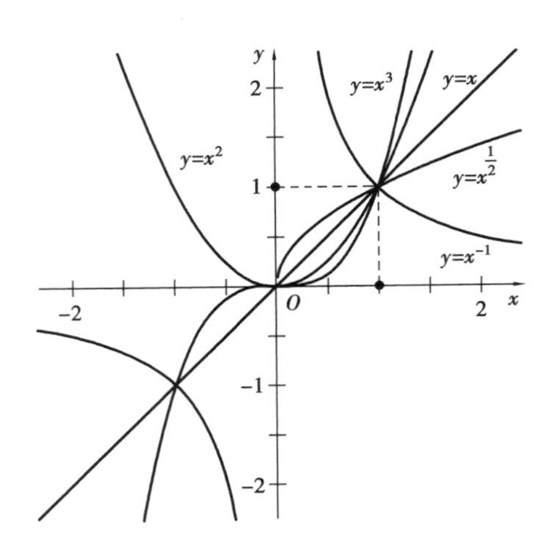

图 1.9

②$\alpha>0$ 时，幂函数的图像通过原点和点(1,1)，并且在区间$[0,+\infty)$上是增函数.

③当 $\alpha>1$ 时，幂函数的图像在区间$[0,+\infty)$上下凸且快速上升；当 $0<\alpha<1$ 时，幂函数的图像在区间$[0,+\infty)$上上凸且上升速度缓慢.

④$\alpha<0$ 时，幂函数的图像过点(1,1)，在区间$(0,+\infty)$上是下凸递减. 在第一象限内，当 x 从右边趋向原点时，图像在 y 轴右方无限地逼近 y 轴正半轴，当 x 趋于 $+\infty$ 时，图像在 x 轴上方无限地逼近 x 轴正半轴，即以 x，y 轴为渐近线.

(三)指数函数

1. 指数运算公式

$a^m\cdot a^n=a^{m+n}$　　　　$a^m\div a^n=a^{m-n}$

$(a^m)^n=a^{m\cdot n}=(a^n)^m$　　　　$(ab)^n=a^n\cdot b^n$

$\left(\dfrac{a}{b}\right)^n=\dfrac{a^n}{b^n}$　　　　$a^{-p}=\dfrac{1}{a^p}\quad(a\neq0)$

$a^0=1\quad(a\neq0)$　　　　$\sqrt[m]{a^n}=a^{\frac{n}{m}}$

2. 指数函数 $y=a^x$ 在底数 $a>1$ 及 $0<a<1$ 这两种情况下的图像和性质

	$a>1$	$0<a<1$
图像	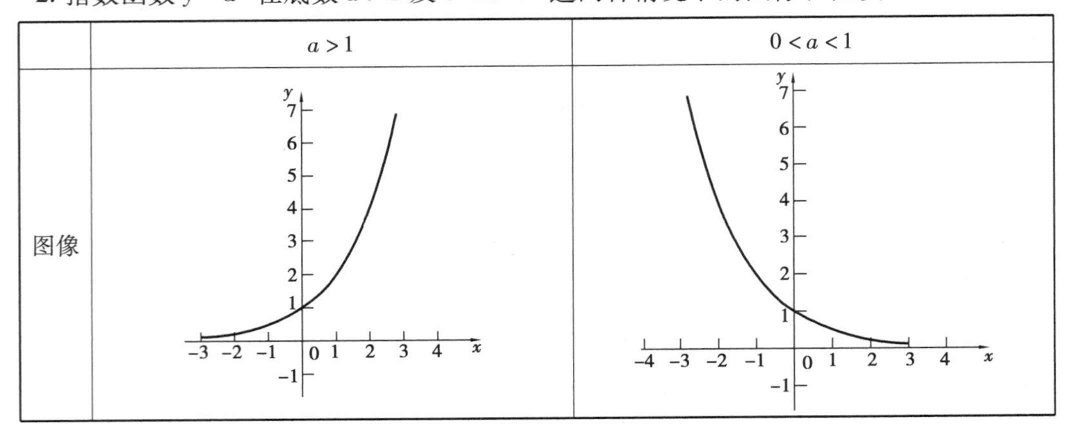	

续表

	$a>1$	$0<a<1$
性质	(1)定义域:**R**	
	(2)值域:$(0,+\infty)$	
	(3)过点(0,1),即 $x=0$ 时 $y=1$	
	当 $x>0$ 时,$y>1$;当 $x<0$ 时,$0<y<1$	当 $x>0$ 时,$0<y<1$;当 $x<0$ 时,$y>1$
	(4)在 **R** 上是增函数	(4)在 **R** 上是减函数

(四)对数函数

1. 对数运算公式

$$\log_a MN = \log_a M + \log_a N \qquad \log_a \frac{M}{N} = \log_a M - \log_a N$$

$$\log_a M^m = m\log_a M \qquad \log_{a^m} M = \frac{1}{m}\log_a M$$

$$\log_a b = \frac{\log_c b}{\log_c a} \qquad \log_a b = \frac{1}{\log_b a}$$

$$\log_a a = 1 \qquad \log_a a^m = m$$

$$a^{\log_a N} = N \qquad \log_a 1 = 0$$

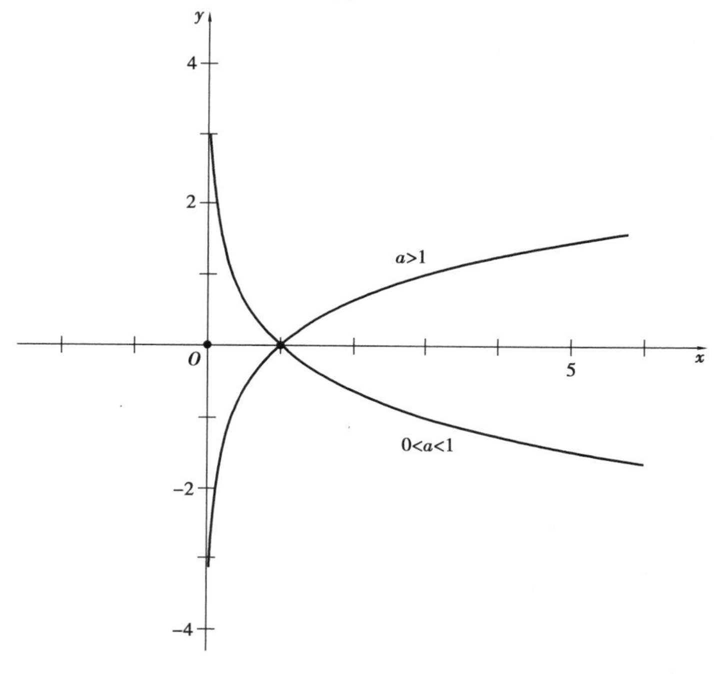

图 1.10

2. 对数函数图像与特征

图像特征		函数性质	
$a>1$	$0<a<1$	$a>1$	$0<a<1$
函数图像都在 y 轴右侧		函数的定义域为$(0,+\infty)$	
图像关于原点和 y 轴不对称		非奇非偶函数	
向 y 轴正负方向无限延伸		函数的值域为 $\mathbf{R}$	
函数图像都过定点$(1,0)$			
自左向右看,图像逐渐上升	自左向右看,图像逐渐下降	增函数	减函数
第一象限的图像纵坐标都大于0	第一象限的图像纵坐标都大于0	$x>1,\log_a x>0$	$0<x<1,\log_a x>0$
第四象限的图像纵坐标都小于0	第四象限的图像纵坐标都小于0	$0<x<1,\log_a x<0$	$x>1,\log_a x<0$

特殊的当底数 $a=\mathrm{e}(\mathrm{e}=2.718\cdots)$时,$y=\ln x(x>0)$称为自然对数.

自然对数的一些公式:$\ln 1=0,\ln \mathrm{e}=1,\mathrm{e}^{\ln x}=x,\ln x^a=a\ln x$.

(五)三角函数

三角函数包含正弦函数($y=\sin x$)、余弦函数($y=\cos x$)、正切函数($y=\tan x$),余切函数($y=\cot x$),正割函数($y=\sec x$),余割函数($y=\csc x$).

1. 三角函数公式

(1)商的公式:

$$\tan x=\frac{\sin x}{\cos x};\qquad \cot x=\frac{\cos x}{\sin x};$$

$$\sec x=\frac{1}{\cos x};\qquad \csc x=\frac{1}{\sin x}.$$

(2)平方公式:

$\sin^2 x+\cos^2 x=1$;

$1+\tan^2 x=\sec^2 x$;

$1+\cot^2 x=\csc^2 x$.

(3)二倍角公式:

$$\sin 2\theta=2\sin\theta\cos\theta=\frac{2\tan\theta}{1+\tan^2\theta};$$

$$\cos 2\theta=\cos^2\theta-\sin^2\theta=2\cos^2\theta-1=1-2\sin^2\theta;$$

$$\sin^2\theta=\frac{1-\cos 2\theta}{2};\qquad \cos^2\theta=\frac{1+\cos 2\theta}{2}.$$

(4)正弦定理:$\dfrac{a}{\sin A}=\dfrac{b}{\sin B}=\dfrac{c}{\sin C}=2R$($R$ 为三角形外接圆半径).

(5)余弦定理：$a^2=b^2+c^2-2bc\cos A, b^2=a^2+c^2-2ac\cos B, c^2=a^2+b^2-2ab\cos C$

$\cos A=\dfrac{b^2+c^2-a^2}{2bc}$.

(6)$S_{\triangle}=\dfrac{1}{2}a\cdot h_a=\dfrac{1}{2}ab\sin C=\dfrac{1}{2}bc\sin A=\dfrac{1}{2}ac\sin B.$

2. 正弦函数、余弦函数、正切函数和余切函数的图像

图 1.11 所示为正弦函数、余弦函数、正切函数和余切函数的图像.

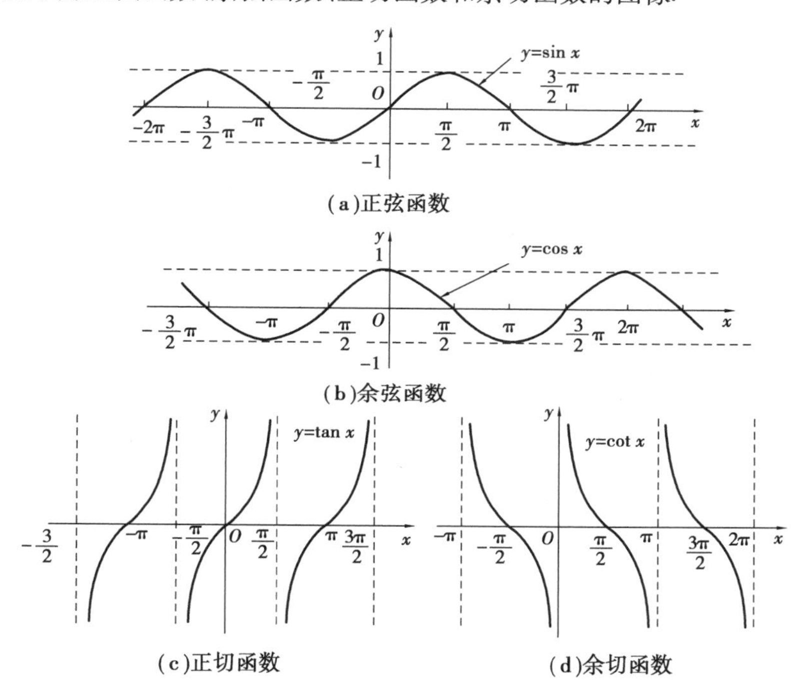

图 1.11

(六)反三角函数

反三角函数包含反正弦函数($y=\arcsin x$)，反余弦函数($y=\arccos x$)，反正切函数($y=\arctan x$)，反余切函数($y=\text{arccot}\, x$).

$y=\arcsin x$，定义域：$|x|\leqslant 1$，值域：$y\in\mathbf{R}$；

$y=\arccos x$，定义域：$|x|\leqslant 1$，值域：$y\in\mathbf{R}$；

$y=\arctan x$，定义域：$x\in\mathbf{R}$，值域：$y\in\left(-\dfrac{\pi}{2},\dfrac{\pi}{2}\right)$；

$y=\text{arccot}\, x$，定义域：$x\in\mathbf{R}$，值域：$y\in(0,\pi)$.

二、复合函数

(一)定义

若 y 是 u 的函数：$y=f(u)$，而 u 又是 x 的函数：$u=\varphi(x)$，且 $\varphi(x)$ 的函数值的全部或部分在 $f(u)$ 的定义域内，那么，y 通过 u 的联系也是 x 的函数，我们称 $y=f[\varphi(x)]$ 是由函数 $y=$

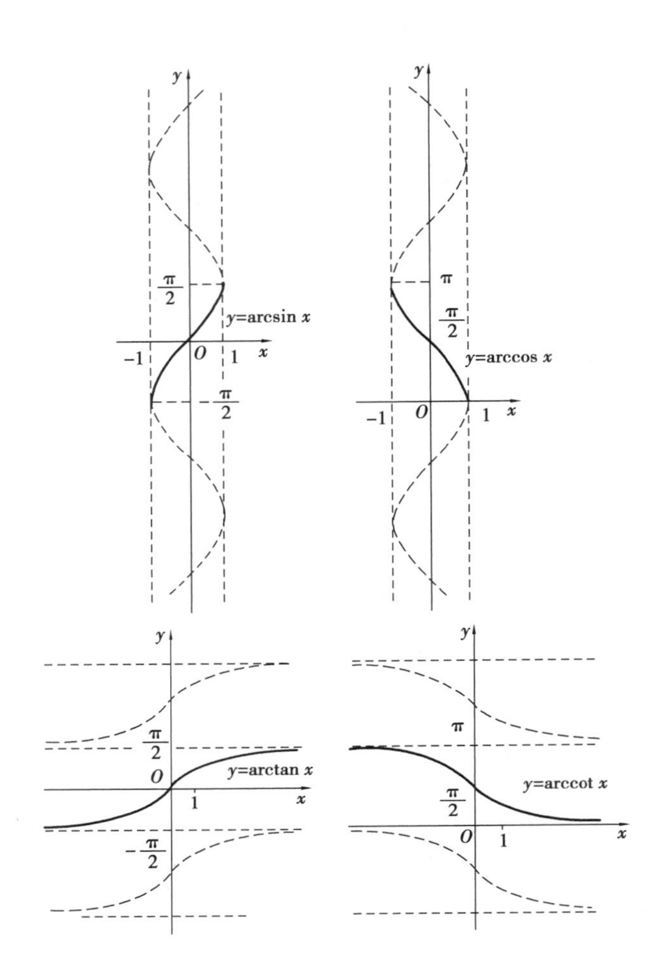

图 1.12　反三角函数图像

$f(u)$及$u=\varphi(x)$复合而成的函数,简称复合函数,其中u称为中间变量.

【例题 1】　设$y=f(u)=3^u$,$u=\varphi(x)=\tan x$,求复合函数$y=f[\varphi(x)]$.

解:$y=f[\varphi(x)]=f(u)=f(\tan x)=3^{\tan x}$.

【例题 2】　求$y=2u^2+1$与$u=\cos x$构成的复合函数.

解:将$u=\cos x$代入$y=2u^2+1$中,即为所求的复合函数

$y=2\cos^2 x+1$,定义域为$(-\infty,+\infty)$.

【例题 3】　设$f(x)=\dfrac{1}{1+x}$,$\varphi(x)=\sqrt{\sin x}$,求复合函数$f[\varphi(x)]$,$\varphi[f(x)]$.

解:求$f[\varphi(x)]$时,应将$f(x)$中的x视为$\varphi(x)$,因此

$$f[\varphi(x)]=\frac{1}{1+\varphi(x)}=\frac{1}{1+\sqrt{\sin x}}.$$

求$\varphi[f(x)]$时,应将$\varphi(x)$中的x视为$f(x)$,因此

$$\varphi[f(x)]=\sqrt{\sin f(x)}=\sqrt{\sin\frac{1}{1+x}}.$$

(二)复合函数的分解

复合函数的分解是指把一个复合函数分解成基本初等函数或基本初等函数的四则运算.

【例题4】 分解下列复合函数.

(1) $y=\cos x^2$

(2) $y=\sin^2 2x$

(3) $y=\ln\left(\arctan\sqrt{1+x^2}\right)$

(4) $y=\lg\left(1+\sqrt{1+x^2}\right)$

解:

(1)所给函数可分解为

$$y=\cos u, u=x^2.$$

(2)所给函数可分解为

$$y=u^2, u=\sin v, v=2x.$$

(3)所给函数可分解为

$$y=\ln u, u=\arctan v, v=\sqrt{v}, w=1+x^2.$$

(4)所给函数可分解为

$$y=\lg u, u=1+\sqrt{v}, v=1+x^2.$$

注:并不是任意两个函数就能复合;复合函数还可以由更多函数构成.

例如:函数 $y=\arcsin u$ 与函数 $u=2+x^2$ 是不能复合成一个函数的.

因为对于 $u=2+x^2$ 的定义域 $(-\infty,+\infty)$ 中的任何 x 值所对应的 u 值(都大于或等于2),使 $y=\arcsin u$ 都没有定义.

注:复合函数的分解是求复合函数导数的基础,一定要掌握好.

三、初等函数

基本初等函数经过有限次的四则运算及有限次的函数复合所产生并且能用一个解析式表出的函数称为**初等函数**. 因此初等函数包括(1)基本初等函数;(2)基本初等函数经过有限次复合而成的函数;(3)复合函数. 而分段函数不一定是初等函数.

习题 1.3

1. 指出下列函数的复合函数.

(1) $y=u^2, u=2x-1$;　　(2) $y=u^3, u=\cos x$;

(3) $y=e^u, u=v^2, v=2x-1$;　　(4) $y=\sin u, u=\sqrt{v}, v=2x$.

2. 分解下列复合函数.

(1) $y=(3x-1)^5$;　　(2) $y=\sin(2x+1)$;

(3) $y=e^{4x-1}$;　　(4) $y=\sin^2(2x+3)$;

(5) $y=e^{(2x-1)^2}$;　　(6) $y=\sqrt{\ln(1+x)}$;

(7) $y=\cos\sqrt{2x+1}$;　　(8) $y=e^{\sqrt{1-x^2}}$;

(9) $y=(1+2x)^3$;　　(10) $y=e^{\cos(1-x)^3}$.

第四节　数列的极限

极限是微积分学中一个基本概念,微分学与积分学的许多概念都是由极限引入的,并且最终由极限知识来解决.因此它在微积分学中占有非常重要的地位.

我国春秋战国时期的《庄子·天下篇》中说:“一尺之棰,日取其半,万世不竭”,这就是极限的最朴素思想.

一、数列极限的定义

(一)数列的概念

定义1　按自然数顺序递增的一列数称为数列.即

$$u_1,u_2,\cdots,u_n,\cdots$$

简记为:$\{u_n\}$.数列中的每一个数称为数列的项,其中第一项 u_1 称为数列的首项,第 n 项称为数列的通项或一般项.

注:① 数列分为有穷数列和无穷数列,比如:1,3,5,7,9 这5项数值构成一个有穷数列.对此,本书不作讨论.本书所讨论的数列都是无穷数列.

②对于数列 $\{u_n\}$,若对任何正整数 n,都有 $u_n\leqslant u_{n+1}$ 成立,则称数列 $\{u_n\}$ 为单调递增数列;若对任何正整数 n,都有 $u_n\geqslant u_{n+1}$ 成立,则称数列 $\{u_n\}$ 为单调递减数列.

(二)数列的极限

【引例】　$\{u_n\}:1,2,3,4,5,\cdots,n\cdots$;

$\{v_n\}:1,-1,1,-1,\cdots,(-1)^{n+1},\cdots$;

$\{x_n\}:\frac{1}{2},\frac{1}{2^2},\frac{1}{2^3},\cdots,\frac{1}{2^n},\cdots$;

$\{y_n\}:1,\frac{4}{3},\frac{6}{4},\frac{8}{5},\cdots,\frac{2n}{n+1},\cdots$.

根据**引例**列举的几个数列来看,当 n 无限增大时,相应项的值的变化情况各不相同,在变化过程中:

数列 $\{u_n\}$ 的一般项 n 趋近于无穷大的数,它没有一个确定的终极趋势;

数列 $\{v_n\}$ 的一般项 $u_n=(-1)^{n+1}$ 在1与 -1 之间交替变化,它没有一个确定的值;

数列 $\{x_n\}$ 的一般项 $v_n=\frac{1}{2^n}$ 的值无限地与0靠近;

数列 $\{y_n\}$ 的一般项 $y_n=\frac{2n}{n+1}$ 它最终无限靠近2.

从上面几个例题可以看出，当 n 无限增大时，有的数列的值无限地接近一个定数，有的数列则在 n 无限增大的过程中飘浮不定. 对于这些现象，用数学语言描述出来就有如下定义.

定义 2 对于数列 $\{u_n\}$，如果当 n 无限增大时，通项 u_n 无限趋近于常数 A，则称 A 为数列 $\{u_n\}$ 的极限，或称数列 u_n 收敛于 A. 记为

$\lim\limits_{n\to\infty} u_n = A$，或 记为 $u_n \to A$，$(n\to\infty)$. 这时也简称 $\{u_n\}$ 收敛.

如果数列 $\{u_n\}$ 没有极限（当 $n\to\infty$ 时），称 $\{u_n\}$ 发散.

如上例中数列 $\{v_n\}$ 的极限为 0，记为 $\lim\limits_{n\to\infty} v_n = 0$；数列 $\{y_n\}$ 的极限为 2，可记为：$\lim\limits_{n\to\infty} y_n = 2$. 而数列 $\{u_n\}$ 与 $\{x_n\}$ 没有极限，即是发散的.

关于极限，有一点是必须明确的，极限是变量变化的终极趋势，也可以说是变量变化的最终结果. 因此，数列极限的值与数列前面有限项的值无关.

【例题 1】 观察以下数列的变化趋势，确定它们的敛散性，对收敛数列，写出其极限.

(1) $u_n = \dfrac{n}{n+1}$ (2) $u_n = (-1)^n \dfrac{1}{2n+1}$ (3) $u_n = (-1)^{n+1}$

解：(1) $u_n = \dfrac{n}{n+1}$ 即 $\dfrac{1}{2},\dfrac{2}{3},\dfrac{3}{4},\cdots,\dfrac{n}{n+1},\cdots$ 当自变量 n 无限增大时，相应的项 u_n 无限趋近于 1，故数列 $\{u_n\}$ 收敛，且 $\lim\limits_{n\to\infty} \dfrac{n}{n+1} = \lim\limits_{n\to\infty} \dfrac{\frac{n}{n}}{\frac{n+1}{n}} = 1$.

(2) $u_n = (-1)^n \dfrac{1}{2n+1}$ 即 $-\dfrac{1}{3},\dfrac{1}{5},-\dfrac{1}{7},\cdots,(-1)^n \dfrac{1}{2n+1},\cdots$ 当自变量 n 无限增大时，当 n 为奇数时，u_n 趋近于 0，当 n 为偶数时，u_n 也趋近于 0，故数列 $\{u_n\}$ 收敛，且 $\lim\limits_{n\to\infty}(-1)^n \dfrac{1}{2n+1} = 0$.

(3) $u_n = (-1)^{n+1}$ 即 $1,-1,1,-1,\cdots,(-1)^{n+1},\cdots$ 当 n 为奇数时，$u_n = 1$，当 n 为偶数时，$u_n = -1$，即当 n 无限增大时，奇数项等于 1，而偶数项等于 -1，u_n 没有一个固定的终极趋势，因此该数列发散.

二、函数的极限

（一）自变量趋于无穷时的极限

1. $x\to+\infty$ 时的极限

例如：$\lim\limits_{x\to+\infty} \dfrac{1}{x} = 0$，$\lim\limits_{x\to+\infty}\left(1+\dfrac{1}{x}\right) = 1$，$\lim\limits_{x\to+\infty} 2^{-x} = 0$.

由例子可以得出自变量趋于正无穷时的极限定义.

定义 3 若存在常数 $M>0$，函数 $f(x)$ 在 $x>M$ 时有定义，当自变量 x 沿 x 轴正方向无限远离原点时（向正的方向趋近于无穷大时），相应的函数值 $f(x)$ 无限趋近于常数 A，则称函数 $f(x)$ 当 x 趋向正无穷大时以 A 为极限，记作 $\lim\limits_{x\to+\infty} f(x) = A$ 或 $f(x)\to A$，$x\to+\infty$.

这个概念描述的是当自变量朝正无穷远方向变化时，相应的函数值趋近于某个常数的变化趋势. 当然，不是所有的函数都有这种性质，比如函数 $f(x) = x+1$，可以看到，当自变量 x 朝

正无穷远方向变化时(即 $x\to+\infty$),相应的函数值 $f(x)=x+1$ 也随之无限增大,不会趋于任何常数,因此这个函数在 x 趋于正无穷大时没有极限.

2. $x\to-\infty$ 时的极限

例如 $\lim\limits_{x\to-\infty}\frac{1}{x}=0$, $\lim\limits_{x\to-\infty}\left(1+\frac{1}{x}\right)=1$, $\lim\limits_{x\to-\infty}2^x=0$.

定义 4 若存在常数 $M>0$,函数 $f(x)$ 在 $x<-M$ 时有定义,当自变量 x 沿 x 轴负方向无限远离原点(向负的方向趋近于无穷大时)时,相应的函数值 $f(x)$ 无限趋近于常数 A,则称函数 $f(x)$ 当 x 趋向负无穷大时以 A 为极限,记作 $\lim\limits_{x\to-\infty}f(x)=A$ 或 $f(x)\to A,(x\to-\infty)$.

3. $x\to\infty$ 时的极限

例如 $\lim\limits_{x\to\infty}\frac{1}{x}=0$, $\lim\limits_{x\to\infty}\left(1+\frac{1}{x}\right)=1$, 而 $\lim\limits_{x\to\infty}\frac{1}{1+x^2}=0$.

定义 5 若存在常数 $M>0$,函数 $f(x)$ 在 $|x|>M$ 时有定义,当自变量无限远离原点时,(同时向正和负的方向趋近于无穷大时)相应的函数值 $f(x)$ 无限趋近于常数 A,则称函数 $f(x)$ 当 x 趋向无穷大时以 A 为极限,记作 $\lim\limits_{x\to\infty}f(x)=A$ 或 $f(x)\to A,(x\to\infty)$.

注:若 $\lim\limits_{x\to\infty}f(x)=A$,

(1) A 是唯一的确定的常数;

(2) $x\to\infty$ 既表示趋于 $+\infty$,也表示趋于 $-\infty$.

定理 1 $\lim\limits_{x\to\infty}f(x)=A$ 的充分必要条件是:$\lim\limits_{x\to-\infty}f(x)=\lim\limits_{x\to+\infty}f(x)=A$

【例题 2】 讨论当 $x\to\infty$,下列函数的极限是否存在.

(1) $f(x)=2^x$ (2) $f(x)=\arctan x$ (3) $f(x)=\frac{1}{x}$

(1) **解**:由 $f(x)=2^x$ 的图形可知 $\lim\limits_{x\to+\infty}2^x=+\infty$, $\lim\limits_{x\to-\infty}2^x=0$

所以当 $x\to\infty$, $f(x)=2^x$ 的极限不存在.

(2) **解**:由 $f(x)=\arctan x$ 的图形可知 $\lim\limits_{x\to+\infty}\arctan x=\frac{\pi}{2}$, $\lim\limits_{x\to-\infty}\arctan x=-\frac{\pi}{2}$

所以当 $x\to\infty$, $f(x)=\arctan x$ 的极限不存在.

(3) **解**:由 $f(x)=\frac{1}{x}$ 的图形可知 $\lim\limits_{x\to+\infty}\frac{1}{x}=0$, $\lim\limits_{x\to-\infty}\frac{1}{x}=0$,

所以 $\lim\limits_{x\to+\infty}\frac{1}{x}=0=\lim\limits_{x\to-\infty}\frac{1}{x}=0$

由定理 1 知 $\lim\limits_{x\to\infty}\frac{1}{x}=0$

(二) $x\to x_0$ 时自变量趋于有限值时函数的极限

在引入概念之前,我们前先看一个例子.

设函数 $y=f(x)=\frac{x^2-1}{x-1}$,函数的定义域是 $x\neq1$,也就是说在 $x=1$ 这点没有定义. 但我们关心的是,当自变量 x 从 1 的附近无限地趋近于 1 时,相应函数值的变化情况,它的终极结果是什么?

其实,当 x 无限趋近于 1 时,相应函数值就无限趋近 2(图 1.13). 这时称 $f(x)$ 当 $x\to1$ 时以 2 为极限.

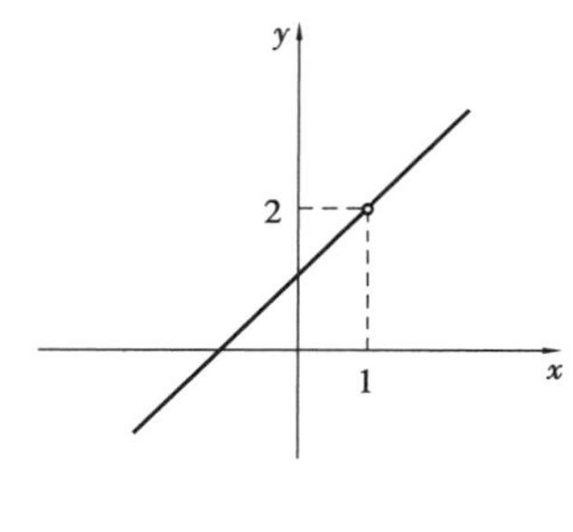

图 1.13

为此我们可以给出函数在某定点的极限的定义.

定义 6　设函数 $f(x)$ 在 x_0 的某一去心邻域 $U^\circ(x_0,\delta)$ 内有定义,当 x 在 $U^\circ(x_0,\delta)$ 内无限趋近 x_0 时,相应的函数值 $f(x)$ 无限趋近于常数 A,则称 $f(x)$ 当 $x\to x_0$ 时以 A 为极限,记作

$$\lim_{x\to x_0}f(x)=A \quad 或 \quad f(x)\to A,(x\to x_0).$$

值得注意的是:

①$\lim\limits_{x\to x_0}f(x)=A$ 描述的是当自变量 x 无限接近 x_0 时,相应的函数值 $f(x)$ 无限趋近于常数 A 的一种变化趋势,与函数 $f(x)$ 在 x_0 点是否有定义无关,即可以无限接近,但不一定等于 x_0.

②在 x 无限趋近 x_0 的过程中,既可以从大于 x_0 的方向趋近 x_0,也可以从小于 x_0 的方向趋近于 x_0,整个过程没有任何方向限制.

【例题 3】　讨论 $x\to0$ 时 $\cos x$ 的极限.

解:当 $x\to x_0$,即 $\cos x$ 无限趋近于 $\cos x_0$,

因此　$\lim\limits_{x\to x_0}\cos x=\cos x_0$

同样地有:$\lim\limits_{x\to x_0}\sin x=\sin x_0$,$\lim\limits_{x\to x_0}c=c$($c$ 为常数),$\lim\limits_{x\to x_0}x=x_0$.

【例题 4】　求下列函数的极限.

(1)$\lim\limits_{x\to2}x^2$　　　(2)$\lim\limits_{x\to2}(x^3-1)$

解:由函数极限的定义知

(1)$\lim\limits_{x\to2}x^2=4$　　　(2)$\lim\limits_{x\to2}(x^3-1)=8$

有时,我们只考虑在 x_0 点左邻域(或它的右邻域内)有定义的情况,为此给出函数当 x 从 x_0 的左侧无限接近于 x_0 和从 x_0 的右侧无限接近于 x_0 时的极限定义.

定义 7　右极限的定义:设函数 $f(x)$ 在 x_0 的某个右半邻域 $(x_0,x_0+\delta)$ 内有定义,当 x 从右边(大于 x_0 的方向)无限接近 x_0 时,相应的函数值 $f(x)$ 无限趋近于常数 A,则称函数 $f(x)$ 在 x_0 点存在右极限,记作

$$\lim_{x\to x_0^+}f(x)=A \qquad 或记为 \quad f_+(x_0)$$

左极限的定义:设函数 $f(x)$ 在 x_0 的某个左半邻域 $(x_0-\delta,x_0)$ 内有定义,当 x 从左边(小于 x_0 的方向)无限接近 x_0 时,相应的函数值 $f(x)$ 无限趋近于常数 A,则称函数 $f(x)$ 在 x_0 点存在左极限,记作

$$\lim_{x\to x_0^-}f(x)=A.\ 或记为 \quad f_-(x_0).$$

定理 2　$\lim\limits_{x\to x_0}f(x)=A$ 的充分必要条件是:$\lim\limits_{x\to x_0^+}f(x)=A$ 并且 $\lim\limits_{x\to x_0^-}f(x)=A$.

【例题 5】　讨论函数 $f(x)=\begin{cases}1+x, & 0<x\leqslant1\\ 1, & x=0\\ 1-x, & -1\leqslant x<0\end{cases}$ 在 $x=0$ 的左右极限.

解:函数 $f(x)$ 在 $x=0$ 点的 $U^\circ(0,1)$ 内有定义,当 x 从 0 的右侧趋于 0 时,相应的函数值

$f(x)=1+x$ 无限趋近于1，即 $\lim\limits_{x\to0^+}f(x)=1$；当 x 从0的左侧趋于0时，相应的函数值 $f(x)=1-x$ 无限趋近于1，即 $\lim\limits_{x\to0^-}f(x)=1$，有 $\lim\limits_{x\to0^+}f(x)=\lim\limits_{x\to0^-}f(x)=1$，所以 $\lim\limits_{x\to0}f(x)=1$.

而对于函数 $f(x)=\begin{cases}1+x, & 0<x<1\\ 1, & x=0\\ -1-x, & -1<x<0\end{cases}$，容易知道，$\lim\limits_{x\to0^-}f(x)=-1$，$\lim\limits_{x\to0^+}f(x)=1$，所以 $\lim\limits_{x\to0}f(x)$ 不存在.

【例题6】 设函数 $f(x)=\begin{cases}2x^2+1, & x>0\\ x+b, & x\leqslant0\end{cases}$，当 b 取什么值时，$\lim\limits_{x\to0}f(x)$ 存在？

解：函数 $f(x)$ 在 $x=0$ 点左、右两侧的表达式不同，而求 $x\to0$ 时 $f(x)$ 的极限，要考察 x 从0的两侧趋于0时相应的函数值的变化情况，因此要分别求在 $x=0$ 这点的左（右）极限：$\lim\limits_{x\to0^-}f(x)=\lim\limits_{x\to0^-}(x+b)=b$，$\lim\limits_{x\to0^+}f(x)=\lim\limits_{x\to0^+}(2x^2+1)=1$，因为 $\lim\limits_{x\to0}f(x)=A$ 存在充分必要条件是 $\lim\limits_{x\to0^+}f(x)=\lim\limits_{x\to0^-}f(x)=A$，所以当 $b=1$ 时，$\lim\limits_{x\to0}f(x)$ 存在.

习题 1.4

1. 观察下列数列的变化，写出它们的极限.

(1) $u_n=(-1)^{n+1}\dfrac{1}{n}$；(2) $u_n=\dfrac{n-1}{n+1}$；(3) $u_n=3+\dfrac{1}{n^3}$；(4) $u_n=(-1)^n\dfrac{1}{n+1}$.

2. 利用函数的图形求下列极限.

(1) $\lim\limits_{x\to-\infty}2^x$；　　(2) $\lim\limits_{x\to+\infty}\operatorname{arccot}x$；

(3) $\lim\limits_{x\to3}(3x-1)$；　　(4) $\lim\limits_{x\to-3}\dfrac{x^2-9}{x+3}$.

3. 讨论当 $x\to\infty$，下列函数的极限是否存在.

(1) $f(x)=\mathrm{e}^x$；　(2) $f(x)=\operatorname{arccot}x$；　(3) $f(x)=\dfrac{1}{x+1}$.

4. 求函数 $f(x)=\begin{cases}3x-1, x<1\\ x^2+1, x\geqslant1\end{cases}$，在 $x=1$ 的左右极限，并说明它们在 $x\to1$ 时的极限是否存在.

5. 求 a 的值，使函数 $f(x)=\begin{cases}3x-2a, x<2\\ x^2+a, x\geqslant2\end{cases}$ 在 $x=2$ 处的极限存在.

第五节　函数极限的运算

一、函数极限运算法则

设若$\lim\limits_{x\to x_0}f(x)=A$，$\lim\limits_{x\to x_0}g(x)=B$ 则：

(1) $\lim\limits_{x\to x_0}(f(x)\pm g(x))=\lim\limits_{x\to x_0}f(x)\pm\lim\limits_{x\to x_0}g(x)=A\pm B$；

(2) $\lim\limits_{x\to x_0}(f(x)\cdot g(x))=\lim\limits_{x\to x_0}f(x)\cdot\lim\limits_{x\to x_0}g(x)=A\cdot B$；

(3) $\lim\limits_{x\to x_0}\dfrac{f(x)}{g(x)}=\dfrac{\lim\limits_{x\to x_0}f(x)}{\lim\limits_{x\to x_0}g(x)}=\dfrac{A}{B}\quad(B\neq 0)$.

注意：①我们只以 $x\to x_0$ 方式给出，它对任何其他方式，$x\to x_0^+$，$x\to x_0^-$，$x\to\infty$，$x\to+\infty$，$x\to-\infty$ 都成立.

②函数$f(x)$与 $g(x)$的极限必须存在；参与运算的项数必须有限；分母极限必须不为零等，否则结论不成立.

推论 1　若$\lim\limits_{x\to x_0}f(x)=A$，$c$ 为常数，则$\lim\limits_{x\to x_0}cf(x)=c\lim\limits_{x\to x_0}f(x)$.

推论 2　若$\lim\limits_{x\to x_0}f(x)=A$，$n\in\mathbf{N}$，则$\lim\limits_{x\to x_0}(f(x))^n=(\lim\limits_{x\to x_0}f(x))^n=A^n$.

如，$\lim\limits_{x\to x_0}x=x_0$，则$\lim\limits_{x\to x_0}x^n=x_0^n$.

推论 3　设函数 $f(\varphi(x))$是由函数 $y=f(u)$，$u=\varphi(x)$复合而成，如果$\lim\limits_{x\to x_0}\varphi(x)=u_0$，$\lim\limits_{u\to u_0}f(u)=A$，则$\lim\limits_{x\to x_0}f(\varphi(x))=A$.

如$\lim\limits_{x\to x_0}\sin x=\sin x_0$，$\lim\limits_{x\to x_0}x^n=x_0^n$，则$\lim\limits_{x\to x_0}\sin x^n=\sin x_0^n$.

二、极限的运算方法举例

1. 代入法

【例题 1】　求$\lim\limits_{x\to 3}(4x^2-5x+1)$.

解：$\lim\limits_{x\to 3}(4x^2-5x+1)=4\times 3^2-5\times 3+1=22$.

【例题 2】　求$\lim\limits_{x\to 1}\dfrac{x^2+3x-1}{2x^4-5}$.

解：$\lim\limits_{x\to 1}\dfrac{x^2+3x-1}{2x^4-5}=\dfrac{1^2+3\cdot 1-1}{2\cdot 1^4-5}=-1$.

2. 分解因式，消去零因子法

【例题 3】　$\lim\limits_{x\to 3}\dfrac{x^2-9}{x-3}\left(\dfrac{0}{0}型\right)$

解：$\lim\limits_{x\to 3}\dfrac{x^2-9}{x-3}=\lim\limits_{x\to 3}\dfrac{(x+3)(x-3)}{x-3}=\lim\limits_{x\to 3}(x+3)=6$.

【例题4】 $\lim\limits_{x\to1}\dfrac{x^2+2x-3}{x^2-1}\left(\dfrac{0}{0}\text{型}\right)$

解：$\lim\limits_{x\to1}\dfrac{x^2+2x-3}{x^2-1}=\lim\limits_{x\to1}\dfrac{(x-1)(x+3)}{(x-1)(x+1)}=\lim\limits_{x\to1}\dfrac{x+3}{x+1}=\dfrac{1+3}{1+1}=2.$

3. 多项式相除法

【例题5】 求(1) $\lim\limits_{x\to\infty}\dfrac{x^2+2x-3}{x^2-1}$.

(2) $\lim\limits_{x\to\infty}\dfrac{x^2+2x-3}{x^3+1}$.

(3) $\lim\limits_{x\to\infty}\dfrac{x^3+2x}{x^2-1}$.

解：当 $x\to\infty$ 时，分子、分母都是无穷大量，我们不能运用商的极限的运算法则，这种两个无穷大量之比的极限，也称为不定式，记为："$\dfrac{\infty}{\infty}$"型，对这种形式的极限，首先将分子分母的 x 的最高次幂提出，再进行运算.

(1) $\lim\limits_{x\to\infty}\dfrac{x^2+2x-3}{x^2-1}=\lim\limits_{x\to\infty}\dfrac{x^2\left(1+\dfrac{2}{x}-\dfrac{3}{x^2}\right)}{x^2\left(1-\dfrac{1}{x^2}\right)}=\lim\limits_{x\to\infty}\dfrac{1+\dfrac{2}{x}-\dfrac{3}{x^2}}{1-\dfrac{1}{x^2}}=1.$

(2) $\lim\limits_{x\to\infty}\dfrac{x^2+2x-3}{x^3+1}=\lim\limits_{x\to\infty}\dfrac{x^3\left(\dfrac{1}{x}+\dfrac{2}{x^2}-\dfrac{3}{x^3}\right)}{x^3\left(1+\dfrac{1}{x^3}\right)}=\lim\limits_{x\to\infty}\dfrac{\dfrac{1}{x}+\dfrac{2}{x^2}-\dfrac{3}{x^3}}{1+\dfrac{1}{x^3}}=0.$

(3) $\lim\limits_{x\to\infty}\dfrac{x^3+2x}{x^2-1}=\lim\limits_{x\to\infty}\dfrac{x^3\left(1+\dfrac{2}{x^2}\right)}{x^3\left(\dfrac{1}{x}-\dfrac{1}{x^3}\right)}=\lim\limits_{x\to\infty}\dfrac{1+\dfrac{2}{x^2}}{\dfrac{1}{x}-\dfrac{1}{x^3}}=\infty.$

一般地，有如下结论：

$$\lim_{x\to\infty}\frac{a_nx^n+a_{n-1}x^{n-1}+\cdots+a_1x+a_0}{b_mx^m+b_{m-1}x^{m-1}+\cdots+b_1x+b_0}=\begin{cases}0, & \text{当 } n<m\\ \dfrac{a_n}{b_m}, & \text{当 } n=m\\ \infty, & \text{当 } n>m\end{cases}$$

4. 分子(分母)有理化法

【例题6】 求 $\lim\limits_{x\to0}\dfrac{x}{\sqrt{x+1}-1}$

解：这是"$\dfrac{0}{0}$"型，先进行分母有理化，再进行运算.

$$\lim_{x\to0}\frac{x}{\sqrt{x+1}-1}=\lim_{x\to0}\frac{x(\sqrt{x+1}+1)}{(\sqrt{x+1}-1)(\sqrt{x+1}+1)}=\lim_{x\to0}\frac{x(\sqrt{x+1}+1)}{x}$$
$$=\lim_{x\to0}(\sqrt{x+1}+1)=2.$$

习题 1.5

1. 求下列极限.

(1)求$\lim\limits_{x\to 3}(x^2-2x+1)$;

(2)$\lim\limits_{x\to 2}\dfrac{x^2+1}{x-3}$;

(3)$\lim\limits_{x\to 1}\dfrac{x^2-2x+1}{x-1}$;

(4)$\lim\limits_{x\to 2}\dfrac{x^2-4}{x-2}$;

(5)$\lim\limits_{x\to 2}\dfrac{x^2-5x+6}{x^2-4}$;

(6)$\lim\limits_{x\to 3}\dfrac{x^2-5x+6}{x^2-4x+3}$.

2. 计算下列极限.

(1)$\lim\limits_{x\to\infty}\dfrac{x^2-1}{2x^2-x-1}$;

(2)$\lim\limits_{x\to\infty}\dfrac{x^2+2x-3}{2x^2+1}$;

(3)$\lim\limits_{x\to\infty}\dfrac{2x^2+x}{x^3+1}$;

(4) $\lim\limits_{x\to\infty}\dfrac{2x^3+x}{x^2-4}$;

(5)$\lim\limits_{n\to\infty}\dfrac{n(n+1)(n+2)}{3n^3}$;

(6)$\lim\limits_{x\to 0}\dfrac{x}{\sqrt{x+4}-2}$.

第六节　无穷大、无穷小及无穷小的比较

一、无穷小

(一)定义 1　**若**$\lim\limits_{x\to x_0}f(x)=0$,**则称函数**$f(x)$**是** $x\to x_0$ **时的无穷小量(或无穷小).**

例子 $y=\dfrac{1}{x+1}$,因为$\lim\limits_{x\to\infty}\dfrac{1}{x+1}=0$,所以当 $x\to\infty$ 时,函数 $y=\dfrac{1}{x+1}$是一个无穷小量;

例子 $y=x^2-1$,因为$\lim\limits_{x\to 1}(x^2-1)=0$ 与 $\lim\limits_{x\to -1}(x^2-1)=0$,所以当 $x\to 1$ 与 $x\to -1$ 时,函数 $y=x^2-1$ 都是无穷小量.

注:无穷小是对一个函数而言的,是一个动态的变量. 无穷小量、无穷小量的概念是反映变量的变化趋势,因此任何常量都不是无穷小量,任何非零常量都不是无穷小,在谈及无穷小量、无穷小量之时,首先应给出自变量的变化趋势.

(二)性质

定理 1　有限个无穷小的和也是无穷小.

定理 2　常数与无穷小的乘积是无穷小.

定理 3　有限个无穷小的乘积也是无穷小.

定理 4　有界函数与无穷小的乘积是无穷小.

注:利用定理 4 也是求极限的一种方法.

【例题1】 求函数的极限

(1) $\lim\limits_{x\to\infty}\frac{1}{x}\cos x$ (2) $\lim\limits_{x\to\infty}\frac{1}{x}\cos\frac{1}{x}$ (3) $\lim\limits_{x\to\infty}\frac{1}{x}\sin\frac{1}{x}$

解：如当 $x\to\infty$，函数$\frac{1}{x}$是无穷小量，而函数$|\cos x|\leqslant 1$，$\left|\cos\frac{1}{x}\right|\leqslant 1$，$\left|\sin\frac{1}{x}\right|\leqslant 1$ 都是有界函数，根据性质知：

(1) $\lim\limits_{x\to\infty}\frac{1}{x}\cos x=0$

(2) $\lim\limits_{x\to\infty}\frac{1}{x}\cos\frac{1}{x}=0$

(3) $\lim\limits_{x\to\infty}\frac{1}{x}\sin\frac{1}{x}=0.$

二、无穷大

定义2 若$\lim\limits_{x\to x_0}f(x)=\infty$，则称函数$f(x)$是 $x\to x_0$ 时的无穷大量(或无穷大). ∞ 包含正(或负)无穷大量.

例子 $\lim\limits_{x\to 1^+}\frac{1}{x-1}=+\infty$，$\lim\limits_{x\to 1^-}\frac{1}{x-1}=-\infty$，$\lim\limits_{x\to 1}\frac{1}{x-1}=\infty$.

无穷大量与无穷小量之间的关系：

定理5 ①若$\lim\limits_{x\to x_0}f(x)=0$，且对 $\forall x\in U^\circ(x_0,\delta)$，$f(x)\neq 0$，则$\lim\limits_{x\to x_0}\frac{1}{f(x)}=\infty$.

②若$\lim\limits_{x\to x_0}f(x)=\infty$，则$\lim\limits_{x\to x_0}\frac{1}{f(x)}=0$.

注：**利用无穷大量与无穷小量之间的关系也是求极限的一种方法.**

【例题2】 求下列函数的极限

(1) $y=\frac{1}{x-2}(x\to 2)$； (2) $y=\log_2 x(x\to+\infty)$； (3) $y=2^x(x\to-\infty)$.

解：(1)因为$\lim\limits_{x\to 2}(x-2)=0$，根据无穷小量与无穷大量之间的关系有$\lim\limits_{x\to 2}\frac{1}{x-2}=\infty$；

(2)由对数函数的性质可知，当 $x\to+\infty$ 时，$\log_2 x\to+\infty$，当 $x\to+\infty$ 时，函数 $\log_2 x$ 为正无穷大量.

(3)由 $y=2^x$ 的图形可知，$x\to-\infty$，$y=2^x\to 0$.

三、无穷小的比较

定义3 设$\lim\limits_{x\to x_0}\alpha(x)=0$，$\lim\limits_{x\to x_0}\beta(x)=0$

若 $\lim\limits_{x\to x_0}\frac{\alpha(x)}{\beta(x)}=l$($l$ 为常数)

①若 $l=0$，则称 $\alpha(x)$ 为 $\beta(x)$ 当 $x\to x_0$ 时的高阶无穷小，记作 $\alpha(x)=O(\beta(x))$，同时也称 $\beta(x)$ 是 $\alpha(x)$ 的低阶无穷小.

②若 $l\neq0$，则称 $\alpha(x)$ 与 $\beta(x)$ 当 $x\to x_0$ 时是同阶无穷小量，记作 $\alpha(x)=O(\beta(x))$，特别的是，当 $l=1$ 时，则称 $\alpha(x)$ 与 $\beta(x)$ 当 $x\to x_0$ 时是等价无穷小量，记作 $\alpha(x)\sim\beta(x)$.

例如当 $x\to0$ 时，$\sin x$ 是 x 的等价无穷小，x^2 是 x 的高阶无穷小.

【例题3】 (1)求当 $x\to\infty$ 时，$\frac{1}{x^3}$和$\frac{1}{x}$的阶数.

(2)求当 $x\to2$ 时，x^2-4 与 $x-2$ 的阶数.

(1)**解**：$\lim\limits_{x\to\infty}\dfrac{\frac{1}{x^3}}{\frac{1}{x}}=0$，

所以当 $x\to\infty$ 时，$\frac{1}{x^3}$是$\frac{1}{x}$的高阶无穷小量.

(2)**解**：$\lim\limits_{x\to2}\dfrac{x^2-4}{x-2}=\lim\limits_{x\to2}\dfrac{(x+2)(x-2)}{x-2}=4$，

所以当 $x\to2$ 时，x^2-4 是 $x-2$ 的同阶无穷小量.

四、等价代换

定理6　设 $\alpha\sim\alpha'$，$\beta\sim\beta'$，当 $x\to x_0$ 时：

(1)若$\lim\limits_{x\to x_0}\dfrac{\alpha'}{\beta'}$存在(或为无穷大量)，则$\lim\limits_{x\to x_0}\dfrac{\alpha}{\beta}=\lim\limits_{x\to x_0}\dfrac{\alpha'}{\beta'}$(或为无穷大量).

(2)若$\lim\limits_{x\to x_0}\dfrac{\alpha'\cdot f(x)}{\beta'\cdot g(x)}$存在(或为无穷大量)，则$\lim\limits_{x\to x_0}\dfrac{\alpha\cdot f(x)}{\beta\cdot g(x)}=\lim\limits_{x\to x_0}\dfrac{\alpha'\cdot f(x)}{\beta'\cdot g(x)}$(或为无穷大量). 即在乘积的因子中，可用等价无穷小量替换.

用等价无穷小可以求极限，本书中常用的等价无穷小量有：

当 $x\to0$ 时，$\sin x\sim x$，$\tan x\sim x$，$\arcsin x\sim x$，

$$\ln(1+x)\sim x,\ e^x-1\sim x,\ 1-\cos x\sim\frac{1}{2}x^2.$$

注：利用等价代换也是求极限的一种方法.

【例题4】 求(1)$\lim\limits_{x\to0}\dfrac{1-\cos 4x}{x^2}$

(2) $\lim\limits_{x\to0}\dfrac{\ln(1-5x)}{2x}$

(1)**解**：因为 $1-\cos x\sim\frac{1}{2}x^2$，

所以$\lim\limits_{x\to0}\dfrac{1-\cos 4x}{x^2}=\lim\limits_{x\to0}\dfrac{\frac{1}{2}(4x)^2}{x^2}=8$

(2)**解**：因为 $\ln(1+x)\sim x$

所以$\lim\limits_{x\to0}\dfrac{\ln(1-5x)}{2x}=\lim\limits_{x\to0}\dfrac{-5x}{2x}=-\dfrac{5}{2}$

【例题 5】 求$\lim\limits_{x\to 0}\dfrac{\tan x-\sin x}{x^3}$.

解：$\lim\limits_{x\to 0}\dfrac{\tan x-\sin x}{x^3}=\lim\limits_{x\to 0}\dfrac{\sin x\left(\dfrac{1}{\cos x}-1\right)}{x^3}$

$$=\lim_{x\to 0}\frac{\sin x(1-\cos x)}{x^3\cdot\cos x}=\lim_{x\to 0}\frac{x\cdot\frac{x^2}{2}}{x^3\cdot 1}=\frac{1}{2}.$$

在计算极限过程中，可以把乘积因子中极限不为零的部分用其极限值替代，如上例中的乘积因子 $\cos x$ 用其极限值 1 替代，以简化计算.

习题 1.6

1. 计算下列极限：

(1)$\lim\limits_{x\to 0}x^2\sin\dfrac{1}{x}$；　　(2)$\lim\limits_{x\to\infty}\dfrac{\arctan x}{x}$.

2. 试求下列各组无穷小阶数：

(1)$x-4$ 与 $4(\sqrt{x}-2)(x\to 4)$；

(2)$3x^3-2x^2$ 与 $x^2(x\to 0)$；

(3)$\dfrac{1}{2x^2}$与$\dfrac{2}{x}(x\to\infty)$.

3. 根据等价代换计算下列极限：

(1)$\lim\limits_{x\to 0}\dfrac{\sin 3x}{x}$；　　(2)$\lim\limits_{x\to 0}\dfrac{\sin 3x}{\sin 2x}$；

(3)$\lim\limits_{x\to 0}\dfrac{\tan 3x}{4x}$；　　(4)$\lim\limits_{x\to 0}\dfrac{\sin 3x}{\tan 2x}$；

(5)$\lim\limits_{x\to 0}\dfrac{1-\cos x}{x^2}$；　　(6)$\lim\limits_{x\to 0}\dfrac{\ln(1+2x)}{x}$；

(7)$\lim\limits_{x\to 0}\dfrac{e^{2x}-1}{x}$；　　(8)$\lim\limits_{x\to 0}\dfrac{e^{-3x}-1}{3x}$.

第七节　两个重要极限

一、极限 I

$$\lim_{x\to 0}\frac{\sin x}{x}=1,\lim_{x\to 0}\frac{\tan x}{x}=1$$

这个极限在形式上的特点是:(1)它是“$\frac{0}{0}$”型;(2)自变量 x 应与函数$\frac{\sin x}{x}$的 x 变化趋势一致,这个极限的一般形式为:$\lim\limits_{\nabla\to 0}\frac{\sin\nabla}{\nabla}=1$.

【例题 1】 求$\lim\limits_{x\to 0}\frac{\sin 3x}{x}$.

解:令 $u=3x$,则 $x=\frac{u}{3}$,当 $x\to 0$ 时,$u\to 0$ 有

$$\lim_{x\to 0}\frac{\sin 3x}{x}=\lim_{u\to 0}\frac{\sin u}{\frac{u}{3}}=3\lim_{u\to 0}\frac{\sin u}{u}=3$$

注意:函数$\frac{\sin 3x}{x}$通过变量替换成为$\frac{\sin u}{u}$,极限中的 $x\to 0$ 同时要变为 $u\to 0$. 有时可以直接计算,$\lim\limits_{x\to 0}\frac{\sin 3x}{x}=\lim\limits_{x\to 0}3\frac{\sin 3x}{3x}=3\lim\limits_{3x\to 0}\frac{\sin 3x}{3x}=3$.

【例题 2】 求$\lim\limits_{x\to 0}\frac{\sin 2x}{\sin 3x}$.

解:$\lim\limits_{x\to 0}\frac{\sin 2x}{\sin 3x}=\lim\limits_{x\to 0}\left(\frac{\sin 2x}{2x}\cdot\frac{3x}{\sin 3x}\cdot\frac{2}{3}\right)=\frac{2}{3}\cdot\lim\limits_{x\to 0}\frac{\sin 2x}{2x}\cdot\lim\limits_{x\to 0}\frac{3x}{\sin 3x}$

$=\frac{2}{3}$

【例题 3】 求$\lim\limits_{x\to 0}\frac{\tan x}{x}$($k$ 为非零常数).

解:$\lim\limits_{x\to 0}\frac{\tan x}{x}=\lim\limits_{x\to 0}\frac{\sin x}{x\cdot\cos x}=\lim\limits_{x\to 0}\left(\frac{\sin x}{x}\cdot\frac{1}{\cos x}\right)=1$

【例题 4】 求$\lim\limits_{x\to 0}\frac{1-\cos x}{x^2}$.

解:$\lim\limits_{x\to 0}\frac{1-\cos x}{x^2}=\lim\limits_{x\to 0}\frac{2\sin^2\left(\frac{x}{2}\right)}{x^2}=\lim\limits_{x\to 0}\frac{1}{2}\cdot\left(\frac{\sin\frac{x}{2}}{\frac{x}{2}}\right)^2=\frac{1}{2}$

【例题 5】 求$\lim\limits_{x\to \pi}\frac{\sin x}{\pi-x}$.

解:虽然这是“$\frac{0}{0}$”型的,但不是 $x\to 0$,因此不能直接运用这个重要极限.

令 $t=\pi-x$,则 $x=\pi-t$,而 $x\to\pi\Leftrightarrow t\to 0$,因此,

$$\lim_{x\to\pi}\frac{\sin x}{\pi-x}=\lim_{t\to 0}\frac{\sin(\pi-t)}{t}=\lim_{t\to 0}\frac{\sin t}{t}=1.$$

二、极限Ⅱ

$$\lim_{x\to\infty}\left(1+\frac{1}{x}\right)^x=\mathrm{e}\qquad \lim_{x\to 0}(1+x)^{\frac{1}{x}}=\mathrm{e}$$

重要极限Ⅱ的一般形式为：$\lim\limits_{\Delta\to 0}(1+\Delta)^{\frac{1}{\Delta}}=\mathrm{e}$，$\lim\limits_{\Delta\to\infty}\left(1+\frac{1}{\Delta}\right)^{\Delta}=\mathrm{e}$

【例题 6】 求 $\lim\limits_{x\to\infty}\left(1+\frac{1}{x}\right)^{2x}$.

解：$\lim\limits_{x\to\infty}\left(1+\frac{1}{x}\right)^{2x}=\left[\lim\limits_{x\to\infty}\left(1+\frac{1}{x}\right)^{x}\right]^{2}=\mathrm{e}^{2}$

【例题 7】 求 $\lim\limits_{x\to\infty}\left(1+\frac{1}{3x}\right)^{x}$.

解：$\lim\limits_{x\to\infty}\left(1+\frac{1}{3x}\right)^{x}=\left[\lim\limits_{x\to\infty}\left(1+\frac{1}{3x}\right)^{3x}\right]^{\frac{1}{3}}=\mathrm{e}^{\frac{1}{3}}$

【例题 8】 求 $\lim\limits_{x\to\infty}\left(1-\frac{1}{x}\right)^{x}$.

解法 1 令 $t=-\frac{1}{x}$，则 $x=-\frac{1}{t}$；当 $x\to\infty$ 时，$t\to 0$

$$\lim_{x\to\infty}\left(1-\frac{1}{x}\right)^{x}=\lim_{t\to 0}(1+t)^{\frac{-1}{t}}=\lim_{t\to 0}\left[(1+t)^{\frac{1}{t}}\right]^{-1}=\mathrm{e}^{-1}$$

解法 2 $\lim\limits_{x\to\infty}\left(1-\frac{1}{x}\right)^{x}=\lim\limits_{x\to\infty}\left[1+\left(\frac{1}{-x}\right)\right]^{-x\cdot(-1)}=\mathrm{e}^{-1}$

注：利用两个重要极限公式也是求极限的一种方法.

习题 1.7

1. 求下列各极限：

(1) $\lim\limits_{x\to 0}\frac{\sin 3x}{4x}$；

(2) $\lim\limits_{x\to 0}\frac{\tan 2x}{x}$；

(3) $\lim\limits_{x\to 0}\frac{\sin 3x}{\sin 5x}$；

(4) $\lim\limits_{x\to 0}\frac{\sin^{2}x}{x^{2}}$；

(5) $\lim\limits_{x\to 0}\frac{1-\cos 2x}{x^{2}}$；

(6) $\lim\limits_{x\to 1}\frac{\sin(x-1)}{x-1}$.

2. 求下列各极限：

(1) $\lim\limits_{x\to\infty}\left(1+\frac{1}{x}\right)^{3x}$；

(2) $\lim\limits_{x\to\infty}\left(1+\frac{1}{2x}\right)^{x}$；

(3) $\lim\limits_{x\to 0}(1-2x)^{\frac{1}{x}}$；

(4) $\lim\limits_{x\to 0}(1+2x)^{\frac{1}{x}}$；

(5) $\lim\limits_{x\to\infty}\left(1+\frac{1}{2x}\right)^{3x}$；

(6) $\lim\limits_{x\to\infty}\left(\frac{x-1}{x+1}\right)^{x}$.

第八节　函数的连续性

一、连续函数的概念

在自然界中有许多现象都是连续不断地变化的，如，气温随着时间的变化而连续变化；金属轴的长度随气温有极微小的改变也是连续变化的等. 这些现象反映在数量关系上就是我们所说的连续性. 函数的连续性反映在几何上可以看作一条不间断的曲线；下面给出连续函数的概念.

（一）函数的增量

增量的定义，简单说，就是变化后的量减去变化前的量.

例如：早晨 $t_1=8$ 时，温度 $T_1=2$ ℃，中午 $t_2=14$ 时，温度 $T_2=12$ ℃，则时间的增量为 $\Delta t=14-8=6$ 时，温度的增量为 $\Delta T=12-2=10$ ℃，增量可正可负.

定义 1　对 $y=f(x)$，若自变量从初值 x_0 变为终值 x 时，差值 $\Delta x=x-x_0$ 称为自变量 x 的增量（通常称为改变量），记为 Δx，相应的函数 y 的增量

$$\Delta y=f(x_0+\Delta x)-f(x_0)$$

（二）函数的连续性

定义 2　一设函数 $y=f(x)$ 在 x_0 的某一个邻域 $U(x_0,\delta)$ 内有定义，当自变量 x 在 x_0 点有一个增量（改变量）Δx 时，相应的函数 y 的增量 $\Delta y=f(x_0+\Delta x)-f(x_0)$，当 Δx 趋近 0 时，Δy 也趋近于 0，即：

$$\lim_{\Delta x\to 0}\Delta y=0 \text{ 或} \lim_{\Delta x\to 0}[f(x_0+\Delta x)-f(x_0)]=0$$

则称函数 $f(x)$ 在点 x_0 处连续.

由于 $\Delta x=x-x_0$，$x=x_0+\Delta x$　所以，$\Delta x\to 0$，$x\to x_0$，所以

$$\lim_{\Delta x\to 0}[f(x_0+\Delta x)-f(x_0)]=\lim_{x\to x_0}[f(x)-f(x_0)]=0\Leftrightarrow\lim_{x\to x_0}f(x)=f(x_0)$$

由此，可以得出连续的第二定义.

定义 3　二设函数 $y=f(x)$ 在 x_0 的某一个邻域 $U(x_0,\delta)$ 内有定义，若

$$\lim_{x\to x_0}f(x)=f(x_0),$$

则称函数 $f(x)$ 在点 x_0 处连续.

由定义 3 可知，一个函数 $f(x)$ 在点 x_0 连续必须满足下列 3 个条件（通常称为三要素）：

（1）函数 $y=f(x)$ 在 x_0 的一个邻域有定义，即有确定的函数值；

（2）$\lim\limits_{x\to x_0^-}f(x)=\lim\limits_{x\to x_0^+}f(x)=A$，即极限存在；

（3）$\lim\limits_{x\to x_0}f(x)=f(x_0)$，即函数值等于极限值.

注意：（1）函数 $y=f(x)$ 在 x_0 点有极限并不要求其在 x_0 点有定义，而函数 $y=f(x)$ 在点 $x=x_0$ 连续，则要求其在 x_0 点本身和它的邻域内有定义.

(2)如果3个条件有一个不满足,则函数$f(x)$在x_0点不连续.

定义4 设函数$f(x)$在点x_0点左邻域(或右邻域)内有定义,若$\lim\limits_{x\to x_0^-}f(x)=f(x_0)$[即$f_-(x_0)=f(x_0)$].

或
$$\lim_{x\to x_0^+}f(x)=f(x_0)\text{(即}f_+(x_0)=f(x_0)\text{)}$$
则称函数$y=f(x)$在点x_0处左(右)连续.

定理1 函数$f(x)$在点x_0处连续的充分必要条件是:函数$f(x)$在点x_0处左连续且右连续. 即$\lim\limits_{x\to x_0}f(x)=f(x_0)\Leftrightarrow\lim\limits_{x\to x_0^+}f(x)=\lim\limits_{x\to x_0^-}f(x)=f(x_0)$.

定义5 若函数$f(x)$在开区间(a,b)内每一点都连续,则称函数$f(x)$在开区间(a,b)内连续. 若函数$f(x)$在开区间(a,b)内连续,且在点a右连续,在点b左连续,则称函数$f(x)$在闭区间$[a,b]$上连续.

若函数$f(x)$在它的定义域内每一点都连续,则称$f(x)$为连续函数.

【例题1】 证明函数$f(x)=\begin{cases}x^2, & x\geqslant 1\\ \dfrac{1}{x}, & 0<x<1\end{cases}$在$x=1$处连续.

证明:因为$\lim\limits_{x\to 1^+}f(x)=\lim\limits_{x\to 1^+}x^2=1$,$\lim\limits_{x\to 1^-}f(x)=\lim\limits_{x\to 1^-}\dfrac{1}{x}=1$,$f(1)=1$,故有$\lim\limits_{x\to 1}f(x)=f(1)=1$,所以函数$f(x)$在1处连续.

【例题2】 证明函数$f(x)=\begin{cases}x+1, & x\neq 0\\ 1, & x=0\end{cases}$在$x=0$处连续.

证明:因为在$x=0$处左右两边表达式相同,$\lim\limits_{x\to 0^+}f(x)=\lim\limits_{x\to 0^+}(x+1)=1$,$\lim\limits_{x\to 0^-}f(x)=\lim\limits_{x\to 0^-}(x+1)=f(0)=1$,有$\lim\limits_{x\to 0}f(x)=1=f(0)$,所以函数$f(x)$在$x=0$处连续.

【例题3】 证明函数$f(x)=\begin{cases}x^2, & x\geqslant 1\\ \dfrac{\sin x}{x}, & 0<x<1\end{cases}$在$x=1$处不连续.

证明:因为$\lim\limits_{x\to 1^+}f(x)=\lim\limits_{x\to 1^+}x^2=1$,$\lim\limits_{x\to 1^-}f(x)=\lim\limits_{x\to 1^-}\dfrac{\sin x}{x}=\sin 1$,所以$\lim\limits_{x\to 1}f(x)$不存在,故函数$f(x)$在1处不连续.

注意:对于讨论分段函数$f(x)$在分段点$x=a$处连续性问题,如果函数$f(x)$在$x=a$左右两边的表达式相同,则直接计算函数$f(x)$在$x=a$处的极限,如例2;如果函数$f(x)$在$x=a$左右两边的表达式不相同,则要分别计算函数$f(x)$在$x=a$处的左、右极限,再确定函数$f(x)$在$x=a$处的极限,如例1、例3.

二、连续函数的运算性质

设函数$f(x)$与$g(x)$在x_0处连续,则

(1)$f(x)\pm g(x)$,$f(x)\cdot g(x)$在x_0处连续;

(2)当$g(x_0)\neq 0$时,$\dfrac{f(x)}{g(x)}$在x_0处连续.

根据函数连续的定义及函数的和差积商的极限运算法则，可给出上述定理的证明.

证明：就乘积的情形加以证明，已知$\lim\limits_{x\to x_0}f(x)=f(x_0)$，$\lim\limits_{x\to x_0}g(x)=g(x_0)$，则

$$\lim_{x\to x_0}f(x)g(x)=\lim_{x\to x_0}f(x)\cdot\lim_{x\to x_0}g(x)=f(x_0)\cdot g(x_0)$$

即函数$f(x)g(x)$在x_0处连续.

其他情形请读者作为练习自行完成.

三、初等函数的连续性

定理2 若函数$u=\varphi(x)$在x_0处连续，$u_0=\varphi(x_0)$，函数$y=f(u)$在u_0处连续，则复合函数$y=f(\varphi(x))$在x_0处连续.

如$u=\sin x$在$x=1$处连续，$y=u^2$在$\sin 1$处连续，则复合函数$y=(\sin x)^2$在$x=1$处连续.

定理3 若函数$y=f(x)$在某区间上严格单调且连续，则其反函数$y=f^{-1}(x)$在相应的区间上也严格单调且连续.

由以上可得出结论：基本初等函数、初等函数在其定义区间内连续.

推论：若$\lim\limits_{x\to x_0}\varphi(x)=u_0$，函数$y=f(u)$在$u_0$处连续，则

$$\lim_{x\to x_0}f[\varphi(x)]=f[\lim_{x\to x_0}\varphi(x)].$$

【例题4】 求$\lim\limits_{x\to 1}\sqrt{x^2+x-1}$.

解 因为函数$y=\sqrt{x^2+x-1}$是由$y=\sqrt{u}$与$u=x^2+x-1$复合而成的，又$\lim\limits_{x\to 1}(x^2+x-1)=1$，$y=\sqrt{u}$在$u=1$处连续，所以$\lim\limits_{x\to 1}\sqrt{x^2+x-1}=\sqrt{\lim\limits_{x\to 1}(x^2+x-1)}=\sqrt{1}=1$.

【例题5】 求$\lim\limits_{x\to 1}\dfrac{\sqrt{x^2+3}-2}{x-1}$

解：当$x\to 1$时，分母、分子的极限都为零，此极限为$\dfrac{0}{0}$型，要设法消去零因式，首先进行分子有理化.

$$\lim_{x\to 1}\frac{\sqrt{x^2+3}-2}{x-1}=\lim_{x\to 1}\frac{(\sqrt{x^2+3}-2)(\sqrt{x^2+3}+2)}{(x-1)(\sqrt{x^2+3}+2)}$$

$$=\lim_{x\to 1}\frac{x^2-1}{(x-1)(\sqrt{x^2+3}+2)}=\lim_{x\to 1}\frac{x+1}{\sqrt{x^2+3}+2}=\frac{1}{2}.$$

四、间断点

定义6 若函数$f(x)$在点x_0处不连续，则称点x_0是函数$f(x)$一个间断点或不连续点.

由函数$f(x)$在点x_0连续的定义可知，函数$f(x)$在点x_0处不连续应至少有下列3种情形之一：(1)$f(x)$在点x_0无定义；(2)$\lim\limits_{x\to x_0}f(x)$不存在；(3)$\lim\limits_{x\to x_0}f(x)\neq f(x_0)$.

下面以具体的例子说明函数间断点的类型.

1. $f(x)$ 在点 x_0 无定义.

【例题 6】 如函数 $f(x)=\dfrac{1}{x}$，在 $x=0$ 无定义，$x=0$ 是函数 $f(x)$ 的间断点，又 $\lim\limits_{x\to 0}\dfrac{1}{x}=\infty$，称这类间断点为**无穷间断点**.

【例题 7】 如函数 $f(x)=\sin\dfrac{1}{x}$，在 $x=0$ 无定义，$x=0$ 是函数 $f(x)$ 的间断点. 当 $x\to 0$ 时，相应的函数值在 -1 与 1 之间振荡，$\lim\limits_{x\to 0}\sin\dfrac{1}{x}$ 不存在，这种类型的间断点称为**振荡间断点**.

2. $\lim\limits_{x\to x_0}f(x)$ 不存在.

【例题 8】 如函数 $f(x)=\begin{cases}x+1, x\geqslant 0\\ x-1, x<0\end{cases}$，虽然 $f(0)=0$，但 $\lim\limits_{x\to 0^-}f(x)=\lim\limits_{x\to 0^-}(x-1)=-1$，$\lim\limits_{x\to 0^+}f(x)=\lim\limits_{x\to 0^+}(x+1)=1$，即 $f(x)$ 在 $x=0$ 处左、右极限存在，但不相等，故 $\lim\limits_{x\to 0}f(x)$ 不存在，函数 $f(x)$ 在点 x_0 处是间断的，如图 1.14 所示.

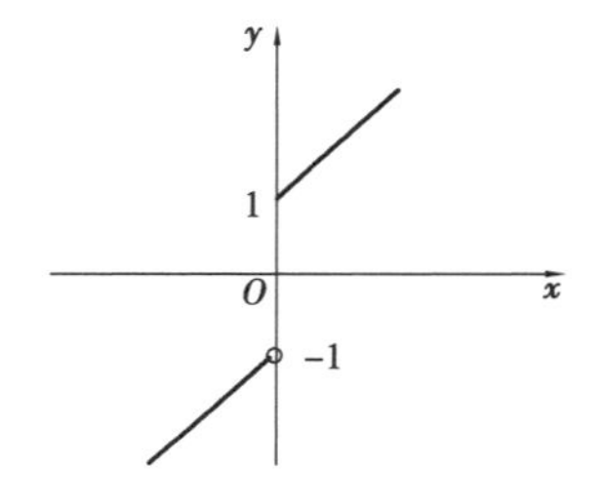

图 1.14

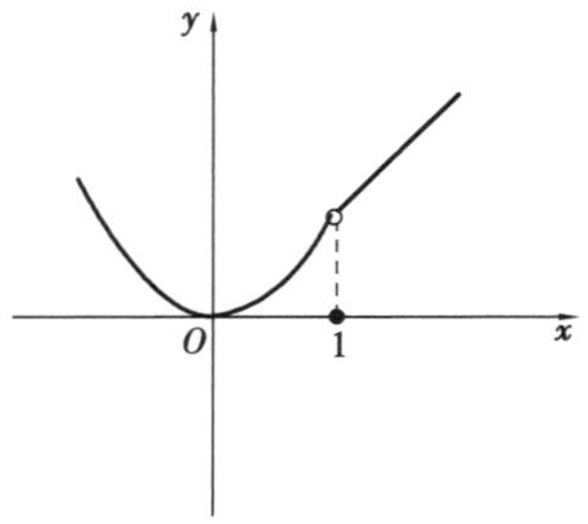

图 1.15

这种类型的间断点称为**跳跃间断点**.

3. $\lim\limits_{x\to x_0}f(x)\neq f(x_0)$.

【例题 9】 如函数 $f(x)=\begin{cases}x, & x>1\\ 0, & x=1\\ x^2, & x<1\end{cases}$，函数 $f(x)$ 在 $x=1$ 有定义，$f(1)=0$，$\lim\limits_{x\to 1^-}f(x)=\lim\limits_{x\to 1^-}x^2=1$，$\lim\limits_{x\to 1^+}f(x)=\lim\limits_{x\to 1^+}x=1$，故 $\lim\limits_{x\to 1}f(x)=1$，但 $\lim\limits_{x\to 1}f(x)\neq f(1)$，所以 $x=1$ 是函数 $f(x)$ 的间断点，如图 1.15 所示.

如果重新定义 $f(1)$，使 $f(1)=1$，函数 $f(x)$ 将成为一个新函数 $g(x)$.

$g(x)=\begin{cases}x, x>1\\ 1, x=1\\ x^2, x<1\end{cases}$，显然 $g(x)$ 在点 $x=1$ 处是连续的. 这种左、右极限相等的间断点，称为**可去间断点**.

一般情况下，函数 $f(x)$ 的间断点 x_0 分为两类：若 $f(x)$ 在 x_0 的左、右极限都存在，则称 x_0 为 $f(x)$ **第一类间断点**，在第一类间断点中，若 $f(x)$ 在 x_0 的左、右极限相等，则 x_0 为可去间断点；若 $f(x)$ 在 x_0 的左、右极限不相等，则 x_0 为跳跃间断点. 不是第一类间断点的间断点，称为

第二类间断点. 如无穷间断点、振荡间断点.

【例题 10】　求函数$f(x)=\begin{cases}\sin x, x\geqslant 0\\ x+1, x<0\end{cases}$的间断点,并指出间断点的类型.

解:函数$f(x)$的定义域为$\mathbf{R}$,考察$f(x)$在分段点的极限.

$$\lim_{x\to 0^-} f(x)=\lim_{x\to 0^-}(x+1)=1$$

$$\lim_{x\to 0^+} f(x)=\lim_{x\to 0^+}\sin x=0$$

因为函数$f(x)$在$x=0$的左、右极限都存在,但不相等,所以$x=0$是$f(x)$的第一类间断点.

*【例题 11】　求函数$f(x)=\dfrac{x^2-4}{x^2-5x+6}$的间断点,指出间断点的类型,若是可去间断点,写出函数的连续延拓函数.

解:初等函数$f(x)$在$x=2$与$x=3$处无定义,故$x=2$与$x=3$是$f(x)$的间断点. 对于$x=2$,$\lim\limits_{x\to 2}\dfrac{x^2-4}{x^2-5x+6}=\lim\limits_{x\to 2}\dfrac{(x-2)(x+2)}{(x-2)(x-3)}=\lim\limits_{x\to 2}\dfrac{x+2}{x-3}=-4$.

所以$x=2$是$f(x)$的可去间断点. 其连续延拓函数为:$g(x)=\begin{cases}f(x), & x\neq 2\\ -4, & x=2\end{cases}$

对于$x=3$,$\lim\limits_{x\to 3^+}\dfrac{x^2-4}{x^2-5x+6}=\lim\limits_{x\to 3^+}\dfrac{(x-2)(x+2)}{(x-2)(x-3)}=\lim\limits_{x\to 3^+}\dfrac{x+2}{x-3}=+\infty$

所以$x=3$是$f(x)$的第二类间断点.

*五、闭区间上连续函数的性质

定理 4(**最值性**)　若函数$f(x)$在闭区间$[a,b]$上连续,则$f(x)$在闭区间$[a,b]$上可同时取得最大值与最小值.

显然函数$f(x)$在闭区间$[a,b]$上有界. 这个定理中有两个重要的条件,是“闭区间$[a,b]$”与“连续”,缺一不可. 如函数$y=\dfrac{1}{x}$在区间$(0,1)$连续,但不能取得最大值与最小值. 必须注意定理的条件是充分而非必要的条件. 即不满足这两个条件的函数也可取得最大值与最小值. 比如狄利克雷函数,处处不连续,但它有最大值1,也有最小值0.

定理 5(**零点定理**)　若函数$f(x)$在闭区间$[a,b]$上连续,且$f(a)\cdot f(b)<0$,则在(a,b)内至少存在一点ξ,使得$f(\xi)=0$.

定理 6(**介值定理**)　若函数$f(x)$在闭区间$[a,b]$上连续,且$f(a)\neq f(b)$,c为介于$f(a)$与$f(b)$的任意数,则在(a,b)内至少存在一点ξ,使得$f(\xi)=c$.

由定理6与定理8知,对于在闭区间$[a,b]$上连续函数$f(x)$,可取得介于其在闭区间$[a,b]$上的最大值与最小值之间的任意一个数.

*【例题 12】　证明方程$x-2\sin x=1$至少有一个根.

证明:设$f(x)=x-2\sin x-1$,因为$f(x)$为初等函数,在其定义区间$(-\infty,+\infty)$内连续,所以,$f(x)$在$[0,3]$上连续. 又$f(0)=-1<0$,$f(3)=3-2\sin 3-1>0$,根据零点定理,在$(0,3)$内至少存在一个ξ,使得$f(\xi)=0$,即方程$x-2\sin x=1$至少有一个根.

习题 1.8

1. 求下列函数的间断点.

(1)$f(x)=\frac{1}{x-1}$.

(2)$f(x)=\frac{1}{x^2-4}$.

(3)$f(x)=\frac{1}{x^2+5x+6}$.

(4)$f(x)=\begin{cases} x, & x\geqslant 1 \\ x-1, & x<1 \end{cases}$.

2. 证明函数$f(x)=\begin{cases} x^2, & x\geqslant 1 \\ x-1, & 0<x<1 \end{cases}$ 在 $x=1$ 处不连续.

3. 已知$f(x)=\begin{cases} 1, & x<-1 \\ x, & -1\leqslant x\leqslant 1; \\ 1, & x>1. \end{cases}$ 讨论$f(x)$在 $x=1$ 和 $x=-1$ 处的连续性.

4. 求下列函数的连续区间和间断点,并指出间断点的类型.

$$f(x)=\frac{x-3}{x^2+x-6}$$

5. 已知函数$f(x)=\begin{cases} 2x & x<1 \\ ax^2+b & 1\leqslant x\leqslant 2 \\ 4x & x>2 \end{cases}$ 在$(-\infty,+\infty)$内连续,试求 a 与 b 的值.

复习题一

一、填空题

1. 不等式$|2x-5|\leqslant 3$ 的解为____________________.

2. 函数 $y=\ln(2x-2)$的定义域为____________________.

3. 函数 $y=\sin(2x+\frac{\pi}{4})$的周期为____________________.

4. $\lim\limits_{x\to 3}(x^2-2x)=$____________________.

5. 函数$f(x)=\frac{1}{x^2-9}$的间断点为____________________.

二、选择题

1. 设$f(x)=\sqrt{x-2}$,则$f(x)$的定义域是(　　).

A. $(-\infty,-2)\cup(-2,2)\cup(2,+\infty)$　　B. $(-2,2)$

C. $[-2,2]$　　D. $[2,+\infty)$

2. 函数 $y=\tan 2x$ 的周期为(　　).

A. π　　B. 2π　　C. $\frac{\pi}{2}$　　D. $\frac{\pi}{4}$

3. $\lim\limits_{x\to\infty}\left(1+\frac{1}{x}\right)^{kx}=e^2$,则 k 的值为(　　).

A. 1　　B. 2　　C. 3　　D. 0

4. $f(x)=\frac{x}{x-1}$,则 $f(x)$ 的间断点是(　　).

A. $x=1$　　B. $x=-1$　　C. $x=0$　　D. 不存在

5. 当 $x\to 0$, e^x-1 是 x 的(　　).

A. 高阶无穷小　B. 低阶无穷小　C. 同阶无穷小　D. 等价无穷小

三、计算题

1. 分解下列复合函数.

(1) $y=(1+2x)^2$;　　(2) $y=\sin(2x+3)$;

(3) $y=e^{4x+1}$;　　(4) $y=\sin^2(2x+1)$.

2. 求极限.

(1) 求 $\lim\limits_{x\to 3}(x^2-2x+3)$;　　(2) $\lim\limits_{x\to 3}\frac{x^2-9}{x-3}$;

(3) $\lim\limits_{x\to 1}\frac{x^2+2x-3}{x-1}$;　　(4) $\lim\limits_{x\to\infty}\frac{x^2-1}{2x^2-x-1}$;

(5) $\lim\limits_{x\to 0}x\sin\frac{1}{x}$;　　(6) $\lim\limits_{x\to 0}\frac{x}{\sqrt{x+1}-1}$.

3. 求极限.

(1) $\lim\limits_{x\to 0}\frac{\sin 3x}{x}$;　　(2) $\lim\limits_{x\to 0}\frac{\sin 3x}{\sin 2x}$;

(3) $\lim\limits_{x\to 0}\frac{\sin^2 x}{x^2}$;　　(4) $\lim\limits_{x\to\infty}\left(1+\frac{1}{x}\right)^{4x}$;

(5) $\lim\limits_{x\to\infty}\left(1+\frac{1}{3x}\right)^{x}$;　　(6) $\lim\limits_{x\to 0}\frac{1-\cos 2x}{x^2}$;

(7) $\lim\limits_{x\to 0}\frac{\ln(1+3x)}{x}$;　　(8) $\lim\limits_{x\to 0}\frac{e^{2x}-1}{x}$.

四、应用题

1. 求函数 $f(x)=\begin{cases}3x-1, x<1\\ x^2+1,, x\geqslant 1\end{cases}$ 在 $x=1$ 的左右极限.

2. 求 a 的值,使函数 $f(x)=\begin{cases}3x-2a & x<2\\ x^2+1 & x\geqslant 2\end{cases}$ 在 $x=2$ 处连续.

3. 已知函数$f(x)=\begin{cases} 2b & x<1 \\ ax^2-4 & 1\leqslant x\leqslant 2 \\ 4x & x>2 \end{cases}$在$(-\infty,+\infty)$内连续,试求 a 与 b 的值.

微积分发展
简史(一)

第二章 导数与微分

本章将在函数与极限的基础上来学习微积分的两个基本概念及其运算——导数和微分，其中导数是反映函数相对于自变量变化的快慢程度的概念，即变化率. 如物理学上的物体运动速度、电流强度、线密度、化学反应速度、物体冷却速度等；社会经济学上人口增长率、经济增长率等；几何学上曲线切线的斜率等. 另一概念微分反映的是当自变量有微小改变时，函数的变化是多少，即函数增量的近似值求法. 本章将重点学习导数与微积分的基本概念及运算方法.

第一节　导数的概念

一、导数的定义

在学习导数的概念之前，我们先来讨论一下物理学中变速直线运动的瞬时速度的问题.

（一）引例：速度问题

设某点沿直线运动. 设动点于时刻 t 在直线上的位移 $s=f(t)$，如果该点作匀速运动，则动点的速度为整个运动的平均速度.

即：
$$v=\frac{s}{t} \tag{1}$$

如果运动不是匀速的，那么在运动的不同时间间隔内，比值(1)会有不同的值. 这样，把比值(1)笼统地称为该动点的速度就不合适了，而需要按不同的时刻来考虑. 那么，这种非匀速运动的动点在某一时刻(设为 t_0)的速度应如何理解而又如何求得呢？可以分为 3 步.

(1)在 t_0 附近取一个小区间，设这一个小区间内时间的变化量为 Δt，即时间从 t_0 变化到 $t_0+\Delta t$，相应地在这段时间内，位移从 $s_0=f(t_0)$ 变化到 $s=f(t_0+\Delta t)$，即

$$\Delta s=f(t_0+\Delta t)-f(t_0)$$

(2)在这个小区间内动点的平均速度为

$$\bar{v}=\frac{s-s_0}{t-t_0}=\frac{f(t_0+\Delta t)-f(t_0)}{t-t_0}$$

(3)如果时间间隔选得较短,这个平均速度近似于动点在时刻 t_0 的速度. 为了让平均速度等于时刻 t_0 的速度,可以让小区间无限减小,即 $\Delta t\to 0$,这样在 t_0 点的速度就为 v_0, 即:

$$v_0=\lim_{t\to t_0}\frac{f(t)-f(t_0)}{t-t_0}$$

这时就把这个极限值 v_0 称为动点在时刻 t_0 的(瞬时)速度.

把上述**引例**加以归纳总结,就可以得出导数的定义.

(二)导数的定义

设函数 $y=f(x)$ 在点 x_0 的某一邻域内有定义,当自变量 x 在 x_0 处有增量 Δx($x+\Delta x$ 也在该邻域内)时,相应地函数有增量 $\Delta y=f(x_0+\Delta x)-f(x_0)$,若 $\Delta x\to 0$ 时 Δy 与 Δx 之比的极限存在,则称这个极限值为 $y=f(x)$ 在 x_0 处的**导数**. 记为:$y'\big|_{x=x_0}$ 还可记为:$\frac{\mathrm{d}y}{\mathrm{d}x}\Big|_{x=x_0}$,$f'(x_0)$,此时称函数 $f(x)$ 在点 x_0 处**可导**,否则不可导.

$$f'(x_0)=\lim_{\Delta x\to 0}\frac{\Delta y}{\Delta x}=\lim_{\Delta x\to 0}\frac{f(x_0+\Delta x)-f(x_0)}{\Delta x}$$

求函数 $y=f(x)$ 在 $x=x_0$ 的导数可分为 3 步:(1)求函数的增量:$\Delta y=f(x_0+\Delta x)$;(2)求比值:$\frac{\Delta y}{\Delta x}$(平均变化率);(3)求极限:$\lim\limits_{\Delta x\to 0}\frac{\Delta y}{\Delta x}$(瞬时变化率).

下面根据这 3 个步骤来求一些简单函数的导数.

【例题 1】 用定义求函数 $y=3x^2$ 在 $x=1$ 的导数.

解:$\Delta y=3(1+\Delta x)^2-3x^2=6\cdot\Delta x+3(\Delta x)^2=3\Delta x(2+\Delta x)$

算出 $\frac{\Delta y}{\Delta x}=\frac{3\Delta x(2+\Delta x)}{\Delta x}=6+3\Delta x.$

则 $y'=\lim\limits_{\Delta x\to 0}\frac{\Delta y}{\Delta x}=\lim\limits_{\Delta x\to 0}(6+3\Delta x)=6$

即 $(3x^2)'\big|_{x=1}=6.$

*__【例题 2】__ 已知函数 $y=\sin x$,用定义求 $(\sin x)'$ 及 $(\sin x)'\Big|_{x=\frac{\pi}{3}}$.

解:$\Delta y=\sin(x+\Delta x)-\sin x=2\sin\frac{\Delta x}{2}\cos\left(x+\frac{\Delta x}{2}\right)$

于是 $\frac{\Delta y}{\Delta x}=\frac{2\sin\frac{\Delta x}{2}\cos\left(x+\frac{\Delta x}{2}\right)}{\Delta x}=\left(\frac{\sin\frac{\Delta x}{2}}{\frac{\Delta x}{2}}\right)\cdot\cos\left(x+\frac{\Delta x}{2}\right)$

所以 $y'=\lim\limits_{\Delta x\to 0}\frac{\Delta y}{\Delta x}=\lim\limits_{\Delta x\to 0}\left(\frac{\sin\frac{\Delta x}{2}}{\frac{\Delta x}{2}}\right)\cdot\lim\limits_{\Delta x\to 0}\cos\left(x+\frac{\Delta x}{2}\right)=\cos x$

即:$(\sin x)'=\cos x$

所以 $(\sin x)'\Big|_{x=\frac{\pi}{3}}=\cos x\Big|_{x=\frac{\pi}{3}}=\frac{1}{2}$.

若函数$f(x)$在区间(a,b)内每一点都可导,就称函数$f(x)$在区间(a,b)内可导. 这时函数$y=f(x)$对于区间(a,b)内的每一个确定的x值,都对应着一个确定的导数,这就构成了一个新的函数,我们就称这个函数为原来函数$y=f(x)$的导函数. 即:

$$f'(x)=y'=\lim_{\Delta x\to 0}\frac{\Delta y}{\Delta x}=\lim_{\Delta x\to 0}\frac{f(x+\Delta x)-f(x)}{\Delta x}$$

【例题3】 用定义求函数$y=x^3$的导数.

解:$\Delta y=(x+\Delta x)^3-x^3=3x^2\Delta x+3x(\Delta x)^2+(\Delta x)^3$

算出$\frac{\Delta y}{\Delta x}=3x^2+3x(\Delta x)+(\Delta x)^2$.

则 $y'=\lim\limits_{\Delta x\to 0}\frac{\Delta y}{\Delta x}=\lim\limits_{\Delta x\to 0}[3x^2+3x(\Delta x)+(\Delta x)^2]=3x^2$

即: $(x^3)'=3x^2$

此结果对一般的幂函数$y=x^\mu$(μ为实数)均成立,即$(x^\mu)'=\mu x^{\mu-1}$.

*【例题4】 用定义求函数$y=\log_a x(a>0,a\neq 1)$的导数.

解:$\Delta y=\log_a(x+\Delta x)-\log_a x=\log\left(1+\frac{\Delta x}{x}\right)=\frac{\ln\left(1+\frac{\Delta x}{x}\right)}{\ln a}$

于是 $\frac{\Delta y}{\Delta x}=\frac{\ln\left(1+\frac{\Delta x}{x}\right)}{\ln a\cdot\Delta x}=\frac{\ln\left(1+\frac{\Delta x}{x}\right)}{x\ln a\cdot\frac{\Delta x}{x}}$

当$\Delta x\to 0$时,$\ln\left(1+\frac{\Delta x}{x}\right)\sim\frac{\Delta x}{x}$

所以 $y'=\lim\limits_{\Delta x\to 0}\frac{\Delta y}{\Delta x}=\lim\limits_{\Delta x\to 0}\frac{\ln\left(1+\frac{\Delta x}{x}\right)}{\frac{\Delta x}{x}}\cdot\frac{1}{x\ln a}=\frac{1}{x\ln a}$

即: $(\log_a x)'=\frac{1}{x\ln a}$.

当$a=\mathrm{e}$时,由上式得到自然对数函数的导数为$(\ln x)'=\frac{1}{x}$.

由以上可归纳基本初等函数的导数公式如下:

(1)$(c)'=0$　(c为常数)

(2)$(x^\mu)'=\mu x^{\mu-1}$

(3)$(\log_a x)'=\frac{1}{x\ln a}$

(4)$(\ln x)'=\frac{1}{x}$

(5)$(a^x)'=a^x\cdot\ln a$

(6)$(\mathrm{e}^x)'=\mathrm{e}^x$

(7)$(\sin x)'=\cos x$

(8)$(\cos x)'=-\sin x$

(9)$(\tan x)'=\sec^2 x$

(10)$(\cot x)'=-\csc^2 x$

(11)$(\sec x)'=\tan x\sec x$

(12)$(\csc x)'=-\cot x\csc x$

(13) $(\arcsin x)' = \dfrac{1}{\sqrt{1-x^2}}$　　(14) $(\arccos x)' = -\dfrac{1}{\sqrt{1-x^2}}$

(15) $(\arctan x)' = \dfrac{1}{1+x^2}$　　(16) $(\operatorname{arccot} x)' = -\dfrac{1}{1+x^2}$

【例题5】 利用导数公式求下列函数的导数.

(1) $y=x^3$　　(2) $y=x^{\frac{1}{3}}$　　(3) $y=x^{-\frac{1}{2}}$

(4) $y=\sqrt{x}$　　(5) $y=\sqrt{x}\cdot\sqrt[3]{x}$　　(6) $y=\dfrac{\sqrt{x}}{\sqrt[3]{x}}$

(7) $y=\log 2^x$　　(8) $y=2^x$　　(9) $y=\left(\dfrac{1}{2}\right)^x$

解: (1) $y'=3x^2$　　(2) $y'=\dfrac{1}{3}x^{-\frac{2}{3}}$

(3) $y=-\dfrac{1}{2}x^{-\frac{3}{2}}$　　(4) $y'=(\sqrt{x})'=(x^{\frac{1}{2}})'=\dfrac{1}{2}x^{-\frac{1}{2}}$

(5) $y'=(\sqrt{x}\cdot\sqrt[3]{x})'=\left(x^{\frac{1}{2}}\cdot x^{\frac{1}{3}}\right)'=(x^{\frac{5}{6}})'=\dfrac{5}{6}x^{-\frac{1}{6}}$

(6) $y'=\left(\dfrac{\sqrt{x}}{\sqrt[3]{x}}\right)'=\left(\dfrac{x^{\frac{1}{2}}}{x^{\frac{1}{3}}}\right)'=\left(x^{\frac{1}{6}}\right)'=\dfrac{1}{6}x^{-\frac{5}{6}}$

(7) $y'=(\ln 2^x)'=\dfrac{1}{x\ln 2}$

(8) $y'=(2^x)'=2^x\ln 2$

(9) $y'=\left[\left(\dfrac{1}{2}\right)^x\right]'=-\left(\dfrac{1}{2}\right)^x\ln 2$

二、导数的几何意义

【知识点回顾】

1. 过两点的直线的斜率公式: $k=\dfrac{y_2-y_1}{x_2-x_1}$(其中 $x_1\neq x_2$).

2. 直线方程的5种形式

点斜式:　$y-y_1=k(x-x_1)$

斜截式:　$y=kx+b$

两点式:　$\dfrac{y-y_1}{y_2-y_1}=\dfrac{x-x_1}{x_2-x_1}$

截距式:　$\dfrac{x}{a}+\dfrac{y}{b}=1$

一般式:　$Ax+By+C=0$

设 $M(x_0,y_0)$ 是曲线 C 上的一个点(图2.1),则 $y_0=f(x_0)$. 在点 M 外另取 C 上的一点 $N(x,y)$,于是割线 MN 的斜率为

$$\tan\varphi=\frac{y-y_0}{x-x_0}=\frac{f(x)-f(x_0)}{x-x_0}$$

其中 φ 为割线 MN 的倾角. 当点 N 沿曲线 C 趋于点 M 时,$x\to x_0$. 如果当 $x\to x_0$ 时,上式的极限存在,设为 k,即

$$k=\lim_{x\to x_0}\frac{f(x)-f(x_0)}{x-x_0}$$

$$f'(x_0)=\lim_{\Delta x\to 0}\frac{\Delta y}{\Delta x}=\lim_{\Delta x\to 0}\tan\varphi=\lim_{\varphi\to\alpha}\tan\varphi=\tan\alpha$$

存在,则此极限 k 是割线斜率的极限,也就是切线的斜率. 这里 $k=\tan\alpha$,其中 α 是切线 MT 的倾角.

也就是说,函数在点 x_0 处的导数 $f'(x_0)$ 的几何意义表示曲线 $y=f(x)$ 在点 $M[x_0,f(x_0)]$ 处切线的斜率. 若函数 $y=f(x)$ 在点 x_0 处连续,且 $\lim\limits_{\Delta x\to 0}\dfrac{\Delta y}{\Delta x}=\infty$,此时 $f(x)$ 在点 x_0 处不可导,但曲线 $y=f(x)$ 在点 $M[x_0,f(x_0)]$ 处有垂直于 x 轴的切线 $x=x_0$. 过切点 $M[x_0,f(x_0)]$ 且垂直于切线的直线称为曲线 $y=f(x)$ 在点 M 处的法线.

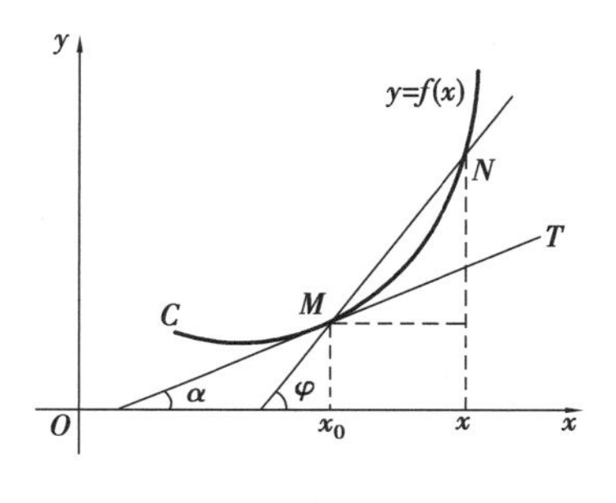

图 2.1

若函数 $y=f(x)$

切线方程:$y-y_0=f'(x_0)(x-x_0)$

法线方程:$y-y_0=-\dfrac{1}{f'(x_0)}(x-x_0)$　　　　$[f'(x_0)\neq 0]$

【例题 6】　求等边双曲线 $y=\dfrac{1}{x}$ 在点 $\left(\dfrac{1}{2},2\right)$ 处的切线的斜率,并写出在该点处的切线方程和法线方程.

解:根据导数的几何意义可知,所求切线的斜率为

$$k=y'\Big|_{x=\frac{1}{2}}=\left(\frac{1}{x}\right)'\Big|_{x=\frac{1}{2}}=-\frac{1}{x^2}\Big|_{x=\frac{1}{2}}=-4.$$

所求切线方程为 $y-2=-4\left(x-\dfrac{1}{2}\right)$,即 $4x+y-4=0$.

法线方程为 $y-2=\dfrac{1}{4}\left(x-\dfrac{1}{2}\right)$,即 $2x-8y+15=0$.

【例题 7】　如果曲线 $y=x^3+x-10$ 的某一切线与直线 $y=4x+3$ 平行,求切点坐标与切线方程.

解:因为切线与直线 $y=4x+3$ 平行,斜率为 4,又切线在点 x_0 的斜率为 $y'\big|_{x_0}=(x^3+x-10)\big|_{x_0}=3x_0+1$

因为 $3x_0^2+1=4$

所以 $x_0=\pm 1$

$\begin{cases}x_0=1\\y_0=-8\end{cases}$　或 $\begin{cases}x_0=-1\\y_0=-12\end{cases}$

所以切点为(1, −8)或(−1, −12).

切线方程为 $y+8=4(x-1)$ 或 $y+12=4(x+1)$,即

$$y=4x-12 \text{ 或 } y=4x-8$$

三、可导与连续的关系

前面已经介绍了左、右极限的概念,下面给出左、右导数的概念.

若极限 $\lim\limits_{\Delta x\to 0^-}\dfrac{\Delta y}{\Delta x}$ 存在,我们就称它为函数 $y=f(x)$ 在 $x=x_0$ 处的**左导数**. 若极限 $\lim\limits_{\Delta x\to 0^+}\dfrac{\Delta y}{\Delta x}$ 存在,我们就称它为函数 $y=f(x)$ 在 $x=x_0$ 处的**右导数**.

定理 1　函数 $y=f(x)$ 在 x_0 处的可导的充分必要条件是函数 $y=f(x)$ 在 x_0 处的左右导数存在且相等.

定理 2　可导必连续,连续未必可导.

习题 2.1

1. 利用导数的定义.

(1)求函数 $y=x$ 在 $x=1$ 处的导数;

(2)求函数 $y=x^2$ 的导数.

2. 利用导数公式求下列函数的导数.

(1) $y=x^4$　　(2) $y=x^{\frac{1}{5}}$　　(3) $y=x^{-\frac{1}{3}}$

(4) $y=\sqrt{x}$　　(5) $y=\sqrt{x}\cdot\sqrt[3]{x}$　　(6) $y=\dfrac{\sqrt{x}}{\sqrt[3]{x}}$

(7) $y=\ln 2^x$　　(8) $y=\ln\left(\dfrac{1}{2}\right)^x$　　(9) $y=3^x$

(10) $y=\left(\dfrac{1}{3}\right)^x$　　(11) $y=\dfrac{1}{x}$

3. 已知曲线 $y=x^2$ 上一点 $A(1,1)$,求:(1)过点 A 的切线的斜率;(2)过点 A 处的切线方程.

4. 求曲线 $y=x^2+1$ 上 $x=1$ 处的切线方程和法线方程.

5. 如果曲线 $y=x^2$ 的某一切线与直线 $y=2x+3$ 平行,求切点坐标与切线方程.

第二节　导数的运算法则及复合函数求导

一、导数的四则运算法则

法则 1:两个可导函数的和(差)的导数等于这两个函数的导数的和(差). 用公式可写为:

$(u\pm v)'=u'\pm v'$. 其中 u、v 为可导函数.

法则 2:在求一个常数与一个可导函数的乘积的导数时,常数因子可以提到求导记号外面去. 用公式可写为:$(cu)'=cu'$.

法则 3:两个可导函数乘积的导数等于第一个因子的导数乘第二个因子,加上第一个因子乘第二个因子的导数. 用公式可写为:$(uv)'=u'v+uv'$.

法则 4:两个可导函数之商的导数等于分子的导数与分母导数乘积减去分母导数与分子导数的乘积,再除以分母导数的平方. 用公式可写为:$\left(\dfrac{u}{v}\right)=\dfrac{u'v-uv'}{v^2}$.

特别:
$$\left(\frac{1}{u}\right)'=\frac{-u'}{u^2}$$

二、应用举例

【例题 1】　求函数 $y=3x^3+4x^2-2x+8$ 的导数.

解:$y'=(3x^3)'+4(x^2)'-2x'+(8)'$

$=9x^2+8x-2.$

【例题 2】　设 $f(x)=x\sin x$,求 $f'(x)$.

解:$f'(x)=(x\sin x)'$

$=x'\sin x+x(\sin x)'=\sin x+x\cos x.$

【例题 3】　设 $f(x)=x\mathrm{e}^x\ln x$,求 $f'(x)$.

解:$f'(x)=(x\mathrm{e}^x\ln x)'=(x)'\mathrm{e}^x\ln x+x(\mathrm{e}^x)'\ln x+x\mathrm{e}^x(\ln x)'$

$=\mathrm{e}^x\ln x+x\mathrm{e}^x\ln x+x\mathrm{e}^x\cdot\dfrac{1}{x}$

$=\mathrm{e}^x(1+\ln x+x\ln x).$

【例题 4】　求函数 $y=\tan x$ 的导数.

解:$y'=(\tan x)'=\left(\dfrac{\sin x}{\cos x}\right)'$

$=\dfrac{(\sin x)'\cdot\cos x-\sin x\cdot(\cos x)'}{\cos^2 x}$

$=\dfrac{\cos^2 x+\sin^2 x}{\cos^2 x}=\dfrac{1}{\cos^2 x}=\sec^2 x$

即:　$(\tan x)'=\sec^2 x$

用类似的方法,可得 $(\cot x)'=-\dfrac{1}{\sin^2 x}=-\csc^2 x$.

【例题 5】　求函数 $y=\sec x$ 的导数.

解:$y'=(\sec x)'=\left(\dfrac{1}{\cos x}\right)'=-\dfrac{(\cos x)'}{\cos^2 x}=\dfrac{\sin x}{\cos^2 x}=\tan x\cdot\sec x$

即:
$$(\sec x)'=\tan x\cdot\sec x$$

用类似的方法,得　$(\csc x)'=-\cot x\cdot\csc x$.

三、复合函数的求导法则

定理一(复合函数的求导规则)　对于复合函数 $y=f[\varphi(x)]$,设 $y=f(u)$,$u=\varphi(x)$,其中 u 称为中间变量,则复合函数求导用公式表示为:

$$\frac{\mathrm{d}y}{\mathrm{d}x}=\frac{\mathrm{d}y}{\mathrm{d}u}\cdot\frac{\mathrm{d}u}{\mathrm{d}x},\quad \text{其中 } u \text{ 为中间变量}$$

即两个可导函数复合而成的复合函数的导数等于函数对中间变量的导数乘上中间变量对自变量的导数.

【例题 6】　(1) $y=(1+2x)^3$,求 $\frac{\mathrm{d}y}{\mathrm{d}x}$.

(2) $y=\sin^2 2x$,求 $\frac{\mathrm{d}y}{\mathrm{d}x}$.

(3) $y=\mathrm{e}^{\cos(1-x)}$,求 $\frac{\mathrm{d}y}{\mathrm{d}x}$.

(1) **解**:原式分解为:$y=u^3$,$u=1+2x$,

$$y'=(u^3)'\cdot(1+2x)'=6u^2\xlongequal{\text{回代 } u=1+2x}6(1+2x)^2$$

(2) **解**:原式分解为:$y=u^2$,$u=\sin v$,$v=2x$,

$$y'=(u^2)'\cdot(\sin v)'\cdot(2x)'=4u\cos v$$

$$\xlongequal{\text{回代 } u=\sin v,v=2x}4\sin 2x\cdot\cos 2x$$

(3) **解**:原式分解为:$y=\mathrm{e}^u$,$u=\cos v$,$v=1-x$

$$y'=(\mathrm{e}^u)'\cdot(\cos v)'\cdot(1-x)'=\mathrm{e}^u\sin v$$

$$\xlongequal{\text{回代 } y=\mathrm{e}^u,u=\cos v,v=1-x}\mathrm{e}^{\cos(1-x)}\sin(1-x)$$

如果对复合函数的分解较为熟悉,函数的求导可以省去中间变量的书写,简化计算.

【例题 7】　(1) $y=(1+2x)^3$,求 $\frac{\mathrm{d}y}{\mathrm{d}x}$.

(2) $y=\sin^2 2x$,求 $\frac{\mathrm{d}y}{\mathrm{d}x}$.

(3) $y=\mathrm{e}^{\cos(1-x)^3}$,求 $\frac{\mathrm{d}y}{\mathrm{d}x}$.

(1) **解**:$y'=3(1+2x)^2(1+2x)'=6(1+2x)^3$.

(2) **解**:$y'=2\sin 2x\cdot(\sin 2x)'=2\sin 2x\cdot\cos 2x\cdot(2x)'=4\sin 2x\cdot\cos 2x$.

(3) **解**:$y'=\mathrm{e}^{\cos(1-x)^3}[\cos(1-x)^3]'=-\mathrm{e}^{\cos(1-x)^3}\sin(1-x)^3[(1-x)^3]'$

$=3\mathrm{e}^{\cos(1-x)^3}\sin(1-x)^3(1-x)^2$.

最终,函数的求导只需两步就可完成,一步求导,二步化简.

【例题 8】　(1) $y=(1+2x)^3$,求 $\frac{\mathrm{d}y}{\mathrm{d}x}$.

(2) $y=\sin^2 2x$,求 $\frac{\mathrm{d}y}{\mathrm{d}x}$.

(3) $y = e^{\cos(1-x)^3}$，求$\frac{dy}{dx}$.

(1)**解**：$y = 3(1+2x)^2 \cdot 2 = 6(1+2x)^3$.

(2)**解**：$y = 2\sin 2x \cdot \cos 2x \cdot 2 = 4\sin 2x \cdot \cos 2x$.

(3)**解**：$y = -e^{\cos(1-x)^3}\sin(1-x)^3 \cdot 3(1-x)^2 \cdot (-1)$
$= 3e^{\cos(1-x)^3}\sin(1-x)^3(1-x)^2$.

习题 2.2

1. 求下列函数的导数.

(1) $y = x^4 - 3x^2 - 5x + 6$;

(2) $y = x \cdot \cos x$;

(3) $y = x \cdot \tan x$;

(4) $y = x \cdot e^x$;

(5) $y = (x+1)(x+2)(x+3)$;

(6) $y = \frac{x-1}{x+1}$;

(7) $y = \frac{1}{x+1}$;

(8) $y = \frac{1}{2x+1}$.

2. 求下列函数的导数.

(1) $y = (1+2x)^3$;

(2) $y = (3x-1)^2$;

(3) $y = e^{(2x+1)}$;

(4) $y = \sin 2x$;

(5) $y = \cos(3x-1)$;

(6) $y = \tan(3x-1)$;

(7) $y = \ln(3x-1)$;

(8) $y = 2^{3x-1}$;

(9) $y = \cos^2 2x$;

(10) $y = \tan^2(2x+1)$;

(11) $y = e^{(2x+1)^2}$;

(12) $y = \ln(3x-1)^2$;

(13) $y = \sin^2(2x+1)^2$;

(14) $y = e^{\sin(2x-1)^3}$;

(15) $y = \frac{1}{\sqrt{1-2x^2}}$;

(16) $y = x\sqrt{1+x^2}$;

(17) $y = \arccos(1-x)$;

(18) $y = \arctan\frac{x}{a}$.

第三节　高阶导数

我们知道，在物理学上变速直线运动的速度 $v(t)$ 是位置函数 $s(t)$ 对时间 t 的导数，即 $v = \frac{ds}{dt}$，而加速度 a 又是速度 v 对时间 t 的变化率，即速度 v 对时间 t 的导数：$a = \frac{dv}{dt} = \frac{d}{dt}\left(\frac{ds}{dt}\right)$ 或 $a = (s')'$. 这种导数的导数 $\frac{d}{dt}\left(\frac{ds}{dt}\right)$ 称为 s 对 t 的二阶导数. 下面我们给出它的数学定义.

定义 函数 $y=f(x)$ 的导数 $y'=f'(x)$ 仍然是 x 的函数. 我们把 $y'=f'(x)$ 的导数称为函数 $y=f(x)$ 的二阶导数,记作 y'' 或 $\frac{\mathrm{d}^2y}{\mathrm{d}x^2}$,即:$y''=(y')'$ 或 $\frac{\mathrm{d}^2y}{\mathrm{d}x^2}=\frac{\mathrm{d}}{\mathrm{d}x}\left(\frac{\mathrm{d}y}{\mathrm{d}x}\right)$. 相应地,把 $y=f(x)$ 的导数 $y'=f'(x)$ 称为函数 $y=f(x)$ 的**一阶导数**. 类似地,二阶导数的导数,称为**三阶导数**,三阶导数的导数,称为**四阶导数**,……,一般地,$(n-1)$ 阶导数的导数称为 n **阶导数**.

分别记作:$y''',y^{(4)},\cdots,y^{(n)}$ 或 $\frac{\mathrm{d}^3y}{\mathrm{d}x^3},\frac{\mathrm{d}^4y}{\mathrm{d}x^4},\cdots,\frac{\mathrm{d}^ny}{\mathrm{d}x^n}$.

二阶及二阶以上的导数统称为**高阶导数**. 由此可见,求高阶导数就是多次接连地求导,所以,在求高阶导数时可运用前面所学的求导方法.

【例题 1】 已知 $y=ax+b$,求 y''.

解:因为 $y'=a$,故 $y''=0$.

【例题 2】 已知 $y=2x^4+3x^2+\mathrm{e}^{2x}$,求 y''.

解:因为 $y'=4x^3+6x+2\mathrm{e}^{2x}$,$y''=12x^2+4\mathrm{e}^{2x}+6$.

【例题 3】 求指数函数 $y=\mathrm{e}^x$ 的 n 阶导数.

解:$y^{(n)}=(\mathrm{e}^x)^{(n)}=\mathrm{e}^x,(n\in\mathbf{N}_+)$.

【例题 4】 求幂函数 $y=x^n(n\in\mathbf{N}_+)$ 的 n 阶导数.

解:$y'=(x^n)'=nx^{n-1}$;$y''=(nx^{n-1})'=n(n-1)x^{n-2}$;

$y'''=[(n(n-1)x^{n-2}]'=n(n-1)(n-2)x^{n-3}$;

$\vdots$

$y^{(n-1)}=n(n-1)(n-2)\cdot\cdots\cdot 2x$;

$y^{(n)}=n(n-1)(n-2)\cdot\cdots\cdot 2\cdot 1=n!$;

$y^{(n+1)}=y^{(n+2)}=\cdots=0$.

【例题 5】 求对数函数 $y=\ln(1+x)$ 的 n 阶导数.

解:$y'=\frac{1}{1+x}$,$y''=-\frac{1}{(1+x)^2}$,$y'''=\frac{1\cdot 2}{(1+x)^3}$,$y^{(4)}=-\frac{1\cdot 2\cdot 3}{(1+x)^4}$,一般地,可得 $y^{(n)}=(-1)^{n-1}\frac{(n-1)!}{(1+x)^n}$

***【例题 6】** 求三角函数 $y=\sin x$ 与 $y=\cos x$ 的各阶导数.

解:$y'=(\sin x)'=\cos x=\sin\left(x+\frac{\pi}{2}\right)$;

$y''=(\cos x)'=-\sin x=\sin(x+\pi)=\sin\left(x+2\cdot\frac{\pi}{2}\right)$;

$y'''=(-\sin x)'=-\cos x=\sin\left(x+\frac{3\pi}{2}\right)=\sin\left(x+3\cdot\frac{\pi}{2}\right)$;

$y^{(4)}=(-\cos x)'=\sin x=\sin(x+2\pi)=\sin\left(x+4\cdot\frac{\pi}{2}\right)$;…;

一般地,$(\sin x)^{(n)}=\sin\left(x+n\cdot\frac{\pi}{2}\right)$,

类似可得，$(\cos x)^{(n)}=\cos\left(x+n\cdot\frac{\pi}{2}\right)$，$(n\in\mathbf{N}_{+})$

习题 2.3

1. 求下列函数的二阶导数.

(1) $y=x^3+2x^2$；　　(2) $y=(1+2x)^2$；

(3) $y=xe^{2x}$；　　(4) $y=\cos 2x$.

2. 求下列各题的 n 阶导数.

(1) $y=e^{2x}$；　　$y=\ln x$；

(2) $y=(1+x)^n$；　　$y=xe^x$.

第四节　三种特殊的求导方法

一、隐函数的求导

我们知道用解析法表示函数可以有不同的形式. 若函数 y 可以用含自变量 x 的算式表示，如 $y=\sin x$，$y=1+3x$ 等，在这里，x 是自变量，y 是 x 的函数，这样的函数称为**显函数**. 前面我们所遇到的函数大多是显函数.

一般地，如果 x 与 y 的函数关系隐含在方程 $F(x,y)=0$ 中，即 x 在某一区间取值时，相应地有确定的 y 值和它唯一对应，则称方程 $F(x,y)=0$ 所确定的函数为**隐函数**.

有些隐函数可以化为显函数，例如 $x^2+y^2=1$，有些隐函数并不是很容易化为显函数，例如 $e^y+xy-e=0$，那么在求其导数时应如何呢？下面让我们来解决这个问题！

若已知 $F(x,y)=0$，求$\frac{dy}{dx}$时，一般按下列步骤进行求导：

1. 若方程 $F(x,y)=0$，能化为 $y=f(x)$ 的形式，则用前面我们所学的方法进行求导；

2. 若方程 $F(x,y)=0$，不能化为 $y=f(x)$ 的形式，方法步骤如下：

(1) 在方程两边对 x 进行求导；

(2) 在求导过程中把 y 看成 x 的函数 $y=f(x)$，用复合函数求导法则进行.

(3) 把$\frac{dy}{dx}$从表达式中解出来.

【例题 1】　求由方程 $x^2+y^2=1$ 所确定的隐函数 y 的导数$\frac{dy}{dx}$.

解：在方程两边分别对 x 求导数，注意 y 是 x 的函数. 方程左边对 x 求导得：

$$\frac{d}{dx}(x^2+y^2)=2x+2y\frac{dy}{dx},$$

对方程右边求导得 $(1)'=0.$

由于等式两边对 x 求导的导数相等,所以

$$2x+2y\frac{dy}{dx}=0,$$

从而

$$\frac{dy}{dx}=-\frac{x}{y}.$$

【例题 2】 已知 $x^2+y^2-xy=1$,求 $\frac{dy}{dx}$.

解:此方程不易显化,故运用隐函数求导法. 两边对 x 进行求导,

$$\frac{d}{dx}(x^2+y^2-xy)=\frac{d}{dx}(1)=0,$$

$$2x+2yy'-(y+xy')=0$$

故

$$\frac{dy}{dx}=y'=\frac{y-2x}{2y-x}$$

注:我们对隐函数两边对 x 进行求导时,一定要把变量 y 看成 x 的函数,然后对其利用复合函数求导法则进行求导.

【例题 3】 $xy+e^y=e$,确定了 y 是 x 的函数,求 $y'(0)$.

解:$y+xy'+e^y y'=0, y'=-\frac{y}{x+e^y}$,因为 $x=0$ 时,$y=1$,所以 $y'(0)=-\frac{1}{e}$.

二、对数求导法及幂指数函数的导数

有些函数在求导数时,若对其直接求导有时很不方便,有没有一种比较直观的方法呢?下面我们再来学习一种求导的方法. 即对数求导法.

应用对数求导法时,先取函数的自然对数,然后再求导. 注:此方法特别适用于幂函数的求导问题.

【例题 4】 求 $y=x^{\sin x}\quad(x>0)$ 的导数.

解:该函数既不是幂函数也不是指数函数,通常称为幂指函数. 为了求该函数的导数,可以先在两边取对数,得 $\ln y=\sin x\cdot\ln x$;

上式两边对 x 求导,注意 y 是 x 的函数,得

$$\frac{1}{y}y'=\cos x\cdot\ln x+\sin x\cdot\frac{1}{x},$$

于是

$$y'=y\left(\cos x\cdot\ln x+\frac{\sin x}{x}\right)=x^{\sin x}\left(\cos x\cdot\ln x+\frac{\sin x}{x}\right).$$

由于对数具有化积商为和差的性质,因此我们可以把多因子乘积开方的求导运算,通过取对数得到化简.

*【例题 5】 求 $y=\sqrt{\frac{(x-1)(x-2)}{(x-3)(x-4)}}$ 的导数.

解:先在两边取对数(假定 $x>4$),得

$$\ln y = \frac{1}{2}[\ln(x-1)+\ln(x-2)-\ln(x-3)-\ln(x-4)],$$

上式两边对 x 求导,注意 y 是 x 的函数,得

$$\frac{1}{y}y' = \frac{1}{2}\left(\frac{1}{x-1}+\frac{1}{x-2}-\frac{1}{x-3}-\frac{1}{x-4}\right),$$

于是

$$y' = \frac{y}{2}\left(\frac{1}{x-1}+\frac{1}{x-2}-\frac{1}{x-3}-\frac{1}{x-4}\right).$$

当 $x<1$ 时,$y=\sqrt{\frac{(1-x)(2-x)}{(3-x)(4-x)}}$;

当 $1<x<2$ 时,$y=\sqrt{\frac{(x-1)(2-x)}{(3-x)(4-x)}}$;

当 $2<x<3$ 时,$y=\sqrt{\frac{(x-1)(x-2)}{(3-x)(4-x)}}$;

用同样的方法可得到与上面相同的结果.

三、参数方程求导法

平面曲线参数方程的一般形式

$$\begin{cases} x=\varphi(t), \\ y=\psi(t), \end{cases} \quad t\in[\alpha,\beta] \text{ 为参数.}$$

$$\frac{dy}{dx}=\frac{\psi'(t)dt}{\varphi'(t)dt}=\frac{\psi'(t)}{\varphi'(t)}$$

【例题6】 已知参数方程为$\begin{cases} x=2t^2 \\ y=2t^3 \end{cases}$,求$\frac{dy}{dx}$.

解:$\frac{dy}{dx}=\frac{(2t^3)'dt}{(2t^2)'dt}=\frac{6t^2}{4t}=\frac{3}{2}t$.

习题 2.4

1. 求由下列方程所确定的函数的导数.

(1) $x^2+y^2=4$;　　(2) $x^2+xy-y^2=4$;

(3) $e^x-e^y=0$;　　(4) $\sin(xy)=0$.

2. 求由方程 $xy-e^x=0$ 所确定的隐函数的导数 $\left.\frac{dy}{dx}\right|_{x=0}$.

3. 用对数求导法则求下列函数的导数.

(1) $y=x^x$

(2) $y=\sqrt{\frac{x+1}{x-1}}$

(3) $y = x^{\cos x}$

4. 求参数方程 $\begin{cases} x = 2t \\ y = 1 + t^2 \end{cases}$ 的导数.

5. 求参数方程 $\begin{cases} x = \sin\theta \\ y = \cos\theta \end{cases}$ 的导数.

第五节　函数的微分

在学习函数的微分之前,我们先来分析一个具体问题:一块正方形金属薄片在受温度变化的影响时,其边长由 x_0 变到了 $x_0 + \Delta x$,则此薄片的面积改变了多少?

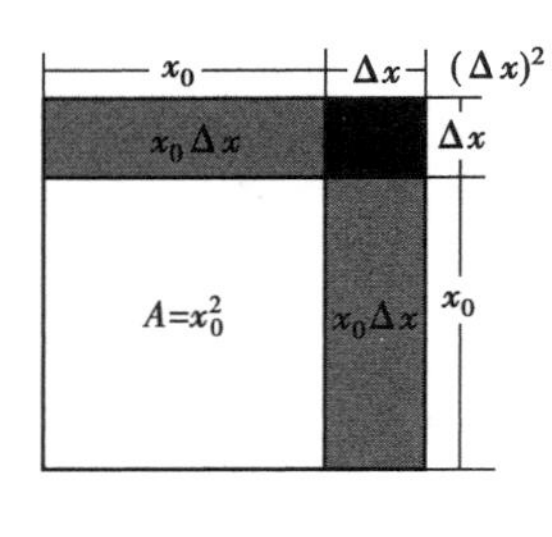

图 2.2

解:设此薄片的边长为 x,面积为 A,则 A 是 x 的函数:$A = x^2$,薄片受温度变化的影响,面积的改变量可以看作当自变量 x 从 x_0 取的增量 Δx 时,函数 A 相应的增量 ΔA,即:$\Delta A = (x_0 + \Delta x)^2 - x_0^2 = 2x_0\Delta x + (\Delta x)^2$. 从式中可以看出,$\Delta A$ 分成了两部分,第一部分 $2x_0\Delta x$ 是 Δx 的线性函数,即图 2.2 中阴影部分;第二部分 $(\Delta x)^2$ 即为图中的黑色部分,当 $\Delta x \to 0$ 时,它是 Δx 的高阶无穷小,表示为:$o(\Delta x)$.

由此可以发现,如果边长变化得很小时,面积的改变量可以近似用 $2x_0\Delta x$ 来代替.

即:$\Delta A \approx 2x_0\Delta x = (x^2)'\big|_{x=x_0}\Delta x = A'(x_0)\Delta x$.

由上例可以给出微分的数学定义,如下的所述.

一、函数微分的定义

设函数在某区间内有定义,x_0 及 $x_0 + \Delta x$ 在这区间内,则函数的增量可表示为

$$\Delta y = f(x_0 + \Delta x) - f(x_0) \approx f'(x_0)\Delta x + o(\Delta x),$$

其中 $o(\Delta x)$ 是 Δx 的高阶无穷小,则称函数 $y = f(x)$ 在点 x_0 **增量的近似值** $f'(x_0)\Delta x$ 为函数 $y = f(x)$ 在点 x_0 相应于自变量增量 Δx 的微分,记作 $\mathrm{d}y$:

$$\mathrm{d}y\big|_{x=x_0} = f'(x_0)\Delta x$$

由于自变量 x 的微分 $\mathrm{d}x = (x)'\Delta x = \Delta x$,为此函数 $f(x)$ 在点 x_0 处的微分又可记作

$$\mathrm{d}y\big|_{x=x_0} = f'(x_0)\mathrm{d}x.$$

函数 $f(x)$ 在某区间内每一点都可微,则称 $f(x)$ 是该区间的可微函数,函数在任意一点的微分可记作

$$\mathrm{d}y = f'(x)\mathrm{d}x$$

由上式可得 $f'(x) = \dfrac{\mathrm{d}y}{\mathrm{d}x}$,所以导数可看作是函数的微积分 $\mathrm{d}y$ 与自变量的微积分 $\mathrm{d}x$ 的商,故导数也称为微商.

定理 1　函数 $f(x)$ 在点 x_0 可微的充要条件是在点 x_0 可导,即可微必可导.

【例题1】　求函数 $y=1+3x$ 的微分.

解:$dy=f'(x)dx=(1+3x)'dx=3dx$.

【例题2】　求函数 $y=\cos(4x-5)$ 的微分.

解:$dy=f'(x)dx=[\cos(4x-5)]'dx=-4\sin(4x-5)\cdot dx$.

【例题3】　求函数 $y=(1+3x)^2$ 的微分 $dy|_{x=2}$.

解:因为 $dy=f'(x)dx=[(1+3x)^2]'dx=2(1+3x)dx$

$$dy|_{x=2}=14dx.$$

【例题4】　求函数 $y=\cos^3(4x-5)$ 的微分.

解:$dy=f'(x)dx=[\cos^3(4x-5)]'dx=-3\cos^2(4x-5)\cdot\sin(4x-5)\cdot 4dx$

$=-12\cos^2(4x-5)\cdot\sin(4x-5)dx$.

*二、微分形式不变性

什么是微分形式不变性呢?

设 $y=f(u)$,$u=\phi(x)$,则复合函数 $y=f[\phi(x)]$ 的微分为:

$$dy=y'_x dx=f'(u)\phi'(x)dx,$$

由于 $\phi'(x)dx=du$,故可将复合函数的微分写成

$$d'y=f'(u)du$$

由此可见,不论 u 是自变量还是中间变量,$y=f(u)$ 的微分 dy 总可以用 $f'(u)$ 与 du 的乘积来表示,我们把这一性质称为**微分形式不变性**.

*【例题5】　已知 $y=\sin(2x+1)$,求 dy.

解:将 $2x+1$ 看作中间变量 u,根据微分形式不变性,有

$$dy=d(\sin u)=\cos u du=\cos(2x+1)d(2x+1)=\cos(2x+1)\cdot 2dx=2\cos(2x+1)dx.$$

三、基本初等函数的微分公式与微分的运算法则

(一)微分公式

通过上面的学习可以知道,微分与导数有着不可分割的联系,于是通过基本初等函数导数的公式可得出基本初等函数微分的公式,下面我们用表格(部分公式)来把基本初等函数的导数公式与微分公式对比一下:

表2.1　基本初等函数的导数公式与微分公式

导数公式	微分公式
$(C)'=0$	$d(C)=0$
$(x)'=1$	$d(x)=dx$
$(x^n)'=nx^{n-1}$	$d(x^n)=nx^{n-1}dx$
$(\sin x)'=\cos x$	$d(\sin x)=\cos xdx$
$(e^x)'=e^x$	$d(e^x)=e^xdx$
$(\ln x)'=\frac{1}{x}$	$d(\ln x)=\frac{dx}{x}$

（二）微分运算法则

由函数和、差、积、商的求导法则可推导出相应的微分法则. 为了便于理解，下面我们用表格来将微分的运算法则与导数的运算法则进行对照（表2.2）.

表2.2 函数和、差、积、商的求导法则和微分法则

函数和、差、积、商的求导法则	函数和、差、积、商的微分法则
$(u \pm v)' = u' \pm v'$	$d(u \pm v) = du \pm dv$
$(Cu)' = Cu'$	$d(Cu) = Cdu$
$(uv)' = u'v + uv'$	$d(uv) = vdu + udv$
$\left(\frac{u}{v}\right)' = \frac{u'v - uv'}{v^2}$	$d\left(\frac{u}{v}\right) = \frac{vdu - udv}{v^2}$

复合函数的微分法则就是前面我们学到的微分形式不变性，在此不再详述.

四、微分的应用

微分是表示函数增量的线性主部. 计算函数的增量，有时比较困难，但计算微分则比较简单，为此我们用函数的微分来近似代替函数的增量，这就是微分在近似计算中的应用.

设 $y=f(x)$ 在点 x_0 可导，且 $|\Delta x|$ 很小时，则有 $\Delta y \approx dy = f'(x_0)\Delta x$.

利用上式可求 Δy 的近似值，即：

$$\Delta y \approx f'(x_0)\Delta x$$

另一方面 $\Delta y = f(x_0+\Delta x) - f(x_0) \approx f'(x_0)\Delta x$

则 $f(x_0+\Delta x) \approx f(x_0) + f'(x_0)\Delta x$

利用上述近似公式又可求 Δy，$f(x_0+\Delta x)$ 或 $f(x)$ 的近似值.

【例题6】 求 $\sqrt{1.05}$ 的近似值.

解：我们发现使用计算的方法比较麻烦，为此将其转化为求微分的问题：

$$设 f(x) = \sqrt{x}，这里 x_0 = 1,\ \Delta x = 0.05$$

因为 $f(x+\Delta x) \approx f(x) + f'(x)\Delta x = \sqrt{x} + \frac{1}{2\sqrt{x}}\Delta x = 1 + \frac{1}{2}\cdot 0.05 = 1.025$

故其近似值为1.025（精确值为1.024 695）.

【例题7】 求 $\sqrt[3]{999}$ 的近似值.

解：设函数 $f(x) = \sqrt[3]{x}$，这里 $x_0 = 1\ 000$，$\Delta x = -1$，

$$f(x_0+\Delta x) \approx f(x_0) + f'(x_0)\Delta x = \sqrt[3]{1\ 000} + \frac{1}{3}\cdot\frac{1}{\sqrt[3]{(1\ 000)^2}}\cdot(-1)$$

$$= 10 - \frac{1}{300} \approx 9.997.$$

【例题8】 有一批半径为1 cm的球，为了提高球面的光洁度，要镀上一层铜，厚度定为0.01 cm. 请估计每只球需要用铜多少克（铜的密度是8.9 g/cm^3）.

解:先求出镀层的体积,再求出相应的质量.

因为镀层的体积等于两个球体体积之差 ΔV,可用微分近似代替增量

设 $V=\frac{4}{3}\pi R^3$,则

$$\Delta V = \mathrm{d}V = V(R_0)\mathrm{d}R$$

$$V'\Big|_{R=R_0} = \left(\frac{4}{3}\pi R^3\right)'\Big|_{R=R_0} = 4\pi R_0^2,$$

$$\Delta V \approx 4\pi R_0^2 \cdot \Delta R.$$

将 $R_0=1$,$\Delta R=0.01$ 代入上式,得

$$\Delta V \approx 4\times 3.14\times 1^2\times 0.01 = 0.13(\mathrm{cm}^3).$$

于是镀每只球需要用的铜为　$0.13\times 8.9=1.16(\mathrm{g})$.

习题 2.5

1. 求下列函数的微分:

(1)$y=x^4-3x^2-5x+6$;

(2)$y=x\cdot\cos x$;

(3)$y=x\cdot \mathrm{e}^x$;

(4)$y=\frac{1}{x+1}$.

2. 求下列函数的导数或微分:

(1)$y=(3x-1)^2$;

(2)$y=\mathrm{e}^{2x+1}$;

(3)$y=\sin 2x$;

(4)$y=\cos(3x-1)$;

(5)$y=\cos^2 2x$;

(6)$y=\mathrm{e}^{(2x+1)^2}$;

(7)$y=\sin^2(2x+1)^2$;

(8)$y=\arccos(1-x)$.

3. 求 $\sqrt{1.01}$的近似值.

4. 求 $\sqrt{101}$的近似值.

复习题二

一、填空题

1. 已知函数 $y=\mathrm{e}^{2x}$,则 $y'=$ ____________________.

2. 已知函数 $y=\sin x$,则 $\mathrm{d}y=$ ____________________.

3. 若曲线 $y=ax^2$ 在 $x=2$ 处的切线与直线 $y=2x+1$ 垂直,则 $a=$ ______.

4. 参数方程 $\begin{cases}x=2t\\ y=1+t^2\end{cases}$ 的导数$\frac{\mathrm{d}y}{\mathrm{d}x}=$ ____________________.

5. 已知函数 $y=\ln x$,则 $y''=$ ____________.

二、选择题

1. 已知函数$f(x)=x^3$,则$f'(x)=($　　$)$.

A. 1　　B. 2　　C. 3　　D. 4

2. 曲线 $y=e^{2x}$在点$(0,1)$处切线的斜率是(　　).

A. 1　　B. -1　　C. 0　　D. 2

3. 曲线 $y=x^2-1$ 上点 M 处的切线斜率是 2,则点 M 的坐标是 (　　).

A. $(1,0)$　　B. $(1,1)$　　C. $(-1,0)$　　D. $(-1,1)$

4. 函数 $y=\ln(1-x^2)$的导数是(　　).

A. $y'=\dfrac{1}{1-x^2}$　　B. $y'=\dfrac{2x}{x^2-1}$　　C. $y'=\dfrac{2}{1-x^2}$　　D. $y'=\dfrac{2x}{1-x^2}$

5. 已知函数 $y=e^x$,则 $y^{(n)}=($　　$)$.

A. ne^x　　B. e^{nx}　　C. e^x　　D. $-e^x$

三、计算题

1. 求下列函数的导数:

(1) $y=x^5$;　　(2) $y=x^{\frac{1}{5}}$;

(3) $y=\sqrt{x}\cdot\sqrt[3]{x}$;　　(4) $y=3x^2-5x+6$;

(5) $y=x\cdot e^{2x}$;　　(6) $y=\dfrac{1}{x-1}$;

(7) $y=(2x+1)^3$;　　(8) $y=\cos(3x+1)$;

(9) $y=\sin^2 2x$;　　(10) $y=\arccos(1-x)$.

2. 求下列函数的微分:

(1) $y=x^4-x^2-x$;　　(2) $y=(3x-1)^2$;

(3) $y=e^{2x+1}$;　　(4) $y=\sin^2(2x+1)$.

3. 求下列隐函数的导数:

(1) $x^2+y^2=4$;.　　(2) $x^2+xy=4$;

(3) $x-e^y=0$.

四、应用题

1. 求曲线 $y=x^2+1$ 上 $x=1$ 处的切线方程和法线方程.

2. 如果曲线 $y=x^2+1$ 的某一切线与直线 $y=2x$ 平行,求切点坐标与切线方程.

3. 求 $\sqrt{99}$的近似值.

微积分发展简史(二)

第三章 导数的应用

在自然科学与工程技术的所有领域几乎都有导数的运用，故导数作为自然科学与工程技术的运算和理论工具显得越来越重要。本章将在建立了导数概念和解决了导数计算的基础上学习微分中值定理，并由此引出计算未定型极限的方法——洛必达法则，并以导数为工具，讨论函数及其图形的性态，解决一些实际问题.

第一节 中值定理及函数的单调性

一、拉格朗日（Lagrange）中值定理

定理 1（拉格朗日中值定理） 若函数 $f(x)$ 满足条件：

（1）在闭区间 $[a,b]$ 上连续；

（2）在开区间 (a,b) 内可导；

则至少存在一点 $\xi\in(a,b)$，使得

$$f(b)-f(a)=f'(\xi)(b-a)$$

或

$$f'(\xi)=\frac{f(b)-f(a)}{b-a}.$$

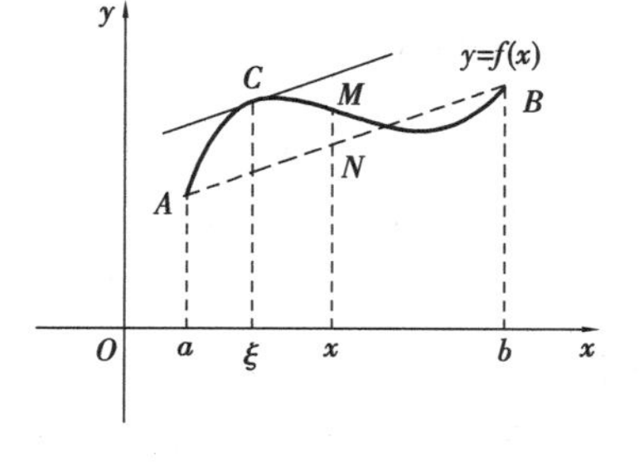

图 3.1

拉格朗日中值定理的几何意义：如果在闭区间 $[a,b]$ 上连续的一条曲线弧 $y=f(x)$ 除端点外处处具有不垂直于 x 轴的切线，则曲线上至少存在一点 C，使得曲线在点 C 处的切线平行于连接曲线两端点的弦 AB.

显然，在拉格朗日中值定理中，如果令 $f(a)=f(b)$，则上式变为 $f'(\xi)=0$，即定理转化为罗尔定理. 因此，拉格朗日中值定理是罗尔定理的推广，罗尔定理是拉格朗日中值定理的特殊情形.

由此可得拉格朗日中值定理的两个推论：

推论1 若函数$f(x)$在区间(a,b)上可导,且对任意的$x\in(a,b)$,都有$f'(x)=0$,则$f(x)$为(a,b)上的一个常量函数.

推论2 若对于区间(a,b)上的任一点x,都有$f'(x)=g'(x)$,则$f(x)$和$g(x)$在(a,b)上最多相差一个常数,即$f(x)=g(x)+C$,其中C为常数.

【例题1】 验证拉格朗日定理对函数$y=x^3-1$在$[-1,3]$上的正确性,并求ξ.

解:由$y=x^3-1$在$[-1,3]$上连续,在$(-1,3)$可导,所以满足拉格朗日定理. 即$f(3)-f(-1)=(x^3-1)'|_{x=\xi}\times4$

即$28=12\xi^2$

$$\xi_1=\sqrt{\frac{7}{3}}\qquad \xi_1=-\sqrt{\frac{7}{3}}\quad(舍去)$$

*【例题2】 证明当$x>0$时,

$$\frac{x}{1+x}<\ln(1+x)<x.$$

证:设$f(x)=\ln(1+x)$,显然$f(x)$在区间$[0,x]$上满足拉格朗日中值定理的条件,根据定理,应有

$$f(x)-f(0)=f'(\xi)(x-0)\qquad(0<\xi<x).$$

由于$f(0)=0,f'(x)=\frac{1}{1+x}$,因此上式即为

$$\ln(1+x)=\frac{x}{1+\xi}.$$

又由$0<\xi<x$,有$\frac{x}{1+x}<\frac{x}{1+\xi}<x$

即$\frac{x}{1+x}<\ln(1+x)<x\qquad(x>0)$.

二、函数的单调性

如果函数$y=f(x)$在$[a,b]$上单调增加(单调减少),那么它的图形是一条沿x轴正向上升(下降)的曲线,这时曲线各点处的切线斜率是非负的(是非正的),即$y'=f'(x)\geqslant0$(或$y'=f'(x)\leqslant0$). 由此可见,函数的单调性与导数的符号有着密切的关系,反过来,能否用导数的符号来判定函数的单调性呢?

定理2 (函数单调性的判断定理)设函数$f(x)$在$[a,b]$上连续,在(a,b)内可导.

(1)若在(a,b)内$f'(x)>0$,则函数$y=f(x)$在闭区间$[a,b]$上单调增加;

(2)若在(a,b)内$f'(x)<0$,则函数$y=f(x)$在闭区间$[a,b]$上单调减少.

证明:任取$x_1,x_2\in(a,b)$且$x_1<x_2$,由拉格朗日中值定理得

$$f(x_2)-f(x_1)=f'(\xi)(x_2-x_1),\qquad \xi\in(x_1,x_2)$$

显然,若$f'(\xi)>0$,则有$f(x_2)-f(x_1)>0$,即函数$f(x)$在(a,b)上单调递增;若$f'(\xi)<0$,则有$f(x_2)-f(x_1)<0$,即函数$f(x)$在(a,b)上单调递减.

由此,若函数在某区间上单调增(或减),则在此区间内函数图形上切线的斜率均为正

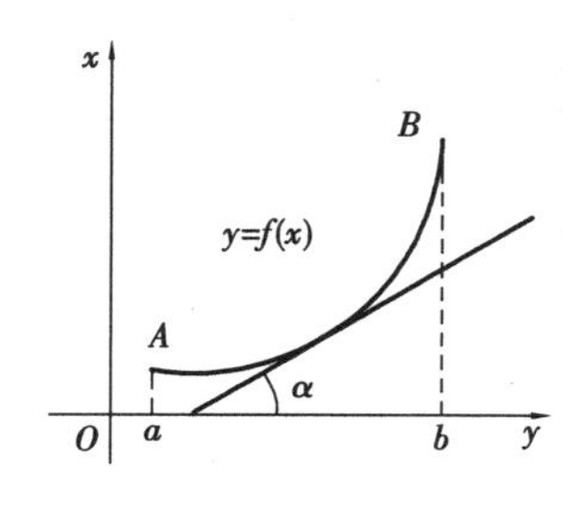

图 3.2

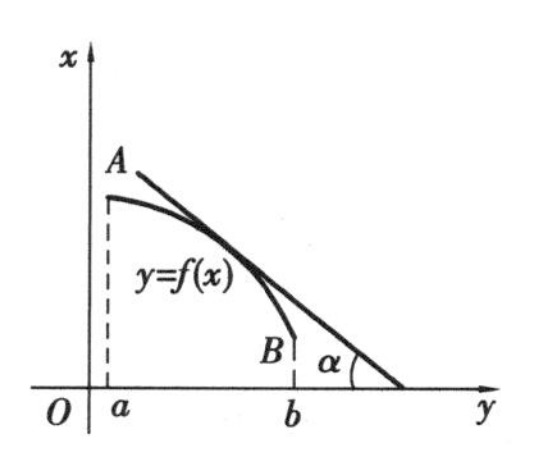

图 3.3

(或负)，也就是函数的导数在此区间上均取正值(或负值). 因此我们可通过判定函数导数的正负来判定函数的增减性.

求函数 $y=f(x)$ 的单调区间的步骤.

(1)确定函数的 $y=f(x)$ 定义域，如为 $\mathbf{R}$；

(2)求 $f'(x)$；

(3)$f'(x)=0$，求出函数 $f(x)$ 在定义域内导数为零的点和不可导点，如为 x_1,x_2；

(4)区间划分

x	$(-\infty,x_1)$	x_1	(x_1,x_2)	x_2	$(x_2,+\infty)$
$f'(x)$	+	0	−	0	+
单调性	↗		↘		↗

注：称 $f'(x_0)=0$ 的点为函数的驻点.

(5)写出函数 $y=f(x)$ 的单调区间.

【例题 1】　求函数 $f(x)=x^2-2x$ 的单调区间.

解：(1)$f(x)$ 的定义域为 $\mathbf{R}$；

(2)$f'(x)=2x-2$；

(3)令 $f(x)=0$，得 $x=1$；

(4)区间划分

x	$(-\infty,1)$	1	$(1,+\infty)$
$f'(x)$	−	0	+
单调性	↘		↗

【例题 2】　求函数 $f(x)=x^4-2x^2$ 的单调区间.

解：(1)$f(x)$ 的定义域为 $\mathbf{R}$；

(2)$f'(x)=4x^3-4x=4x(x^2-1)$；

(3)令 $f'(x)=0$，得 $x_1=0,x_2=-1,x_3=1$；

(4)区间划分

x	$(-\infty,-1)$	-1	$(-1,0)$	0	$(0,1)$	1	$(1,+\infty)$
$f'(x)$	$-$	0	$+$	0	$-$	0	$+$
单调性	↘		↗		↘		↗

*【例题 3】 求函数$f(x)=\dfrac{x^2-1}{x}$的单调区间.

解:(1)f的定义域为$x\neq0$;

(2)$f'(x)=1+\dfrac{1}{x^2}=\dfrac{x^2+1}{x^2}>0$,故没有一阶导数为零的点. 但$x=0$时,$f'(x)\neq0$,故$x=0$可以作为函数单调性的分界点.

(3)区间划分

x	$(-\infty,0)$	0	$(0,+\infty)$
$f'(x)$	$+$	0	$+$
单调性	↗		↗

习题 3.1

1. 验证拉格朗日中值定理对函数$y=x^2-1$在$[-1,2]$上的正确性,并求ξ.
2. 验证拉格朗日中值定理对函数$y=x^2-x$在$[-1,3]$上的正确性,并求ξ.
3. 求下列函数的单调区间:

(1)$f(x)=x^2-2x+1$;　　(2)$f(x)=x^2-4x$.

4. 求下列函数的单调区间:

(1)$f(x)=x^3-3x$;　　(2)$f(x)=x^4-2x^2$.

*5. 用拉格朗日中值定理证明不等式

(1)$|\sin b-\sin a|\leqslant|b-a|$;　　(2)$|\arctan b-\arctan a|\leqslant|b-a|$.

第二节　函数的极值和最值

一、函数的极值

(一)极值的定义

如图 3.4 所示,观察函数$y=f(x)$在点x_1、x_2、x_3、x_4处的函数值$f(x_1)$、$f(x_2)$、$f(x_3)$、$f(x_4)$,与它们左右近旁各点处的函数值相比有什么特点?

设$y=f(x)$在x_0的一个邻域内有定义,且除x_0外,

(1)恒有$f(x)<f(x_0)$,则称$f(x_0)$为$f(x)$的极大值,点x_0称为$f(x)$的一个极大值点;

(2)恒有$f(x)>f(x_0)$,则称$f(x_0)$为$f(x)$的极小值,点x_0称为$f(x)$的一个极小值点.

函数的极大值与极小值统称为极值,使函数取得极值的点称为极值点.

显然,极值是一个局部的概念,它与极值点邻近的所有点的函数值相比较而言,并不意味着它在函数的整个定义域内最大或最小.

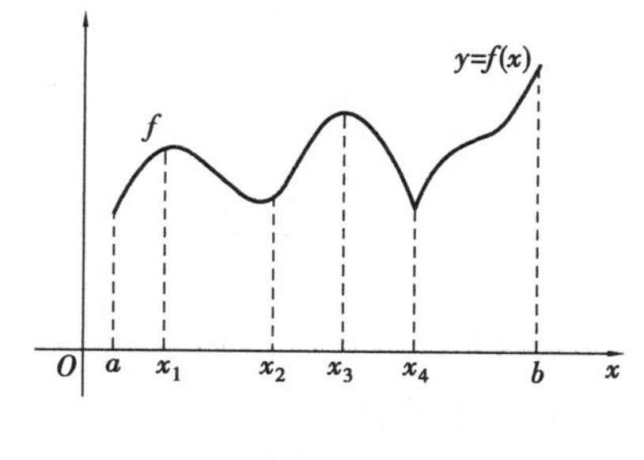

图 3.4

定理　(极值存在的必要条件):若点x_0是函数$f(x)$的极值点,且x_0处的函数可微,则$f'(x_0)=0$. 称$f'(x_0)=0$的点为函数的驻点. 例如函数$y=x^3$,$x=0$是函数的驻点,但函数在$(-\infty,+\infty)$内单调增加,$x=0$不是极值点. 由此可得出:$f(x)$的驻点不一定是极值点.

下面我们给出极值判断的条件.

(二)极值的第一判定定理

设函数$f(x)$在点x_0的某δ邻域内连续且可导.

(1)若当$x<x_0$时,$f'(x)>0$,则,当$x>x_0$时,$f'(x)<0$,则$f(x_0)$为极大值;

(2)若当$x<x_0$时,$f'(x)<0$,当$x>x_0$时,$f'(x)>0$,则$f(x_0)$为极小值;

(3)若当$x\neq x_0$时,恒有$f'(x)<0$或$f'(x)>0$,则$f(x)$在x_0处没有极值.

也就是说,当x在该邻域内由小增大经过x_0时,如果$f'(x)$由正变负,那么x_0是$f(x)$的极大值点,$f(x_0)$是$f(x)$的极大值;$f'(x)$由负变正,那么x_0是$f(x)$的极小值点,$f(x_0)$是$f(x)$的极小值;$f'(x)$不改变符号,那么x_0不是$f(x)$的极值点.

求函数$y=f(x)$单调性和极值的步骤.

(1)确定函数的$y=f(x)$定义域,如为$\mathbf{R}$;

(2)求$f'(x)$;

(3)$f'(x)=0$,求出函数$f(x)$在定义域内导数为零的点和不可导点,如为x_1,x_2;

(4)区间划分

x	$(-\infty,x_1)$	x_1	(x_1,x_2)	x_2	$(x_2,+\infty)$
$f'(x)$	+	0	−	0	+
单调性	↗	$y_{极大值}=f(x_1)$	↘	$y_{极小值}=f(x_2)$	↗

【例题 1】　求函数$f(x)=x^2-2x-3$的单调区间及极值.

解:(1)$f(x)$的定义域为$\mathbf{R}$;

(2)$f'(x)=2x-2$;

(3)令$f'(x)=0$,得$x=1$;

(4)区间划分

x	$(-\infty,1)$	1	$(1,+\infty)$
$f'(x)$	$-$	0	$+$
单调性	↘	$y_{极小值}=-4$	↗

【例题 2】 求出函数 $f(x)=x^3-3x^2-9x+5$ 的极值.

解:(1)函数的定义域为 $\mathbf{R}$;

(2)$f'(x)=3x^2-6x-9=3(x+1)(x-3)$;

(3)令 $f'(x)=0$ 得 $x_1=-1,x_2=3$[无 $f'(x)$ 不存在的点];

(4)区间划分,用 $x_1=-1,x_2=3$ 作为界点将定义域分区列表得

x	$(-\infty,-1)$	-1	$(-1,3)$	3	$(3,+\infty)$
y'	$+$	0	$-$	0	$+$
$y=f(x)$	↗	$y_{极大值}=10$	↘	$y_{极小值}=-22$	↗

*【例题 3】 求 $f(x)=x^{\frac{2}{3}}(x-5)$ 的极值和单调区间.

解:(1)定义域为 $(-\infty,+\infty)$;

(2)$f'(x)=\frac{2}{3}x^{-\frac{1}{3}}(x-5)+x^{\frac{2}{3}}=\frac{1}{3}x^{-\frac{1}{3}}(2x-10+3x)=\frac{5x-10}{3\sqrt[3]{x}}$. 解方程 $f'(x)=0$ 得 $x=2$,另有 $f'(x)$ 不存在的点 $x=0$(即求出可能的极值点).

(3)用 $x=0$ 和 2 作为分界点将 $(-\infty,+\infty)$ 分区列表,即可得极值和单调区间.

x	$(-\infty,0)$	0	$(0,2)$	2	$(2,+\infty)$
$f'(x)$	$+$	不存在	$-$	0	$+$
$y=f(x)$	↗	$y_{极大值}=0$	↘	$y_{极小值}=0$	↗

极大值为 $f(0)=0$;极小值为 $f(2)=0$.

(三)极值的第二充分条件

设函数 $f(x)$ 在点 x_0 的某一邻域内二阶可导,且 $f'(x)=0,f''(x)\neq0$,则:

(1)当 $f''(x_0)<0$ 时,函数 $f(x)$ 在 x_0 处取得极大值;

(2)当 $f''(x_0)>$ 时,函数 $f(x)$ 在 x_0 处取得极小值.

【例题 4】 求出函数 $f(x)=x^3-3x^2-9x+5$ 的极值.

解:因为 $f'(x)=3x^2-6x-9,f''(x)=6x-6$,

令 $f'(x)=0$ 得 $x_1=-1,x_2=3$,

所以 $f''(-1)=-12<0$, 故 $f(-1)=10$ 为极大值;

$f''(3)=12>0$, 故 $f(3)=-22$ 为极小值.

二、函数的最大值和最小值

在生产实践及科学实验中,常遇到"最好""最省""最低""最大"和"最小"等问题. 例如

质量最好，用料最省，效益最高，成本最低，利润最大，投入最小等，这类问题在数学上常常归结为求函数的最大值或最小值问题.

（一）闭区间$[a,b]$上的最大值和最小值

如果函数$f(x)$在闭区间$[a,b]$上连续，则$f(x)$在$[a,b]$上必有最大值和最小值. 连续函数在闭区间$[a,b]$上的最大值和最小值仅可能在区间内的极值点和区间的端点处取得.

求函数在区间内的最值的步骤：

(1)求出函数$y=f(x)$在(a,b)内的全部驻点和驻点处的函数值；

(2)求出区间端点处的函数值$f(a)$，$f(b)$和不可导点的函数值；

(3)比较以上各函数值，其中最大的就是函数的最大值，最小的就是函数的最小值.

【例题5】　求函数$f(x)=x^2-2x-3$在$[0,2]$的最值.

解：(1)$f'(x)=2x-2$；

(2)令$f'(x)=0$，得$x=1$

(3)$f(1)=-4$，$f(0)=-3$，$f(2)=-3$；

$$y_{最大值}=-3 \qquad y_{最小值}=-4$$

【例题6】　求函数$f(x)=x^3-3x+3$，在区间$[-3,1]$的最大值、最小值.

解：$f(x)$在此区间处处可导，先来求函数的极值$f'(x)=3x^2-3=0$，故$x=\pm1$，再来比较端点与极值点的函数值，取出最大值与最小值即为所求. 因为$f(1)=1$，$f(-3)=-15$，$f(-1)=5$，故函数的最大值为$f(-1)=5$，函数的最小值为$f(-3)=-15$.

注　在实际应用中，若应满足连续且可导条件在一个区间内（开区间、闭区间或无穷区间）只有一个极大值点，而无极小值点，则该极大值点一定是最大值点. 对于极小值点也可作出同样的结论.

（二）应用举例

【例题7】　要做一个容积为V的圆柱形罐头筒，怎样设计才能使所用材料最省？

解：要使材料最省，就是要罐头筒的总表面积最小. 设罐头的底半径为r，高为h，如图3.5所示，则它的侧面积为$2\pi rh$，底面积为πr^2，因此总表面积为

$$S=2\pi r^2+2\pi rh.$$

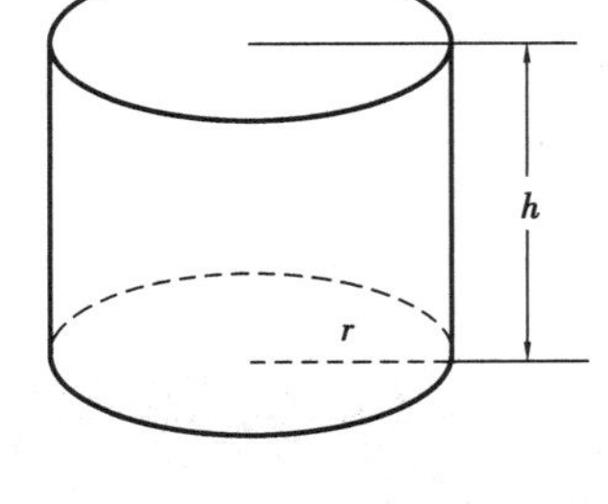

图3.5

由体积公式$V=\pi r^2h$有$h=\frac{V}{\pi r^2}$，所以

$$S=2\pi r^2+\frac{2V}{r}, r\in(0,+\infty);$$

$$S'=4\pi r-\frac{2V}{r^2}=\frac{2(2\pi r^3-V)}{r^2}.$$

令$S'=0$得，$r=\sqrt[3]{\frac{V}{2\pi}}$. 而$S''=4\pi+\frac{4V}{r^3}$.

因为π、V都是正数，$r>0$，所以$S''>0$. 因此S在点$r=\sqrt[3]{\frac{V}{2\pi}}$处取得极小值，也就是最小值. 这

时相应的高为 $h=\frac{V}{\pi r^2}=\frac{V}{\pi\left(\sqrt[3]{\frac{V}{2\pi}}\right)^2}=2\sqrt[3]{\frac{V}{2\pi}}=2r$.

于是得出结论:当所做罐头筒的高和底直径相等时,所用材料最省.

习题 3.2

1. 求函数的单调区间和极值.

(1)$f(x)=x^2-2x+4$;　(2)$f(x)=x^2-6x$;

(3)$y=2x^3-3x^2$;　(4)$y=x-\ln(1+x)$;

(5)$f(x)=x^3-12x$.

2. 运用极值的第二定理求极值.

(1)$f(x)=x^2-2x$;　(2)$f(x)=x^4-2x^2$.

3. 求函数的最值.

(1)$f(x)=x^2-2x+1,x\in[-1,2]$;　(2)$f(x)=x^2-2x,x\in[0,2]$;

(3)$f(x)=x^3-3x,x\in[0,2]$;　(4)$f(x)=x^4-2x^2,x\in[0,2]$.

4. 已知 $x+y=s$(s 是定值),运用极值第二定理证明:当 $x=y$ 时,$L(x)=x^2+y^2$ 有最小值.

第三节　洛必达法则

一、洛必达法则

如果当 $x\to x_0$(或 $x\to\infty$,$x\to\pm\infty$)时,函数 $f(x)$ 和 $g(x)$ 都趋于零或无穷大,那么极限 $\lim\limits_{\substack{x\to x_0\\(x\to\infty)}}\frac{f(x)}{g(x)}$ 可能存在,也可能不存在,通常称这类极限为未定式,记为 $\frac{0}{0}$ 或 $\frac{\infty}{\infty}$ 型. 对于未定式,不能直接用“商的极限等于极限的商”这一法则. 下面介绍计算这种未定式极限的洛必达法则.

二、$\frac{0}{0}$ 型未定式(洛必达法则)

若函数 $f(x)$ 和 $g(x)$ 满足:

(1)$\lim\limits_{x\to x_0}f(x)=\lim\limits_{x\to x_0}g(x)=0$;

(2)在点 x_0 的某空心邻域 $\mathring{U}(x_0)$ 内两者都可导,且 $g'(x)\neq 0$;

$\lim\limits_{x\to x_0}\frac{f'(x)}{g'(x)}=A$($A$ 可为实数,也可为 $\pm\infty$ 或 ∞),

则
$$\lim_{x\to x_0}\frac{f(x)}{g(x)}=\lim_{x\to x_0}\frac{f'(x)}{g'(x)}=A.$$

注意　若将上述内容中 x 换成 $x\to x_0^+$，$x\to x_0^-$，$x\to\pm\infty$，$x\to\infty$，只要相应地修正条件(2)中的邻域，也可得到同样的结论.

【例题1】　求$\lim\limits_{x\to 1}\dfrac{x^2-3x+2}{x^2-1}$.

解:原式$=\lim\limits_{x\to 1}\dfrac{(x^2-3x+2)'}{(x^2-1)'}=\lim\limits_{x\to 1}\dfrac{2x-3}{2x}=-\dfrac{1}{2}$

【例题2】　求$\lim\limits_{x\to 0}\dfrac{1-\cos x}{x^2}$.

解:原式$=\lim\limits_{x\to 0}\dfrac{(1-\cos x)'}{(x^2)'}=\lim\limits_{x\to 0}\dfrac{\sin x}{2x}=\dfrac{1}{2}\lim\limits_{x\to 0}\dfrac{\sin x}{x}=\dfrac{1}{2}$.

【例题3】　求$\lim\limits_{x\to 0}\dfrac{\ln(1+x)}{x^2}$.

解:$\lim\limits_{x\to 0}\dfrac{\ln(1+x)}{x^2}=\lim\limits_{x\to 0}\dfrac{[\ln(1+x)]'}{(x^2)'}=\lim\limits_{x\to 0}\dfrac{\frac{1}{1+x}}{2x}=\lim\limits_{x\to 0}\dfrac{1}{2x(1+x)}=\infty$.

三、$\dfrac{\infty}{\infty}$型未定式

若函数f和g满足:

(1) $\lim\limits_{x\to x_0^+}f(x)=\lim\limits_{x\to x_0^+}g(x)=\infty$;

(2)在某右邻域$\mathring{U}_+(x_0)$内两者都可导,且$g'(x)\neq 0$;

(3) $\lim\limits_{x\to x_0^+}\dfrac{f'(x)}{g'(x)}=A$($A$可为实数,或为$+\infty$,$-\infty$)

则

$$\lim_{x\to x_0^+}\frac{f(x)}{g(x)}=\lim_{x\to x_0^+}\frac{f'(x)}{g'(x)}=A.$$

【例题4】　求$\lim\limits_{x\to\infty}\dfrac{x^2+2x-3}{x^2-1}$.

解:原式$=\lim\limits_{x\to\infty}\dfrac{(x^2+2x-3)'}{(x^2-1)'}=\lim\limits_{x\to\infty}\dfrac{(2x+2)'}{(2x)'}=1$.

【例题5】　求$\lim\limits_{x\to+\infty}\dfrac{\ln x}{x^a}$　$(a>0)$.

解:$\lim\limits_{x\to+\infty}\dfrac{(\ln x)'}{(x^a)'}=\lim\limits_{x\to+\infty}\dfrac{\frac{1}{x}}{ax^{a-1}}=\lim\limits_{x\to+\infty}\dfrac{1}{ax^a}=0$.

【例题6】　求$\lim\limits_{x\to 0}\dfrac{\ln\sin 2x}{\ln\sin x}$

解:原式$=\lim\limits_{x\to 0}\dfrac{(\ln\sin 2x)'}{(\ln\sin x)'}=\lim\limits_{x\to 0^+}\dfrac{\frac{2\cos 2x}{\sin 2x}}{\frac{\cos x}{\sin x}}=\lim\limits_{x\to 0^+}\dfrac{2x}{\sin 2x}\cdot\dfrac{\sin x}{x}\cdot\lim\limits_{x\to 0^+}\dfrac{\cos 2x}{\cos x}=1$.

说明:(1)使用洛必达法则,必须分母和分子同时求导,不是整个表达式求导.

(2)只要满足条件,可以多次使用洛必达法则.

四、其他类型不定式极限

不定式极限还有 $0\cdot\infty$, 1^{∞}, 0^{0}, ∞^{0}, $\infty-\infty$ 等类型. 它们一般均可化为 $\frac{0}{0}$ 型或 $\frac{\infty}{\infty}$ 型的极限.

【例题7】 求 $\lim\limits_{x\to+\infty} x^{-2}e^{x}$.

步骤:$0\cdot\infty\Rightarrow\frac{1}{\infty}\cdot\infty$,或 $0\cdot\infty\Rightarrow 0\cdot\frac{1}{0}$

解:原式 $=\lim\limits_{x\to+\infty}\frac{e^{x}}{x^{2}}=\lim\limits_{x\to+\infty}\frac{e^{x}}{2x}=\lim\limits_{x\to+\infty}\frac{e^{x}}{2}=+\infty$.

【例题8】 求 $\lim\limits_{x\to0^{+}} x\ln x$.

解:这是一个 $0\cdot\infty$ 型不定式极限;用恒等变形 $x\ln x=\frac{\ln x}{\frac{1}{x}}$ 将它转化为 $\frac{\infty}{\infty}$ 型的不定式极限,并应用洛必达法则得到

$$\lim_{x\to0^{+}} x\ln x=\lim_{x\to0^{+}}\frac{(\ln x)'}{\left(\frac{1}{x}\right)'}=\lim_{x\to0^{+}}\frac{\frac{1}{x}}{-\frac{1}{x^{2}}}=\lim_{x\to0^{+}}(-x)=0.$$

【例题9】 求 $\lim\limits_{x\to1}\left(\frac{1}{x-1}-\frac{1}{\ln x}\right)$.

解:这是一个 $\infty-\infty$ 型不定式极限,化法步骤:$\infty-\infty\Rightarrow\frac{1}{0}-\frac{1}{0}\Rightarrow\frac{0-0}{0\cdot0}$. 通分后化为 $\frac{0}{0}$ 型的极限,即

$$\lim_{x\to1}\left(\frac{1}{x-1}-\frac{1}{\ln x}\right)=\lim_{x\to1}\frac{(\ln x-x+1)'}{[(x-1)\ln x]'}$$

$$=\lim_{x\to1}\frac{\frac{1}{x}-1}{\frac{x-1}{x}+\ln x}=\lim_{x\to1}\frac{(1-x)'}{(x-1+x\ln x)'}=\lim_{x\to1}\frac{-1}{2+\ln x}=-\frac{1}{2}.$$

习题 3.3

1. 判断题.

(1)在运用洛必达法则时,如果 $\lim\frac{f'(x)}{g'(x)}$ 不存在,则 $\lim\frac{f(x)}{g(x)}$ 也不存在. (　　)

(2) $\lim\limits_{x\to1}\frac{x^{2}+1}{x}=\lim\limits_{x\to1}\frac{(x^{2}+1)'}{x'}=\lim\limits_{x\to1}\frac{2x}{1}=2$. (　　)

(3) $\lim\limits_{x\to1}\dfrac{x^3-2x+1}{x-1}=\lim\limits_{x\to1}\dfrac{(x^3-2x+1)'}{(x-1)'}=\lim\limits_{x\to1}\dfrac{3x^2-2}{1}=1.$ (　　)

2. 运用洛必达法则求极限.

(1) $\lim\limits_{x\to3}\dfrac{x^2-9}{x-3}$;　(2) $\lim\limits_{x\to2}\dfrac{x^2-3x+2}{x^2-4}$;

(3) $\lim\limits_{x\to0}\dfrac{e^x-e^{-x}}{x}$;　(4) $\lim\limits_{x\to1}\dfrac{x^3-2x+1}{x-1}$;

(5) $\lim\limits_{x\to0}\dfrac{\ln(1+2x)}{2x^2}$;　(6) $\lim\limits_{x\to0}\dfrac{1-\cos 2x}{x^2}$.

3. 运用洛必达法则求极限.

(1) $\lim\limits_{x\to\infty}\dfrac{x^2+2x-3}{x^2+1}$;　(2) $\lim\limits_{x\to\infty}\dfrac{x^3+2x-3}{x^3+1}$;

(3) $\lim\limits_{x\to+\infty}\dfrac{\ln x}{x}$;　(4) $\lim\limits_{x\to+\infty}\dfrac{x^2}{e^x}$;

(5) $\lim\limits_{x\to1}(1-x)\tan\dfrac{\pi x}{2}$;　(6) $\lim\limits_{x\to1}\left(\dfrac{1}{x-1}-\dfrac{2}{x^2-1}\right)$.

第四节　曲线的凹凸和拐点

一、曲线凹凸性的定义

为了较准确地描述函数的图形,仅知道函数的单调区间和极值是不行的,比如说,$f(x)$在$[a,b]$上单调,这时会出现图 3.6 中的几种情况,l_1 是一段凸弧,l_2 是一段凹弧,l_3 既有凸的部分,也有凹的部分,曲线具有这种凸和凹的性质,称为凸凹性.

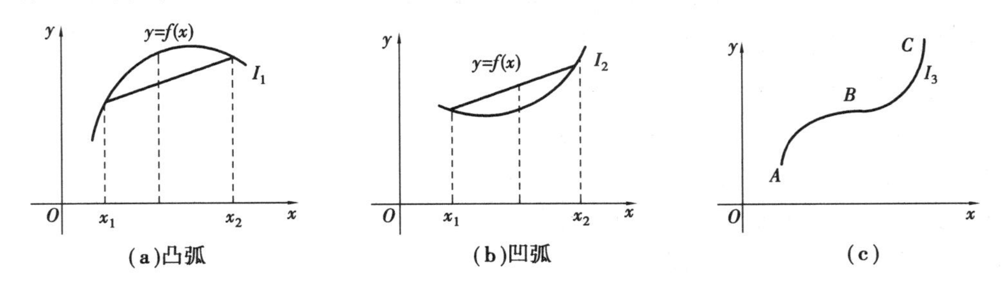

图 3.6　曲线的凸凹性

从几何意义上看,凸弧具有这种特点:从中任取两点,连接此两点的弦总在曲线的下方.进而不难知道,在$[a,b]$中任意取两个点函数在这两点处的函数值的平均值小于这两点的中点处的函数值. 凹弧也有相仿的特点.

定义　设$f(x)$在$[a,b]$上连续,若对$\forall x_1,x_2\in(a,b)$恒有

$$f\left(\frac{x_1+x_2}{2}\right)<\frac{f(x_1)+f(x_2)}{2},$$

那么称$f(x)$在$[a,b]$上的图形是(向上)凹的或凹弧;如果恒有

$$f\left(\frac{x_1+x_2}{2}\right)>\frac{f(x_1)+f(x_2)}{2},$$

那么称$f(x)$在$[a,b]$上的图形是(向下)凸的或凸弧.

如果$f(x)$在$[a,b]$上连续,且在(a,b)内的图形是凹的(或凸的),那么称为$f(x)$在$[a,b]$上的图形是凹的(或凸的).

二、曲线凹凸性的判定

如果$f(x)$在$[a,b]$内具有二阶导数,那么可以利用二阶导数的符号来判定曲线的凹凸性,这就是下面的曲线凹凸性的判定定理.

定理1　设$f(x)$在$[a,b]$上连续,在(a,b)内具有一阶和二阶导数.

(1)若在(a,b)内,$f''(x)<0$,则$f(x)$在$[a,b]$上的图形是凸的.

(2)若在(a,b)内,$f''(x)>0$,则$f(x)$在$[a,b]$上的图形是凹的.

拐点:连续曲线$y=f(x)$上凹弧与凸弧的分界点称为该曲线的拐点.

定理2　如果$f(x)$在$(x_0-\delta,x_0+\delta)$内存在二阶导数,则点$[x_0,f(x_0)]$是拐点的必要条件是$f''(x_0)=0$.

确定曲线$y=f(x)$的凹凸区间和拐点的步骤:

(1)确定函数$y=f(x)$的定义域;

(2)求出二阶导数$f''(x)$;

(3)求使二阶导数为零的点和使二阶导数不存在的点;

(4)判断或列表判断,确定曲线凹凸区间和拐点;

【例题1】　判别曲线$y=2x^2+3x+1$的凹凸性.

解:因为$y'=4x+3$,$y''=4>0$,

所以曲线$y=2x^2+3x+1$在其定义域$(-\infty,+\infty)$上是凹的.

【例题2】　判别曲线$y=x^3$的凹凸性.

解:因为$y'=3x^2$,$y''=6x$.

当$x<0$时,$y''<0$,曲线在$(-\infty,0]$是凸的;

当$x>0$时,$y''>0$,曲线在$[0,+\infty)$是凹的.

注意到,点$(0,0)$是曲线由凸变凹的分界点.

【例题3】　求$y=xe^{-x}$的拐点.

解:$y'=(1-x)e^{-x}$,$y''=(x-2)e^{-x}$,令$y''=0\Rightarrow x=2$.

当$x<2$时,$y''<0$;当$x>2$时,$y''>0$.

所以$x=2$为拐点.

列表讨论:

x	$(-\infty,2)$	2	$(2,+\infty)$
$f'(x)$	+	+	+
$f''(x)$	−	0	+
$f(x)$	⌒	拐点$\left(2,\frac{2}{e^2}\right)$	⌣

习题 3.4

1. 填空题

(1)若点(1,2)是曲线 $y=ax^3+bx^2+4x$ 的拐点,则 $a=$________,$b=$________.

(2)曲线 $y=xe^x$ 的凹区间是__________,凸区间是__________,拐点是__________.

2. 选择题

(1)曲线 $y=x^3-3x^2+3$ 在区间$(-\infty,-1)$和$(-1,1)$内分别为(　　).

A. 凸的,凸的　　B. 凸的,凹的

C. 凹的,凸的　　D. 凹的,凹的

(2)曲线 $y=\ln x+1$ 在区间(0,1)和(1,2)内分别为(　　).

A. 凸的,凸的　　B. 凸的,凹的

C. 凹的,凸的　　D. 凹的,凹的

(3)曲线 $y=e^{-x}$区间(−1,0)和(0,1)内分别为(　　).

A. 凸的,凸的　　B. 凸的,凹的

C. 凹的,凸的　　D. 凹的,凹的

3. 计算题

(1)求曲线 $y=x^3-1$ 的凹凸区间.

(2)求曲线 $y=xe^x$ 的凹凸区间和拐点.

(3)求曲线 $y=x^4-2x^3+1$ 的凹凸区间和拐点.

(4)a、b 为何值时,点(1,3)为曲线 $y=ax^3+bx^2$ 的拐点?

*第五节　函数图形的描绘

一、函数的渐近线

定义　当曲线 $y=f(x)$上的一动点 P 沿着曲线移向无穷远时,如果点 P 到某指定直线 L 的距离趋近于零,那么直线 L 就称为曲线 $y=f(x)$的一条渐近线.

（一）垂直渐近线（垂直于 x 轴的渐近线）

如果 $\lim\limits_{x\to x_0^+} f(x)=\infty$ 或 $\lim\limits_{x\to x_0^-} f(x)=\infty$，

那么 $x=x_0$ 就是 $y=f(x)$ 的一条垂直渐近线.

例如 $y=\dfrac{1}{(x+2)(x-3)}$，

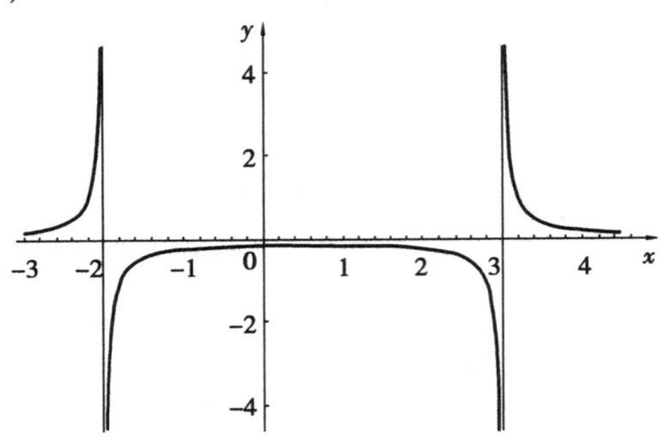

图 3.7

有垂直渐近线两条：$x=-2,x=3$

（二）水平渐近线（平行于 x 轴的渐近线）

如果 $\lim\limits_{x\to+\infty} f(x)=b$ 或 $\lim\limits_{x\to-\infty} f(x)=b$ （b 为常数），

那么 $y=b$ 就是 $y=f(x)$ 的一条水平渐近线.

例如 $y=\arctan x$，

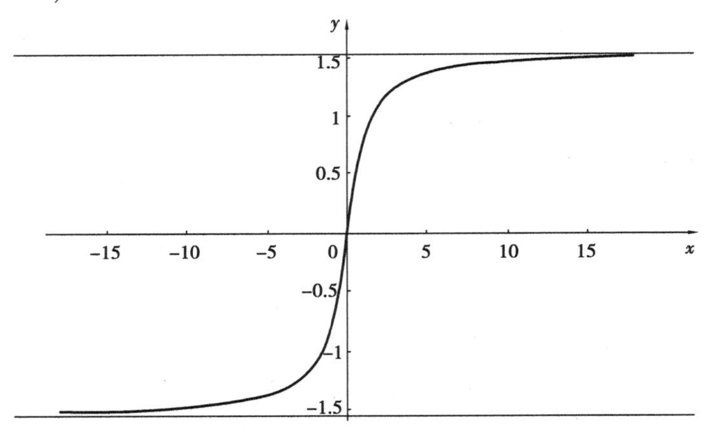

图 3.8

有水平渐近线两条：$y=\dfrac{\pi}{2},y=-\dfrac{\pi}{2}$.

***（三）斜渐近线**

如果 $\lim\limits_{x\to+\infty}[f(x)-(ax+b)]=0$ 或 $\lim\limits_{x\to-\infty}[f(x)-(ax+b)]=0$ （a,b 为常数），

那么 $y=ax+b$ 就是 $y=f(x)$ 的一条斜渐近线.

斜渐近线的求法：

如果$\lim\limits_{x\to\infty}\frac{f(x)}{x}=a$，$\lim\limits_{x\to\infty}[f(x)-ax]=b$. 那么 $y=ax+b$ 就是 $y=f(x)$的一条斜渐近线.

注意，如果

(1)$\lim\limits_{x\to\infty}\frac{f(x)}{x}$不存在；

(2)$\lim\limits_{x\to\infty}\frac{f(x)}{x}=a$ 存在，但$\lim\limits_{x\to\infty}[f(x)-ax]$不存在，可以断定 $y=f(x)$不存在渐近线.

【例题 1】　求 $y=\frac{1}{x-1}+2$ 的渐近线.

解：因为$\lim\limits_{x\to\infty}\left(\frac{1}{x-1}+2\right)=2$，所以 $y=2$ 为水平渐近线；

又因为$\lim\limits_{x\to 1}\left(\frac{1}{x-1}+2\right)=\infty$，所以 $x=1$ 为垂直渐近线.

***【例题 2】**　求$f(x)=\frac{2(x-2)(x+3)}{x-1}$的渐近线.

解：定义域为$(-\infty,1)\cup(1,+\infty)$.

因为$\lim\limits_{x\to 1^+}f(x)=-\infty$，$\lim\limits_{x\to 1^-}f(x)=+\infty$，所以 $x=1$ 是曲线的垂直渐近线.

又因为$\lim\limits_{x\to\infty}\frac{f(x)}{x}=\lim\limits_{x\to\infty}\frac{2(x-2)(x+3)}{x(x-1)}=2$，

$$\lim_{x\to\infty}\left[\frac{2(x-2)(x+3)}{x(x-1)}-2x\right]=\lim_{x\to\infty}\frac{2(x-2)(x+3)-2x(x-1)}{x-1}=4,$$

所以 $y=2x+4$ 是曲线的一条斜渐近线.

二、函数图形描绘的步骤和方法

（一）步骤

利用函数特性描绘函数图形.

(1)确定函数 $y=f(x)$的定义域，对函数进行奇偶性、周期性、曲线与坐标轴交点等性态的讨论，求出函数的一阶导数$f'(x)$和二阶导数$f''(x)$.

(2)求出方程$f'(x)=0$ 和$f''(x)=0$ 在函数定义域内的全部实根，用这些根同函数的间断点或导数不存在的点把函数的定义域划分成几个部分区间.

(3)确定在这些部分区间内$f'(x)$和$f''(x)$的符号，并由此确定函数.

(4)确定函数图形的水平、垂直渐近线、斜渐近线以及其他变化趋势.

(5)描出与方程$f'(x)=0$ 和$f''(x)=0$ 的根对应的曲线上的点，有时还需要补充一些点，再综合前述步骤讨论的结果画出函数的图形.

（二）作图举例

【例题 3】　描绘方程$(x-3)^2+4y-4xy=0$ 的图形.

解：(1)$y=\frac{(x-3)^2}{4(x-1)}$，定义域为$(-\infty,1)\cup(1,+\infty)$.

(2)求关键点

因为$2(x-3)+4y'-4y-4xy'=0$,所以$y'=\dfrac{x-3-2y}{2(x-1)}=\dfrac{(x-3)(x+1)}{4(x-1)^2}$.

又因为$2+4y''-8y'-4xy''=0$,所以$y''=\dfrac{1-4y'}{2(x-1)}=\dfrac{2}{(x-1)^3}$.

令$y'=0$得$x=-1,3$.

(3)判别曲线形态

x	$(-\infty,-1)$	-1	$(-1,1)$	1	$(1,3)$	3	$(3,+\infty)$
y'	+	0	−	不存在	−	0	+
y''	−		+	不存在	+	0	+
y		-2				极小	

(4)求渐近线

因为$\lim\limits_{x\to 1}y=\infty$,所以$x=1$为垂直渐近线.

因为$y=\dfrac{(x-3)^2}{4(x-1)}$,$y'=\dfrac{(x-3)(x+1)}{4(x-1)^2}$,$y''=\dfrac{2}{(x-1)^3}$,

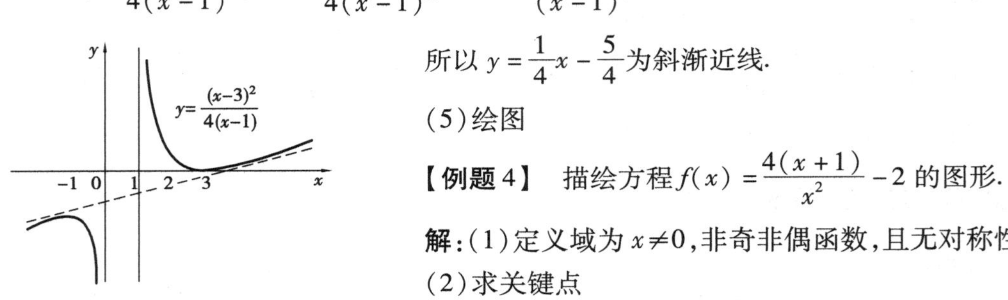

图 3.9

所以$y=\dfrac{1}{4}x-\dfrac{5}{4}$为斜渐近线.

(5)绘图

【例题 4】 描绘方程$f(x)=\dfrac{4(x+1)}{x^2}-2$的图形.

解:(1)定义域为$x\neq 0$,非奇非偶函数,且无对称性.

(2)求关键点

$f'(x)=-\dfrac{4(x+2)}{x^3}$,$f''(x)=\dfrac{8(x+3)}{x^4}$.

令$f'(x)=0$,得$x=-2$;令$f''(x)=0$,得$x=-3$.

(3)判别曲线形态

x	$(-\infty,-3)$	-3	$(-3,2)$	-2	$(-2,0)$	0	$(0,+\infty)$
$f'(x)$	−	0	−	0	+	不存在	−
$f''(x)$	−		+		+	不存在	+
$f(x)$		拐点 $\left(-3,-\dfrac{26}{9}\right)$		极值点 -3		间断点	

(4)求渐近线

$f(x)=\lim\limits_{x\to\infty}\left[\dfrac{4(x+1)}{x^2}-2\right]=-2$,得水平渐近线 $y=-2$.

$\lim\limits_{x\to0}f(x)=\lim\limits_{x\to0}\left[\dfrac{4(x+1)}{x^2}-2\right]=+\infty$,得垂直渐近线 $x=0$.

(5)绘图

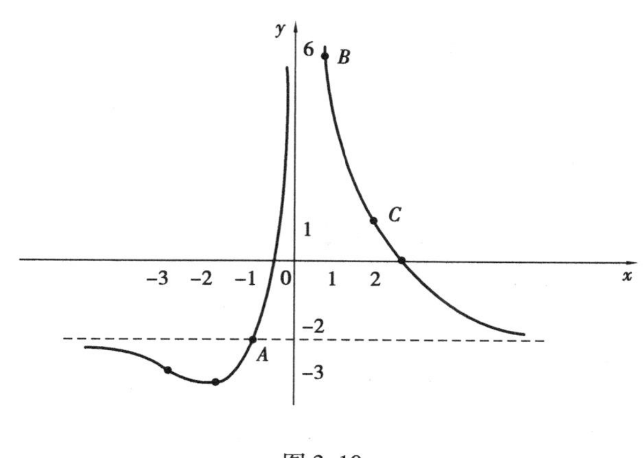

图 3.10

习题 3.5

1. 判断题.

(1)每一条曲线都有渐近线. (　　)

(2)因为 $\lim\limits_{x\to\infty}\arctan x$ 不存在,所以曲线 $y=\arctan x$ 没有渐近线. (　　)

(3)因为 $\lim\limits_{x\to\frac{\pi}{2}}\tan x=\infty$,所以 $x=\dfrac{\pi}{2}$ 是曲线 $y=\tan x$ 的一条垂直渐近线. (　　)

2. 填空题.

(1)设 $y=e^{\frac{1}{x}}$,因为 $x\to0^+$ 时,$y\to+\infty$,所以____________是曲线的垂直渐近线.

(2)设 $y=2+\dfrac{1}{x}$,因为 $\lim\limits_{x\to\infty}\left(2+\dfrac{1}{x}\right)=2$,所以____________是曲线的水平渐近线.

3. 选择题.

(1)曲线 $y=\dfrac{5}{(x-3)^2}$ 的水平渐近线是(　　).

A. $y=0$　　B. $x=3$　　C. $y=5$　　D. $y=\dfrac{5}{3}$

(2)设曲线 $y=\ln x$,则 $x=0$ 是曲线的(　　).

A. 水平渐近线　B. 垂直渐近线　C. 极值点　D. 驻点

(3)曲线 $y=x\ln\left(e+\dfrac{1}{x}\right)$ 的垂直渐近线是(　　).

A. $x=0$　　B. $x=-\mathrm{e}^{-1}$　　C. $x=\mathrm{e}^{-1}$　　D. $x=\ln\mathrm{e}^{-1}$

4. 作出下列函数的图像：

(1) $y=(x+1)(x-2)^2$　　(2) $y=\dfrac{1}{x^2-1}$

复习题三

一、填空题

1. 函数 $y=x^2-1$ 在 $[-1,2]$ 上满足拉格朗日中值定理的 ξ ________.

2. 函数 $f(x)=x^3-3x$ 的驻点为________.

3. 函数 $f(x)=x^2-2x+1$ 的单增区间为________.

4. 函数 $f(x)=x^2-2x$ 在 $[0,2]$ 上的最大值为________.

5. 函数 $y=x^3-1$ 的拐点为________.

二、选择题

1. 若 $x=1$ 是 $f(x)=x^2-ax+1$ 的驻点，则 $a=$(　　).

A. 0　　B. 1　　C. 2　　D. 3

2. 若函数 $f(x)$ 在 (a,b) 内二阶可导，且 $f'(x)<0$，$f''(x)<0$，则在 (a,b) 内函数(　　).

A. 单调增加，向上凸　　B. 单调减少，向上凸；

C. 单调增加，向上凹　　D. 单调减少，向上凹

3. 曲线 $y=x^3-3x^2+6$ 的拐点是(　　).

A. $x=1$　　B. $(1,4)$　　C. $x=0$　　D. $(4,1)$

4. 函数 $f(x)=x^2-4x$ 在 $[0,3]$ 最小值为(　　).

A. 0　　B. 2　　C. 3　　D. -3

5. $f(x)=x^3-3x$ 在定义域 $\mathbf{R}$ 上的极大值为(　　).

A. -1　　B. 1　　C. -2　　D. 2

三、计算题

1. 求函数的单调区间和极值.

(1) $f(x)=x^2-2x$；　　(2) $f(x)=x^3-12x$.

2. 求下列函数的最值.

(1) $f(x)=x^2-2x+1, x\in[0,2]$；　　(2) $f(x)=x^3-3x+1, x\in[-2,2]$.

3. 求函数 $f(x)=x^4-2x^2$ 的凹凸区间和拐点.

4. 运用洛必达法则求极限.

(1) $\lim\limits_{x \to 2} \dfrac{2x^2 - 3x + 2}{x^2 - x}$;

(2) $\lim\limits_{x \to 0} \dfrac{e^{x^2} - 1}{x^2}$;

(3) $\lim\limits_{x \to \infty} \dfrac{2x^2 + 2x - 3}{x^2 + x}$;

(4) $\lim\limits_{x \to +\infty} \dfrac{\ln x}{x^2}$.

四、应用题

1. 若点(1,2)是曲线 $y = ax^3 + bx^2 + 4x$ 的拐点,求 a,b.

2. 一根铁丝长 64 m,靠墙围成一个矩形的篱笆,问长、宽取何值时,矩形篱笆围成的面积最大?

3. 已知 $x + y = 4$,运用极值第二定理证明:当 $x = y$ 时,$L(x) = x^2 + y^2$ 有最小值.

微积分发展
简史(三)

第四章 不定积分

第一节　不定积分的概念

一、不定积分的概念

原函数定义：设$f(x)$是定义某区间I上的已知函数，若存在一个函数$F(x)$，对于该区间上每一点都满足：$F'(x)=f(x)$或$dF(x)=f(x)dx$，则称$F(x)$是$f(x)$在该区间I上的一个原函数.

如已知$f(x)=2x$，由于$F(x)=x^2$满足$F'(x)=(x^2)'=2x$，所以$F(x)=x^2$是$f(x)=2x$的一个原函数. 同理，x^2+1，x^2-1，x^2+10等也都是$f(x)=2x$的原函数.

由此可知，已知函数的原函数不止一个.

定理1：若$F(x)$是$f(x)$的一个原函数，则$F(x)+C$（C为任意常数）是$f(x)$所有的原函数.

定理2：且若$F(x)$，$G(x)$都是$f(x)$的原函数，则$F(x)$和$G(x)$只相差一个常数$(F(x)-G(x))'=F'(x)-G'(x)=f(x)-f(x)=0$，可知$F(x)-G(x)=C$，即它们仅相差一个常数. 因此，若$F(x)$是$f(x)$的一个原函数，则$f(x)$的所有原函数可以表示为$F(x)+C$（$C$是任意常数）.

不定积分定义：函数$f(x)$的所有原函数，称为函数$f(x)$的不定积分，记作$\int f(x)dx$，其中$f(x)$称为被积函数，$f(x)dx$称为被积表达式，x称为积分变量，“$\int$”称为积分号.

因此，求函数$f(x)$的不定积分，只需求出$f(x)$的一个原函数$F(x)$，再加上任意常数C即可. 例如

由$(x^3)'=3x^2$，可知$\int 3x^2dx=x^3+C$　　（C为任意常数）

由$(\sin x)'=\cos x$，可知$\int \sin x dx=-\cos x+C$　　（C为任意常数）

由$(e^x)'=e^x$,可知$\int e^x dx=e^x+C$　　(C为任意常数)

由不定积分的定义即可知不定积分与求导数(或微分)互为逆运算.

(1) $\frac{d}{dx}\int f(x)dx=f(x)$　　　　$d\int f(x)dx=f(x)dx$

(2) $\int F'(x)dx=F(x)+C$　　　　$\int dF(x)=F(x)+C$

【例题1】　求$\left(\int \sin^5 2x dx\right)'$.

解:由(1)得$\left(\int \sin^5 2x dx\right)'=\sin^5 2x$.

【例题2】　已知$F'(x)=2x$,求$F(x)$.

解:由(2)得$F(x)=\int 2x dx=x^2+C$.

二、基本积分表

由不定积分的定义,可以很容易从导数的基本公式对应地得到下面基本不定积分公式.

(1) $\int k dx=kx+C$　　(C为常数)

(2) $\int x^\mu dx=\frac{1}{\mu+1}x^{\mu+1}+C$　　$(\mu\neq -1)$

(3) $\int \frac{1}{x}dx=\ln|x|+C$

(4) $\int e^x dx=e^x+C$

(5) $\int a^x dx=\frac{a^x}{\ln a}+C$　　($a>0$且$a\neq 1$)

(6) $\int \cos x dx=\sin x+C$

(7) $\int \sin x dx=-\cos x+C$

(8) $\int \frac{1}{\cos^2 x}dx=\int \sec^2 x dx=\tan x+C$

(9) $\int \frac{1}{\sin^2 x}dx=\int \csc^2 x dx=-\cot x+C$

(10) $\int \sec x\cdot\tan x dx=\sec x+C$

(11) $\int \csc x\cdot\cot x dx=-\csc x+C$

(12) $\int \frac{1}{1+x^2}dx=\arctan x+C$

(13) $\int \frac{1}{\sqrt{1-x^2}}dx=\arcsin x+C$

三、不定积分的性质

性质 1 函数的和的不定积分等于各个函数的不定积分的和,即

$$\int [f(x)+g(x)]\mathrm{d}x=\int f(x)\mathrm{d}x+\int g(x)\mathrm{d}x$$

这是因为,$\left[\int f(x)\mathrm{d}x+\int g(x)\mathrm{d}x\right]'=\left[\int f(x)\mathrm{d}x\right]'+\left[\int g(x)\mathrm{d}x\right]'=f(x)+g(x)$.

性质 2 求不定积分时,被积函数中不为零的常数因子可以提到积分号外面来,即

$$\int kf(x)\mathrm{d}x=k\int f(x)\mathrm{d}x \quad (k\text{ 是常数},k\neq 0)$$

现主要介绍不定积分的 4 种积分方法,分别为直接积分法、第一类换元积分法(凑微分)、第二类换元积分法以及分部积分法.

四、直接积分法

直接套用不定积分基本公式表的积分方法称为直接积分法.

【例题 1】 求(1)$\int x^2\mathrm{d}x$;(2)$\int \frac{1}{x^2}\mathrm{d}x$.

解:(1)$\int x^2\mathrm{d}x=\frac{1}{3}x^3+C$;

(2)$\int \frac{1}{x^2}\mathrm{d}x=\int x^{-2}\mathrm{d}x=-\frac{1}{x}+C$

【例题 2】 求$\int \sqrt{x}\cdot\sqrt[3]{x}\mathrm{d}x$.

解:
$$\begin{aligned}\int \sqrt{x}\cdot\sqrt[3]{x}\mathrm{d}x&=\int x^{\frac{1}{2}+\frac{1}{6}}\mathrm{d}x\\&=\int x^{\frac{5}{6}}\mathrm{d}x\\&=\frac{6}{11}x^{\frac{11}{6}}+C.\end{aligned}$$

【例题 3】 求$\int (\mathrm{e}^x-3\cos x)\mathrm{d}x$.

解:$\int (\mathrm{e}^x-3\cos x)\mathrm{d}x=\int \mathrm{e}^x\mathrm{d}x-3\int \cos x\mathrm{d}x=\mathrm{e}^x-3\sin x+C$.

【例题 4】 求$\int \frac{1+x+x^2}{x(1+x^2)}\mathrm{d}x$.

解:
$$\begin{aligned}\int \frac{1+x+x^2}{x(1+x^2)}\mathrm{d}x&=\int \frac{x+(1+x^2)}{x(1+x^2)}\mathrm{d}x=\int\left(\frac{1}{1+x^2}+\frac{1}{x}\right)\mathrm{d}x\\&=\int \frac{1}{1+x^2}\mathrm{d}x+\int \frac{1}{x}\mathrm{d}x=\arctan x+\ln|x|+C.\end{aligned}$$

【例题 5】 求$\int \frac{x^4}{1+x^2}\mathrm{d}x$.

解：$\int \frac{x^4}{1+x^2}dx = \int \frac{x^4-1+1}{1+x^2}dx = \int \frac{(x^2+1)(x^2-1)+1}{1+x^2}dx$

$= \int\left(x^2-1+\frac{1}{1+x^2}\right)dx = \int x^2dx - \int dx + \int \frac{1}{1+x^2}dx$

$= \frac{1}{3}x^3 - x + \arctan x + C.$

【例题 6】　求$\int \sin^2\frac{x}{2}dx$.

解：$\int \sin^2\frac{x}{2}dx = \int \frac{1-\cos x}{2}dx = \frac{1}{2}\int(1-\cos x)dx$

$= \frac{1}{2}(x-\sin x) + C.$

习题 4.1

1. 填空.

(1) $\left(\int \cos^2 2x dx\right)' =$ ______.

(2) $\left[\int (1+2x)^4 dx\right]' =$ ______.

(3) 已知 $F'(x) = x^2$，则 $F(x) =$ ______.

(4) 已知 $F'(x) = \cos x$，则 $F(x) =$ ______.

(5) 若 $f(x)$ 的一个原函数是 $3x$，则 $f(x) =$ ______.

2. 判断下列式子的对错.

(1) $\int f'(x)dx = f(x)$　(　　)

(2) $\int kf(x)dx = k\int f(x)dx$　(　　)

(3) $\int 2^x dx = \frac{1}{x+1}2^{x+1} + C$　(　　)

(4) 设 $F_1(x)$，$F_2(x)$ 是区间 I 内连续函数 $f(x)$ 的两个不同的原函数，且 $f(x) \neq 0$，则在区间 I 内必有 $F_1(x) - F_2(x) = C$，C 为常数.　(　　)

3. 计算下列不定积分.

(1) $\int x^5 dx$；

(2) $\int \frac{1}{1+x^2}dx$；

(3) $\int \frac{1}{x}dx$；

(4) $\int \frac{1}{\sqrt{x}}dx$；

(5) $\int \sqrt{x}\cdot\sqrt[3]{x^2}dx$；

(6) $\int \frac{\sqrt{x}}{\sqrt[3]{x}}dx$；

(7) $\int(4x^3+3x^2+2x-1)\mathrm{d}x$;　　(8) $\int\frac{x^3-2x^2+5x-3}{x^2}\mathrm{d}x$;

(9) $\int\frac{1}{x^2(1+x^2)}\mathrm{d}x$;　　(10) $\int\frac{\cos 2x}{\cos x+\sin x}\mathrm{d}x$;

(11) $\int\frac{x^2+2}{x^2(1+x^2)}\mathrm{d}x$;　　(12) $\int\cos^2\frac{x}{2}\mathrm{d}x$.

第二节　不定积分的第一类换元积分法(凑微分法)

利用基本不定积分公式及性质只能求一些简单的不定积分,对于比较复杂的不定积分,我们需要其他的方法,下面简单介绍第一类换元积分法,也称为凑微分法.

定理　设$f(u)$具有原函数,$u=\phi(x)$可导,则有换元公式

$$\int f[\phi(x)]\phi'(x)\mathrm{d}x=\int f[\phi(x)]\mathrm{d}\phi(x)=\int f(u)\mathrm{d}u=F(u)+C=F[\phi(x)]+C \tag{1}$$

我们把(1)式中所采取的变量代换方法称为第一类换元积分法. 因为第一类换元积分法的特点在凑微分上,所以又称为凑微分法. 如何凑微分,下面分几种情况来详细介绍.

(1) $\mathrm{d}x=\frac{1}{a}\mathrm{d}(ax+b)$

【例题1】　求$\int\mathrm{e}^{3x}\mathrm{d}x$.

解:e^{3x}是一个复合函数中间变量$u=3x$,因为$\mathrm{d}u=\mathrm{d}(3x)=3\mathrm{d}x$所以$\mathrm{d}x=\frac{1}{3}\mathrm{d}u$,有

$$\int\mathrm{e}^{3x}\mathrm{d}x=\int\mathrm{e}^{u}\frac{1}{3}\mathrm{d}u=\frac{1}{3}\mathrm{e}^{u}+C=\frac{1}{3}\mathrm{e}^{3x}+C.$$

在比较熟练后,我们可以直接将$\varphi(x)$作为中间变量,从而使运算更加简洁.

【例题2】　$\int(3x-2)^5\mathrm{d}x$.

解:如将$(3x-2)^5$展开是相对困难的,不如将$3x-2$作为中间变量,因$\mathrm{d}(3x-2)=3\mathrm{d}x$,故有$\int(3x-2)^5\mathrm{d}x=\int(3x-2)^5\cdot\frac{1}{3}\mathrm{d}(3x-2)=\frac{1}{18}(3x-2)^6+C$.

(2) $x\mathrm{d}x=\frac{1}{2}\mathrm{d}(x^2+b)$, $x^2\mathrm{d}x=\frac{1}{3}\mathrm{d}(x^3+b)$, $\cdots$, $x^n\mathrm{d}x=\frac{1}{n+1}\mathrm{d}(x^{(n+1)}+b)$.

【例题3】　求$\int\frac{x}{1+x^2}\mathrm{d}x$.

解:因$\mathrm{d}(x^2+1)=2x\mathrm{d}x$,即$x\mathrm{d}x=\frac{1}{2}\mathrm{d}(x^2+1)$

故$\int\frac{x}{1+x^2}\mathrm{d}x=\frac{1}{2}\int\frac{\mathrm{d}(x^2+1)}{x^2+1}\xlongequal{令u=x^2+1}\frac{1}{2}\int\frac{\mathrm{d}u}{u}=\frac{1}{2}\ln(u)+C$;

$\xlongequal{回代u=x^2+1}\frac{1}{2}\ln(x^2+1)+C$.

【例题 4】　求$\int xe^{x^2}dx$.

解：$\int xe^{x^2}dx = \frac{1}{2}\int e^{x^2}dx^2 \xlongequal[u=x^2]{\text{变量代换}} \frac{1}{2}\int e^u du$

$= \frac{1}{2}e^u + C = \frac{1}{2}e^{x^2} + C$　（回代 $u = x^2$）.

(3) $d(\ln x) = \frac{1}{x}dx$，有$\frac{1}{x}dx = d(\ln x)$.

【例题 5】　求$\int \frac{\ln x dx}{x}$.

解：$\int \frac{\ln x dx}{x} = \int \frac{1}{x}\ln x dx = \int \ln x d(\ln x) = \frac{1}{2}(\ln x)^2 + C$.

【例题 6】　求$\int \frac{dx}{x \ln x}$.

解：$\int \frac{dx}{x \ln x} = \int \frac{1}{\ln x} \cdot \frac{1}{x}dx = \int \frac{d(\ln x)}{\ln x} = \ln|\ln x| + C$.

(4) $e^x dx = d(e^x)$，$\frac{1}{x^2}dx = -d\left(\frac{1}{x}\right)$.

【例题 7】　求$\int \frac{e^x dx}{e^{2x}+1}$.

解：$\int \frac{e^x dx}{e^{2x}+1} = \int \frac{1}{(e^x)^2+1}d(e^x) = \arctan e^x + C$.

【例题 8】求$\int \frac{1}{x^2}\sin \frac{1}{x}dx$.

解：$\int \frac{1}{x^2}\sin \frac{1}{x}dx = -\int \sin \frac{1}{x}d\left(\frac{1}{x}\right) = \cos \frac{1}{x} + C$.

(4) 利用三角函数的微分公式：$d(\sin x) = \cos x dx$；$d(\cos x) = -\sin x dx$；

$\cos x dx = d(\sin x)$　$\sin x dx = -d(\cos x)$.

【例题 9】　求$\int \tan x dx$.

解：$\int \tan x dx = \int \frac{\sin x}{\cos x}dx = -\int \frac{d(\cos x)}{\cos x} = -\ln|\cos x| + C$.

【例题 10】　求$\int \cos x e^{\sin x}dx$.

解：$\int \cos x e^{\sin x}dx = \int e^{\sin x}d(\sin x) = e^{\sin x} + C$.

(5) 利用微分公式 $d(\arcsin x) = \frac{dx}{\sqrt{1-x^2}}$，$d(\arctan x) = \frac{dx}{1+x^2}$，有：

$$\frac{dx}{\sqrt{1-x^2}} = d(\arcsin x) \qquad \frac{dx}{1+x^2} = d(\arctan x).$$

【例题 11】　求$\int \frac{\arctan x dx}{1+x^2}$.

解:原式 $=\int \arctan x\mathrm{d}(\arctan x)=\frac{1}{2}(\arctan x)^2+C$

【例题 12】 求$\int \frac{\mathrm{d}x}{\sqrt{(1-x^2)\arcsin x}}$.

解: $\int \frac{\mathrm{d}x}{\sqrt{(1-x^2)\arcsin x}}=\int \frac{\mathrm{d}(\arcsin x)}{\sqrt{\arcsin x}}=2\sqrt{\arcsin x}+C.$

习题 4.2

1. 填入适当的系数,使下列等式成立.

(1) $\sin\frac{2}{3}x\mathrm{d}x=$ ________________ $\mathrm{d}\left(\cos\frac{2}{3}x\right)$;

(2) $\frac{1}{x}\mathrm{d}x=$ ________________ $\mathrm{d}(3-5\ln x)$;

(3) $\frac{\mathrm{d}x}{1+9x^2}=$ ____________ $\mathrm{d}(\arctan 3x)$;

(4) $\frac{x\mathrm{d}x}{\sqrt{1-x^2}}=$ ____________ $\mathrm{d}(\sqrt{1-x^2})$.

2. 计算下列积分.

(1) $\int(2x+3)^2\mathrm{d}x$;

(2) $\int(1+2x)^3\mathrm{d}x$;

(3) $\int\sin 2x\mathrm{d}x$;

(4) $\int\cos(3x-1)\mathrm{d}x$;

(5) $\int e^{2x}\mathrm{d}x$;

(6) $\int 2^{x+1}\mathrm{d}x$;

(7) $\int xe^{x^2}\mathrm{d}x$;

(8) $\int\frac{x\mathrm{d}x}{\sqrt{1-x^2}}$;

(9) $\int\frac{\mathrm{d}x}{2+x^2}$;

(10) $\int\frac{\mathrm{d}x}{\sqrt{4-x^2}}$;

(11) $\int\frac{\ln^2 x\mathrm{d}x}{x}$;

(12) $\int\frac{\mathrm{d}x}{x\ln^2 x}$;

(13) $\int e^{\cos x}\sin x\mathrm{d}x$;

(14) $\int\sin^3 x\cos x\mathrm{d}x$;

(15) $\int\frac{\cos x}{1+\sin^2 x}\mathrm{d}x$;

(16) $\int(1+\sec^2 x)\tan x\mathrm{d}x$;

(17) $\int\cos^3 x\mathrm{d}x$;

(18) $\int\sin^3 x\mathrm{d}x$;

(19) $\int \frac{1}{\arcsin x} \cdot \frac{1}{\sqrt{1-x^2}}\mathrm{d}x$;　(20) $\int \frac{1}{(1+x^2)\arctan x}\mathrm{d}x$.

第三节　不定积分的第二类换元积分法

定理　设 $x=\varphi(t)$ 是单调的、可导的函数，并且 $\varphi'(t)\neq 0$. 又设 $f[\varphi(t)]\varphi'(t)$ 具有原函数 $F(t)$，则有换元公式

$$\int f(x)\mathrm{d}x = \int f[\varphi(t)]\varphi'(t)\mathrm{d}t = F(t) = F[\varphi^{-1}(x)] + C.$$

其中 $t=\varphi^{-1}(x)$ 是 $x=\varphi(t)$ 的反函数.

第二类换元法主要用于取根号的积分，介绍了 4 种代换，即设 $t=\sqrt{x}$，$x=a\sin t$ 或 $x=a\cos t$，$x=a\tan t$ 与 $x=a\sec t$，分别适用于 3 类函数 $f(\sqrt{x})$，$f(\sqrt{a^2-x^2})$，$f(\sqrt{x^2+a^2})$ 与 $f(\sqrt{x^2-a^2})$.

1. 设 $t=\sqrt{x}$.

【例题 1】　求 $\int \frac{1}{1+\sqrt{x}}\mathrm{d}x$.

解：令 $t=\sqrt{x}$，则 $x=t^2$，$\mathrm{d}x=2t\mathrm{d}t$

$$\begin{aligned}\text{原式} &= \int \frac{1}{1+t}\cdot 2t\mathrm{d}t = 2\int \frac{t}{1+t}\mathrm{d}t \\ &= 2\int \frac{1+t-1}{1+t}\mathrm{d}t = 2\int\left(1-\frac{1}{1+t}\right)\mathrm{d}t \\ &= 2(t-\ln|1+t|)+C \\ &= 2(\sqrt{x}-\ln|1+\sqrt{x}|)+C.\end{aligned}$$

2. 设 $x=a\sin t$.

【例题 2】　求 $\int \sqrt{a^2-x^2}\mathrm{d}x\quad(a>0)$.

解：设 $x=a\sin t$，$-\frac{\pi}{2}<t<\frac{\pi}{2}$，那么 $\sqrt{a^2-x^2}=\sqrt{a^2-a^2\sin^2 t}=a\cos t$，

$\mathrm{d}x=a\cos t\mathrm{d}t$，于是

$$\begin{aligned}\int \sqrt{a^2-x^2}\mathrm{d}x &= \int a\cos t\cdot a\cos t\mathrm{d}t \\ &= a^2\int \cos^2 t\mathrm{d}t = a^2\left(\frac{1}{2}t+\frac{1}{4}\sin 2t\right)+C.\end{aligned}$$

因为 $t=\arcsin\frac{x}{a}$，$\sin 2t=2\sin t\cos t=2\,\frac{x}{a}\cdot\frac{\sqrt{a^2-x^2}}{a}$，所以

$$\int \sqrt{a^2-x^2}\mathrm{d}x = a^2\left(\frac{1}{2}t+\frac{1}{4}\sin 2t\right)+C = \frac{a^2}{2}\arcsin\frac{x}{a}+\frac{1}{2}x\sqrt{a^2-x^2}+C.$$

3. 设 $x = a\tan t$.

【例题3】 求$\int \frac{\mathrm{d}x}{\sqrt{x^2+a^2}}$ $(a>0)$.

解:设 $x = a\tan t$, $-\frac{\pi}{2} < t < \frac{\pi}{2}$,那么

$\sqrt{x^2+a^2} = \sqrt{a^2+a^2\tan^2 t} = a\sqrt{1+\tan^2 t} = a\sec t$, $\mathrm{d}x = a\sec 2t\mathrm{d}t$,于是

$$\int \frac{\mathrm{d}x}{\sqrt{x^2+a^2}} = \int \frac{a\sec^2 t}{a\sec t}\mathrm{d}t = \int \sec t\mathrm{d}t = \ln|\sec t+\tan t| + C.$$

因为 $\sec t = \frac{\sqrt{x^2+a^2}}{a}$, $\tan t = \frac{x}{a}$,所以

$$\int \frac{\mathrm{d}x}{\sqrt{x^2+a^2}} = \ln|\sec t+\tan t| + C = \ln\left(\frac{x}{a}+\frac{\sqrt{x^2+a^2}}{a}\right) + C = \ln\left(x+\sqrt{x^2+a^2}\right) + C_1,$$

其中 $C_1 = C - \ln a$.

4. 设 $x = a\sec t$.

【例题4】 求$\int \frac{\mathrm{d}x}{\sqrt{x^2-a^2}}$ $(a>0)$.

解:当 $x>a$ 时,设 $x = a\sec t$ $\left(0<t<\frac{\pi}{2}\right)$,那么

$\sqrt{x^2-a^2} = \sqrt{a^2\sec^2 t - a^2} = a\sqrt{\sec^2 t - 1} = a\tan t$,

于是

$$\int \frac{\mathrm{d}x}{\sqrt{x^2-a^2}} = \int \frac{a\sec t\tan t}{a\tan t}\mathrm{d}t = \int \sec t\mathrm{d}t = \ln|\sec t+\tan t| + C.$$

因为 $\tan t = \frac{\sqrt{x^2-a^2}}{a}$, $\sec t = \frac{x}{a}$,所以

$$\int \frac{\mathrm{d}x}{\sqrt{x^2-a^2}} = \ln|\sec t+\tan t| + C = \ln\left|\frac{x}{a}+\frac{\sqrt{x^2-a^2}}{a}\right| + C = \ln(x+\sqrt{x^2-a^2}) + C_1,$$

其中 $C_1 = C - \ln a$.

当 $x<a$ 时,令 $x=-u$,则 $u>a$,于是

$$\begin{aligned}\int \frac{\mathrm{d}x}{\sqrt{x^2-a^2}} &= -\int \frac{\mathrm{d}u}{\sqrt{u^2-a^2}} = -\ln(u+\sqrt{u^2-a^2}) + C \\ &= -\ln(-x+\sqrt{x^2-a^2}) + C = \ln(-x-\sqrt{x^2-a^2}) + C_1, \\ &= \ln\frac{-x-\sqrt{x^2-a^2}}{a^2} + C = \ln(-x-\sqrt{x^2-a^2}) + C_1,\end{aligned}$$

其中 $C_1 = C - 2\ln a$.

综合起来有

$$\int \frac{\mathrm{d}x}{\sqrt{x^2-a^2}} = \ln\left|x+\sqrt{x^2-a^2}\right| + C.$$

补充公式：

(1) $\int \tan x\mathrm{d}x = -\ln|\cos x| + C$;

(2) $\int \cot x\mathrm{d}x = \ln|\sin x| + C$;

(3) $\int \sec x\mathrm{d}x = \ln|\sec x + \tan x| + C$;

(4) $\int \csc x\mathrm{d}x = \ln|\csc x - \cot x| + C$;

(5) $\int \frac{1}{a^2 + x^2}\mathrm{d}x = \frac{1}{a}\arctan \frac{x}{a} + C$;

(6) $\int \frac{1}{x^2 - a^2}\mathrm{d}x = \frac{1}{2a}\ln\left|\frac{x-a}{x+a}\right| + C$;

(7) $\int \frac{1}{\sqrt{a^2 - x^2}}\mathrm{d}x = \arcsin \frac{x}{a} + C$;

(8) $\int \frac{\mathrm{d}x}{\sqrt{x^2 + a^2}} = \ln(x + \sqrt{x^2 + a^2}) + C$;

(9) $\int \frac{\mathrm{d}x}{\sqrt{x^2 - a^2}} = \ln\left|x + \sqrt{x^2 - a^2}\right| + C$.

习题 4.3

1. 计算下列积分.

(1) $\int \frac{1}{x + \sqrt{x}}\mathrm{d}x$;　　(2) $\int \frac{x}{x + \sqrt{x}}\mathrm{d}x$.

2. 计算下列积分.

(1) $\int \sqrt{4 - x^2}\mathrm{d}x$;　　(2) $\int \sqrt{9 - x^2}\mathrm{d}x$.

3. 计算下列积分.

(1) $\int \frac{1}{\sqrt{x^2 + 1}}\mathrm{d}x$;　　(2) $\int \frac{1}{\sqrt{x^2 + 16}}\mathrm{d}x$.

4. 计算下列积分.

(1) $\int \frac{1}{\sqrt{x^2 - 1}}\mathrm{d}x$;　　(2) $\int \frac{1}{\sqrt{x^2 - 4}}\mathrm{d}x$.

第四节　不定积分的分部积分法

分部积分法如下所述。

设 $u=u(x)$,$v=v(x)$,则有

$$(uv)'=u'v+uv'$$
$$\mathrm{d}(uv)=v\mathrm{d}u+u\mathrm{d}v$$

两端求不定积分,得

$$\int(uv)'\mathrm{d}x=\int u'v\mathrm{d}x+\int uv'\mathrm{d}x$$
$$\int\mathrm{d}(uv)=\int v\mathrm{d}u+\int u\mathrm{d}v$$
$$\int u\mathrm{d}v=uv-\int v\mathrm{d}u$$
$$\int uv'\mathrm{d}x=uv-\int vu'\mathrm{d}x$$

以上公式称为不定积分的分部积分公式.

本节分部积分共分为5种类型,如下所述.

1. $\int x\cos x\mathrm{d}x$;$\int x\sin x\mathrm{d}x$.

【例题1】 求不定积分$\int x\cos x\mathrm{d}x$.

解:设 $u=x$,$\cos x\mathrm{d}x=\mathrm{d}(\sin x)=\mathrm{d}v$

$$\int x\cos x\mathrm{d}x=\int x\mathrm{d}\sin x=x\sin x-\int\sin x\mathrm{d}x=x\sin x-\cos x+C.$$

2. $\int x\mathrm{e}^x\mathrm{d}x$;$\int x^2\mathrm{e}^x\mathrm{d}x$.

【例题2】 求不定积分$\int x\mathrm{e}^x\mathrm{d}x$.

解:$\int x\mathrm{e}^x\mathrm{d}x=\int x\mathrm{d}\mathrm{e}^x=x\mathrm{e}^x-\int\mathrm{e}^x\mathrm{d}x=x\mathrm{e}^x-\mathrm{e}^x+C.$

【例题3】 求不定积分$\int x^2\mathrm{e}^x\mathrm{d}x$.

解:$\int x^2\mathrm{e}^x\mathrm{d}x=\int x^2\mathrm{d}\mathrm{e}^x=x^2\mathrm{e}^x-\int\mathrm{e}^x\mathrm{d}x^2$

$$=x^2\mathrm{e}^x-2\int x\mathrm{e}^x\mathrm{d}x=x^2\mathrm{e}^x-2\int x\mathrm{d}\mathrm{e}^x=x^2\mathrm{e}^x-2x\mathrm{e}^x+2\int\mathrm{e}^x\mathrm{d}x$$
$$=x^2\mathrm{e}^x-2x\mathrm{e}^x+2\mathrm{e}^x+C=\mathrm{e}^x(x^2-2x+2)+C.$$

3. $\int x\ln x\mathrm{d}x$;$\int x^2\ln x\mathrm{d}x$.

【例题4】 求不定积分$\int x\ln x\mathrm{d}x$.

解:$\int x\ln x\mathrm{d}x=\frac{1}{2}\int\ln x\mathrm{d}x^2=\frac{1}{2}x^2\ln x-\frac{1}{2}\int x^2\cdot\frac{1}{x}\mathrm{d}x$

$$=\frac{1}{2}x^2\ln x-\frac{1}{2}\int x\mathrm{d}x=\frac{1}{2}x^2\ln x-\frac{1}{4}x^2+C.$$

4. $\int \ln x\mathrm{d}x$;$\int \arccos x\mathrm{d}x$.

【例题5】 求$\int \ln x\mathrm{d}x$.

解:$\int \ln x\mathrm{d}x \xlongequal{令 u=\ln x, v=x} x\ln x-\int x\mathrm{d}\ln x$　（直接利用分部积分公式）

$$=x\cdot\ln x-\int x\cdot\frac{1}{x}\mathrm{d}x$$

$$=x\ln x-x+C.$$

【例题6】 求不定积分$\int \arccos x\mathrm{d}x$.

解:$\int \arccos x\mathrm{d}x=x\arccos x-\int x\mathrm{d}\arccos x$

$$=x\arccos x+\int x\frac{1}{\sqrt{1-x^2}}\mathrm{d}x$$

$$=x\arccos x-\frac{1}{2}\int(1-x^2)^{-\frac{1}{2}}\mathrm{d}(1-x^2)=x\arccos x-\sqrt{1-x^2}+C.$$

5. $\int \mathrm{e}^x\sin x\mathrm{d}x$.

【例题7】 求$\int \mathrm{e}^x\sin x\mathrm{d}x$.

解:$\int \mathrm{e}^x\sin x\mathrm{d}x=\int \sin x\mathrm{d}(\mathrm{e}^x)=\mathrm{e}^x\sin x-\int \mathrm{e}^x\mathrm{d}(\sin x)$　（分部积分法）

$$=\mathrm{e}^x\sin x-\int \mathrm{e}^x\cos x\mathrm{d}x=\mathrm{e}^x\sin x-\int \cos x\mathrm{d}\mathrm{e}^x$$

$$=\mathrm{e}^x\sin x-\mathrm{e}^x\cos x+\int \mathrm{e}^x\mathrm{d}\cos x$$　（分部积分法）

$$=\mathrm{e}^x\sin x-\mathrm{e}^x\cos x-\int \mathrm{e}^x\sin x\mathrm{d}x$$

由于上式右端的第三项就是所求的积分$\int \mathrm{e}^x\sin x\mathrm{d}x$,将它移到等式左端去,两端再同除以2,即得

$$\int \mathrm{e}^x\sin x\mathrm{d}x=\frac{1}{2}\mathrm{e}^x(\sin x-\cos x)+C.$$

习题 4.4

计算下列不定积分.

(1) $\int x\sin x\mathrm{d}x$;　　(2) $\int x\mathrm{e}^{-x}\mathrm{d}x$;

(3) $\int x^2\ln x\mathrm{d}x$;　　(4) $\int \arctan x\mathrm{d}x$;

(5) $\int x^3\ln x\mathrm{d}x$;

(6) $\int \arcsin x\mathrm{d}x$;

(7) $\int (\ln x)^2\mathrm{d}x$;

(8) $\int \mathrm{e}^x\cos x\mathrm{d}x$.

复习题四

一、填空题

1. $\int \mathrm{d}\ln(1-x)=$ ________.

2. $\left[\int \frac{\sin x}{x}\mathrm{d}x\right]'=$ ________.

3. 设$f(x)$的一个原函数是$\cos x$,则$f(x)$ ________.

4. $\int \frac{1}{1+x^2}\mathrm{d}x=$ ________.

5. $\int \frac{\ln x}{x}\mathrm{d}x=$ ________.

二、选择题

1. 已知$F'(x)=x^2$,则$F(x)$是(　　).

A. $2x$　　B. $2x^2$　　C. $\frac{1}{3}x^3$　　D. x

2. 设函数$f(x)$在$(-\infty,+\infty)$上连续,则$\mathrm{d}\left[\int f(x)\mathrm{d}x\right]=$(　　).

A. $f(x)$　　B. $f(x)\mathrm{d}x$　　C. $f(x)+C$　　D. $f'(x)\mathrm{d}x$

3. 如果$\int f(x)\mathrm{d}x=x^2+C$,则$f(x)=$(　　).

A. $2x$　　B. $2x^2$　　C. $\frac{1}{3}x^3$　　D. x

4. 下列等式中正确的是(　　).

A. $\int f'(x)\mathrm{d}x=f(x)$　　B. $\int \mathrm{d}f(x)=f(x)$

C. $f(x)=\frac{\mathrm{d}}{\mathrm{d}x}\int f(x)\mathrm{d}x$　　D. $\mathrm{d}\int f(x)\mathrm{d}x=f(x)$

5. $\int \mathrm{e}^{2x}\mathrm{d}x=$(　　).

A. e^x+C　　B. $\mathrm{e}^{2x}+C$　　C. $\frac{1}{2}\mathrm{e}^{2x}+C$　　D. $\frac{1}{2}\mathrm{e}^{2x}$

三、求下列不定积分

(1) $\int x^3 dx$

(2) $\int \frac{1}{\sqrt{1-x^2}} dx$

(3) $\int \sqrt{x} \cdot \sqrt[3]{x} dx$

(4) $\int (x^3 + 2x - 1) dx$

(5) $\int (2x - 1)^3 dx$

(6) $\int \cos 3x dx$

(7) $\int e^{5x} dx$

(8) $\int \frac{x}{1+x} dx$

(9) $\int \frac{\ln^3 x}{x} dx$

(10) $\int \cos^3 x dx$

(11) $\int \frac{\arcsin x}{\sqrt{1-x^2}} dx$

(12) $\int \frac{x}{1+x^2} dx$

(13) $\int \frac{1}{x+\sqrt{x}} dx$

(14) $\int \frac{1}{1+\sqrt{2x+3}} dx$

(15) $\int x \sin x dx$

(16) $\int x e^{2x} dx$

(17) $\int x^4 \ln x dx$

(18) $\int \arctan x dx$

四、应用题

1. 已知$f'(x) = 1 + x$，求$f(x)$.

2. 已知$f(x)$的一个原函数为$\sin x$，求$\int xf'(x) dx$.

3. 已知$f(x)$的一个原函数为e^x，求$\int xf''(x) dx$.

4. 设$\int xf(x) dx = x^2 + C$，求$\int \frac{1}{f(x)} dx$.

数学史上的
三次危机

第五章
定积分及其应用

定积分是积分学中的一个重要概念. 在本章,我们先从几何学与力学问题出发引进定积分的概念,然后讨论其性质和计算方法,最后介绍定积分在几何、物理、经济方面的一些应用.

第一节　定积分的概念

一、引例

(一)曲边梯形的面积

设 $y=f(x)$ 是区间 $[a,b]$ 上的非负连续函数,由直线 $x=a,x=b,y=0$ 及曲线 $y=f(x)$ 所围成的图形(图 5.1),称为**曲边梯形**,曲线 $y=f(x)$ 称为曲边. 现在求其面积 A.

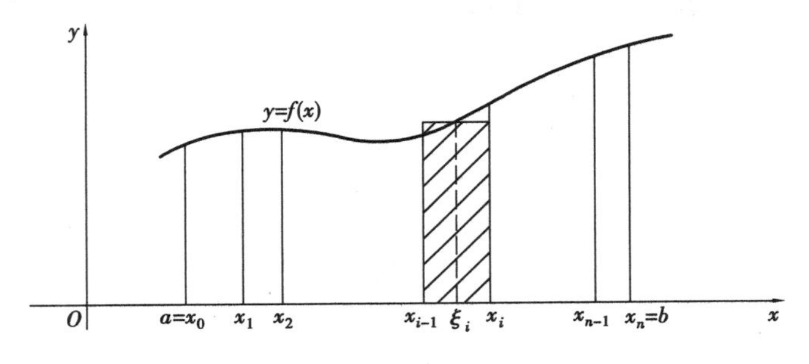

图 5.1

由于曲边梯形的高 $f(x)$ 在区间 $[a,b]$ 上是变动的,无法直接用已有的梯形面积公式去计算. 但曲边梯形的高 $f(x)$ 在区间 $[a,b]$ 上是连续变化的,当区间很小时,高 $f(x)$ 的变化也很小,近似不变. 因此,如果把区间 $[a,b]$ 分成许多小区间,在每个小区间上用某一点处的高度近似代替该区间上的小曲边梯形的变高. 那么,每个小曲边梯形就可近似看成这样得到的小矩形,从而所有的小矩形面积之和就可作为曲边梯形面积的近似值. 如果将区间 $[a,b]$ 无限细分下去,即让每个小区间的长度都趋于零,这时所有小矩形面积之和的极限就可定义为曲边梯

形的面积. 其具体做法如下:

1. 分割

首先在区间$[a,b]$内插入 $n-1$ 个分点

$$a = x_0 < x_1 < x_2 < x_3 < \cdots < x_{n-1} < x_n = b$$

把区间$[a,b]$分成 n 个小区间$[x_{i-1},x_i]$$(i=1,2,\cdots,n)$,各小区间$[x_{i-1},x_i]$的长度依次记为$\Delta x_i = x_i - x_{i-1}(i=1,2,\cdots,n)$. 过各个分点作垂直于 x 轴的直线,将整个曲边梯形分成 n 个小曲边梯形(图 5.1),小曲边梯形的面积记为 $\Delta A_i(i=1,2,\cdots,n)$.

2. 近似替代

在每个小区间$[x_{i-1},x_i]$上任意取一点 $\xi_i(x_{i-1}\leqslant\xi_i\leqslant x_i)$,作以$f(\xi_i)$为高,底边为 Δx_i 的小矩形,其面积为$f(\xi_i)\Delta x_i$,它可作为同底的小曲边梯形的近似值,即

$$\Delta A_i \approx f(\xi_i)\Delta x_i \qquad (i = 1,2,\cdots,n).$$

3. 求和

把 n 个小矩形的面积加起来,就得到整个曲边梯形面积 A 的近似值.

$$A = \sum_{i=1}^{n} \Delta A_i \approx \sum_{i=1}^{n} f(\xi_i)\Delta x_i.$$

4. 求极限

记 $\lambda = \max\{\Delta x_1,\Delta x_2,\cdots,\Delta x_n\}$,则当 $\lambda\to 0$ 时,每个小区间$[x_{i-1},x_i]$的长度 Δx_i 也趋于零. 此时和式 $\sum\limits_{i=1}^{n} f(\xi_i)\Delta x_i$ 的极限便是所求曲边梯形面积 A 的精确值,即

$$A = \lim_{\lambda\to 0}\sum_{i=1}^{n} f(\xi_i)\Delta x_i.$$

(二)变速直线运动的路程

设某物体作直线运动,速度为 $v=v(t)$,计算在时间段$[T_1,T_2]$内物体所经过的路程 s.

1. 分割

在时间段$[T_1,T_2]$内任意插入若干个分点

$$T_1 = t_0 < t_1 < t_2 < \cdots < t_{n-1} < t_n = T_2$$

把$[T_1,T_2]$分成个 n 小段

$$[t_0,t_1],[t_1,t_2],\cdots,[t_{n-1},t_n],$$

各小段时间的长依次为

$$\Delta t_1 = t_1 - t_0,\Delta t_2 = t_2 - t_1,\cdots,\Delta t_n = t_n - t_{n-1},$$

相应各段时间内物体经过的路程为

$$\Delta s_1,\Delta s_2,\cdots,\Delta s_n.$$

2. 近似替代

在小区间$[t_{i-1},t_i]$上任取一个点 $\xi_i(t_{i-1}\leqslant\xi_i\leqslant t_i)$,以点 ξ_i 的速度 $v(\xi_i)$代替$[t_{i-1},t_i]$上各个时刻的速度,则得

$$\Delta s_i \approx v(\xi_i)\Delta t_i \quad (i = 1,2,\cdots,n).$$

3. 求和

把各个小时间段内物体经过的位移相加,就得到总位移的近似值,即

$$s \approx v(\xi_1)\Delta t_1 + v(\xi_2)\Delta t_2 + \cdots + v(\xi_n)\Delta t_n$$
$$= \sum_{i=1}^{n} v(\xi_i)\Delta t_i.$$

4. 求极限

设 $\lambda = \max\{\Delta t_1, \Delta t_2, \cdots, \Delta t_n\}$,当 $\lambda \to 0$ 时,上述和式的极限就是总位移的精确值,即

$$s = \lim_{\lambda \to 0}\sum_{i=1}^{n} v(\xi_i)\Delta t_i.$$

二、定积分的概念

我们看到,虽然曲边梯形面积和变速直线运动路程的实际意义不同,但解决问题的方法却完全相同. 概括起来就是**分割**、**近似替代**、**求和**、**取极限**. 抛开它们各自所代表的实际意义,抓住共同本质与特点加以概括,就可得到下述定积分的定义.

定积分定义 设函数 $y = f(x)$ 在区间$[a,b]$上有界,经过**分割**:在$[a,b]$上插入若干个分点 $a = x_0 < x_1 < x_2 < x_3 < \cdots < x_{n-1} < x_n = b$,将区间$[a,b]$分成 n 个小区间$[x_0,x_1]$,$[x_1,x_2]$,…,$[x_{n-1},x_n]$,各小区间的长度依次记为 $\Delta x_i = x_i - x_{i-1}(i = 1,2,\cdots,n)$;**近似替代**:在每个小区间上任取一点 $\xi_i(x_{i-1} \leqslant \xi_i \leqslant x_i)$,作乘积 $f(\xi_i)\Delta x_i(i = 1,2,\cdots,n)$. **求和**:并作出和式 $\sum\limits_{i=1}^{n} f(\xi_i)\Delta x_i$. **取极限**:记 $\lambda = \max\limits_{1\leqslant i\leqslant n}\{\Delta x_i\}(i = 1,2,\cdots n)$,只要 $\lambda \to 0$ 时,和式的极限 $\lim\limits_{\lambda \to 0}\sum\limits_{i=1}^{n} f(\xi_i)\Delta x_i$ 存在,则称 $f(x)$ 在$[a,b]$上可积,称此极限值 I 为函数 $f(x)$ 在$[a,b]$上的定积分,记作 $\int_a^b f(x)\,\mathrm{d}x$,即

$$\int_a^b f(x)\,\mathrm{d}x = \lim_{\lambda \to 0}\sum_{i=1}^{n} f(\xi_i)\Delta x_i,$$

其中 $f(x)$ 称为被积函数,x 称为积分变量,a 称为积分下限,b 称为积分上限,$[a,b]$称为积分区间.

要理解定积分,应注意下面 4 个方面:

注意 1 定积分是一个依赖于被积函数 $f(x)$ 及积分区间$[a,b]$的常量,与积分变量采用什么字母无关. 即

$$\int_a^b f(x)\,\mathrm{d}x = \int_a^b f(t)\,\mathrm{d}t = \int_a^b f(u)\,\mathrm{d}u.$$

注意 2 定义中要求 $a < b$,为方便起见,允许 $b \leqslant a$,并规定

$$\int_a^b f(x)\,\mathrm{d}x = -\int_b^a f(x)\,\mathrm{d}x \text{ 及} \int_a^a f(x)\,\mathrm{d}x = 0.$$

注意 3 $\left(\int_a^b f(x)\,\mathrm{d}x\right)' = 0 \qquad \left(\int f(x)\,\mathrm{d}x\right)' = f(x).$

注意 4 (函数可求积分的条件) 若 $f(x)$ 在区间$[a,b]$上连续,则 $f(x)$ 在$[a,b]$上可积;

若$f(x)$在区间$[a,b]$上有界,且仅有有限个第一类间断点,则$f(x)$在$[a,b]$上可积.

三、定积分的几何意义

(1) 若在$[a,b]$上$f(x)\geqslant 0$,则由引例(一)曲边梯形的面积问题可知,定积分$\int_a^b f(x)\mathrm{d}x$等于以$y=f(x)$为曲边的$[a,b]$上的曲边梯形的面积A,即$\int_a^b f(x)\mathrm{d}x=A$.

(2) 若在$[a,b]$上$f(x)\leqslant 0$,因$f(\xi_i)\leqslant 0$,从而$\sum\limits_{i=1}^{n} f(\xi_i)\Delta x_i\leqslant 0$,$\int_a^b f(x)\mathrm{d}x\leqslant 0$. 此时$\int_a^b f(x)\mathrm{d}x$的绝对值与由直线$x=a$,$x=b$,$y=0$及曲线$y=f(x)$所围成的曲边梯形的面积$A$相等(图5.2),即

$$\int_a^b f(x)\mathrm{d}x=-A.$$

(3) 若在$[a,b]$上$f(x)$有正有负,则$\int_a^b f(x)\mathrm{d}x$等于$[a,b]$上位于x轴上方的图形面积减去x轴下方的图形面积. 例如对图5.3有

$$\int_a^b f(x)\mathrm{d}x=\int_a^{x_1} f(x)\mathrm{d}x+\int_{x_1}^{x_2} f(x)\mathrm{d}x+\int_{x_2}^b f(x)\mathrm{d}x=-A_1+A_2-A_3.$$

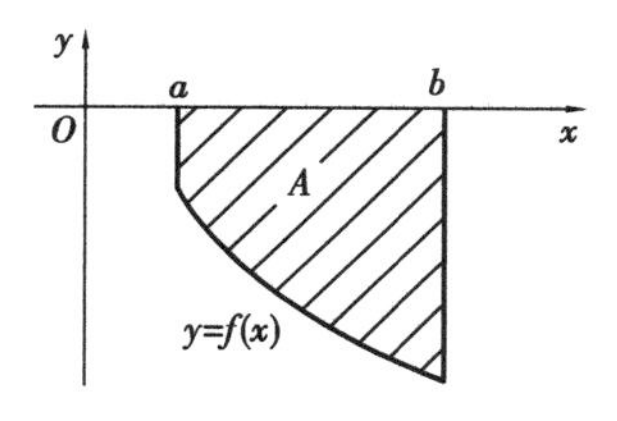

图5.2

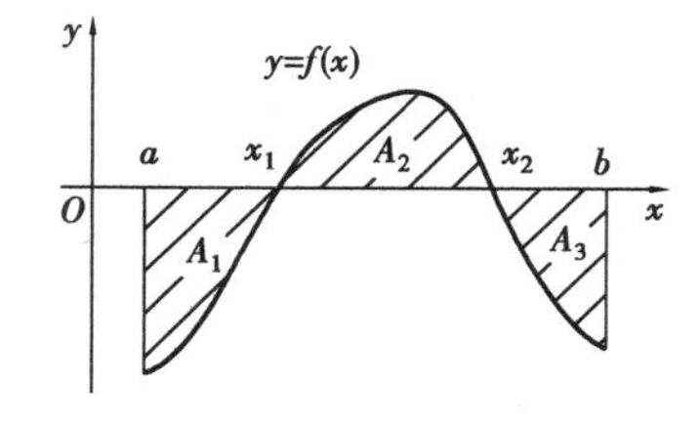

图5.3

由此可知,定积分的几何意义表示曲边梯形的面积的代数和.

【例题1】 用定积分的几何意义表示下列阴影部分的面积.

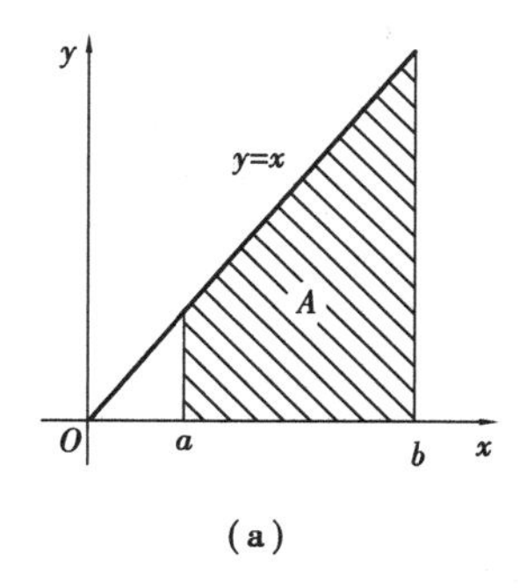

(a)

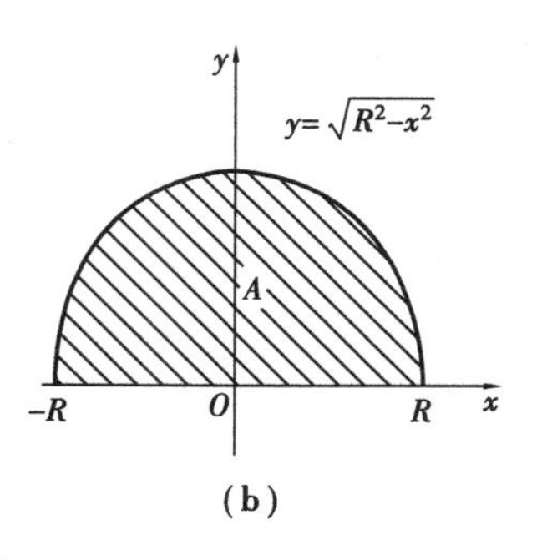

(b)

图5.4

解:图5.4(a)的面积表示为:$S=\int_a^b x\mathrm{d}x=\frac{1}{2}(b^2-a^2)$.

图5.4(b)的面积表示为:$S=\int_{-R}^{+R}\sqrt{R^2-x^2}\mathrm{d}x=\frac{\pi}{2}R^2$.

【**例题2**】 用定积分的几何意义求定积分.

(1) $\int_0^2 x\mathrm{d}x$　　　　(2) $\int_1^2 (2x+2)\mathrm{d}x$

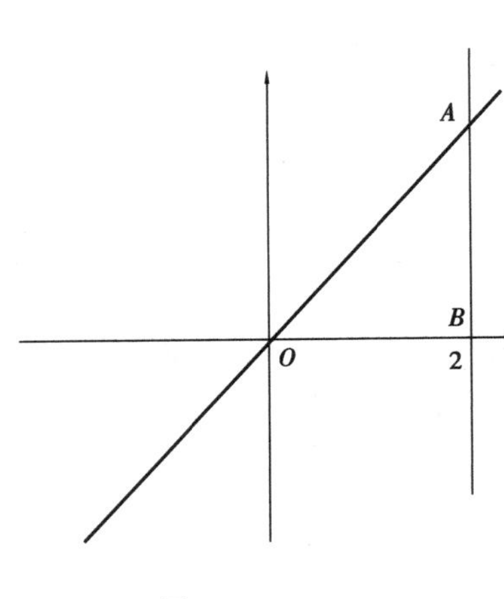

图5.5

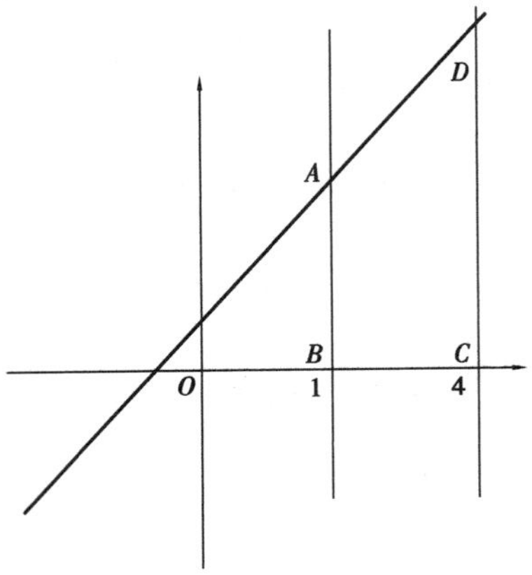

图5.6

解:(1) 由图5.5可知,$\int_0^2 x\mathrm{d}x$ 表示三角形 OAB 的面积,即

$$\int_0^2 x\mathrm{d}x = 2.$$

(2)由图5.6可知,$\int_1^4 (2x+2)\mathrm{d}x$ 表示梯形 $ABCD$ 的面积,即

$$\int_1^2 (2x+2)\mathrm{d}x = 5.$$

四、定积分的性质

性质1 被积函数中的常数因子可以提到积分号外面,即

$$\int_a^b kf(x)\mathrm{d}x = k\int_a^b f(x)\mathrm{d}x \quad (k\text{ 为常数}).$$

性质2 函数的和(差)的定积分等于它们定积分的和(差),即

$$\int_a^b [f(x) \pm g(x)]\mathrm{d}x = \int_a^b f(x)\mathrm{d}x \pm \int_a^b g(x)\mathrm{d}x.$$

性质3 对于任意3个数 a,b,c,恒有

$$\int_a^b f(x)\mathrm{d}x = \int_a^c f(x)\mathrm{d}x + \int_c^b f(x)\mathrm{d}x.$$

由定积分几何意义可知上式成立.

性质4 如果在$[a,b]$上$f(x) \geqslant 0$,则$\int_a^b f(x)\mathrm{d}x \geqslant 0$.

同理,如果在$[a,b]$上$f(x) \leqslant 0$,则$\int_a^b f(x)\mathrm{d}x \leqslant 0$.

性质5 如果在$[a,b]$上$f(x) \leqslant g(x)$,则$\int_a^b f(x)\mathrm{d}x \leqslant \int_a^b g(x)\mathrm{d}x$.

证:因为在$[a,b]$上$f(x)\leqslant g(x)$,则$f(x)-g(x)\leqslant 0$,

两端同时积分可得　$\int_a^b[f(x)-g(x)]\mathrm{d}x\leqslant 0$,于是$\int_a^b f(x)\mathrm{d}x\leqslant\int_a^b g(x)\mathrm{d}x$.

性质6　如果在$[a,b]$上,$f(x)=1$,则$\int_a^b f(x)\mathrm{d}x=\int_a^b 1\mathrm{d}x=b-a$.

性质7　设M,m是函数$f(x)$在区间$[a,b]$上的最大值与最小值,则

$$m(b-a)\leqslant\int_a^b f(x)\mathrm{d}x\leqslant M(b-a).$$

证:因为$m\leqslant f(x)\leqslant M$,由性质5,得

$$\int_a^b m\mathrm{d}x\leqslant\int_a^b f(x)\mathrm{d}x\leqslant\int_a^b M\mathrm{d}x,$$

所以 $m(b-a)\leqslant\int_a^b f(x)\mathrm{d}\leqslant M(b-a)$.

性质8　(积分中值定理)设函数$f(x)$在$[a,b]$上连续,则在$[a,b]$上至少存在一点ξ使得

$$\int_a^b f(x)\mathrm{d}x=f(\xi)(b-a)\qquad(a\leqslant\xi\leqslant b).$$

证:因为$f(x)$在$[a,b]$上连续,所以$f(x)$在$[a,b]$上一定有最小值m和最大值M,由性质7可得:

$$m(b-a)\leqslant\int_a^b f(x)\mathrm{d}x\leqslant M(b-a),$$

即$m\leqslant\frac{1}{b-a}\int_a^b f(x)\mathrm{d}x\leqslant M$.

$\frac{1}{b-a}\int_a^b f(x)\mathrm{d}x$是介于$f(x)$的最小值与最大值之间的一个数,根据闭区间连续函数的介值定理,至少存在一点$\xi\in[a,b]$,使得$f(\xi)=\frac{1}{b-a}\int_a^b f(x)\mathrm{d}x$成立,即

$$\int_a^b f(x)\mathrm{d}x=f(\xi)(b-a).$$

积分中值公式有以下几何解释:在区间$[a,b]$上至少存在一点ξ,使得以区间$[a,b]$为底,以曲线$y=f(x)$为曲边的曲边梯形面积等于与之同一底边而高为$f(\xi)$的一个矩形的面积(图5.7).

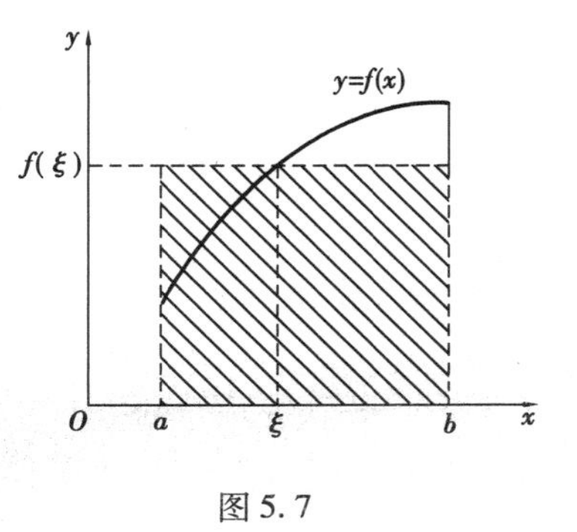

图5.7

【例题3】　估计定积分$\int_{-1}^2(x^2-2x-1)\mathrm{d}x$的值.

解:令$f(x)=x^2-2x-1$,则$f'(x)=2x-2$,令$f'(x)=2x-2=0$,得$x=1$,$f(1)=-2$,$f(-1)=2$,$f(2)=-1$,$M=2$,$m=-2$,即

$$-2\times 3\leqslant\int_{-1}^2(x^2-2x-1)\mathrm{d}x\leqslant 2\times 3$$

$$-6\leqslant\int_{-1}^2(x^2-2x-1)\mathrm{d}x\leqslant 6.$$

习题 5.1

1. 判断下列式子的对错.

(1) $\int_a^a \mathrm{d}x = 0$　　(　　)

(2) $\int_0^3 \sin x\mathrm{d}x = -\int_0^3 \sin x\mathrm{d}x$　　(　　)

(3) $\int_1^4 x^3\mathrm{d}x = -\int_4^1 x^3\mathrm{d}x$　　(　　)

(4) $\left(\int \sin 2x^2\,\mathrm{d}x\right)' = \sin 2x^2$　　(　　)

(5) $\left(\int_1^2 (2x-1)^5\mathrm{d}x\right)' = 0$　　(　　)

2. 利用定积分的几何意义,写出下列定积分的值.

(1) $\int_0^1 2x\mathrm{d}x$;　　(2) $\int_1^4 (x+1)\mathrm{d}x$;

(3) $\int_{-2}^0 x\mathrm{d}x$;　　(4) $\int_1^4 (1-x)\mathrm{d}x$;

(5) $\int_{-\pi}^{\pi} \cos x\mathrm{d}x$;　　(6) $\int_0^1 \sqrt{1-x^2}\mathrm{d}x$.

3. 利用定积分的性质比较下列积分的值的大小.

(1) $\int_0^1 x^2\mathrm{d}x$ 和 $\int_0^1 x^3\mathrm{d}x$;　　(2) $\int_0^1 x\mathrm{d}x$ 和 $\int_0^1 \ln(1+x)\mathrm{d}x$.

4. 估计下列定积分的值.

(1) $\int_0^2 (x^2+1)\mathrm{d}x$;　　(2) $\int_{-2}^2 (x^3-3x)\mathrm{d}x$.

第二节　微积分基本公式

一、积分变上限函数

设函数 $f(x)$ 在区间 $[a,b]$ 上连续, 并且设 x 为 $[a,b]$ 上的一点. 则函数 $f(x)$ 在部分区间 $[a,x]$ 上的定积分 $\int_a^x f(x)\mathrm{d}x$ 存在且连续,为了区分积分变量,我们用 t 表示积分变量,记为

$$\Phi(x) = \int_a^x f(t)\mathrm{d}t \quad (a \leqslant x \leqslant b).$$

定理 1　(微积分基本定理)如果函数 $f(x)$ 在区间 $[a,b]$ 上连续,则积分变上限函数

$$\Phi(x) = \int_a^x f(t)\mathrm{d}t$$

在$[a,b]$上具有导数,并且它的导数为

$$\Phi'(x)=\frac{\mathrm{d}}{\mathrm{d}x}\int_a^x f(t)\,\mathrm{d}t=f(x)\quad(a\leqslant x\leqslant b).$$

定理1表明,$\Phi(x)$是连续函数$f(x)$的一个原函数,因此可得.

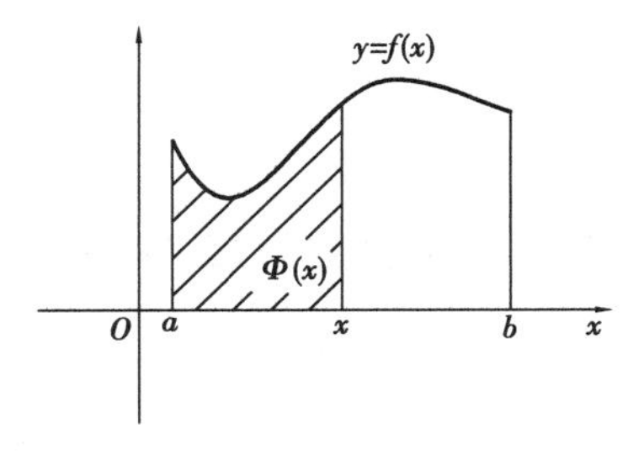

图 5.8

定理 2(原函数存在定理)　如果$f(x)$在区间$[a,b]$上连续,则它的原函数一定存在,且其中的一个原函数为$\Phi(x)=\int_a^x f(t)\,\mathrm{d}t$.

注:这个定理一方面肯定了闭区间$[a,b]$上连续函数$f(x)$一定有原函数,另一方面也初步地揭示了积分学中的定积分与原函数之间的联系. 为下一步研究微积分基本公式奠定基础.

【例题 1】　计算$\frac{\mathrm{d}}{\mathrm{d}x}\int_1^x \sin 2t\mathrm{d}t$.

解:$\frac{\mathrm{d}}{\mathrm{d}x}\int_1^x \sin 2t\mathrm{d}t=\left[\int_1^x \sin 2t\mathrm{d}t\right]'=\sin 2x$.

【例题 2】　求$\frac{\mathrm{d}}{\mathrm{d}x}\int_x^1 \sin 2t\mathrm{d}t$.

解:$\frac{\mathrm{d}}{\mathrm{d}x}\int_x^1 \sin 2t\mathrm{d}t=\left[-\int_1^x \sin 2t\mathrm{d}t\right]'=-\sin 2x$.

【例题 3】　求$\frac{\mathrm{d}}{\mathrm{d}x}\int_1^{x^2}(t^2+1)\,\mathrm{d}t$.

解:注意,此处的变上限积分的上限是x^2,若记$u=x^2$,则函数$\int_1^{x^2}(t^2+1)\,\mathrm{d}t$可以看成是由$y=\int_1^u(t^2+1)\,\mathrm{d}t$与$u=x^2$复合而成,根据复合函数的求导法则得

$$\frac{\mathrm{d}}{\mathrm{d}x}\int_1^{x^2}(t^2+1)\,\mathrm{d}t=\left[\frac{\mathrm{d}}{\mathrm{d}u}\int_1^u(t^2+1)\,\mathrm{d}t\right]\frac{\mathrm{d}u}{\mathrm{d}x}=(u^2+1)2x$$
$$=(x^4+1)2x=2x^5+2x.$$

一般地,如果$g(x)$可导,则

$$\frac{\mathrm{d}}{\mathrm{d}x}\left[\int_a^{g(x)}f(t)\,\mathrm{d}t\right]=\left[\int_a^{g(x)}f(t)\,\mathrm{d}t\right]'_x=f[g(x)]g'(x).$$

上式可作为公式直接使用.

*__【例题 4】__　$\lim\limits_{x\to0}\frac{1}{x^2}\int_0^x\ln(1+t)\,\mathrm{d}t$.

解:当$x\to0$时,此极限为$\frac{0}{0}$型不定式,两次利用洛必达法则有

$$\lim_{x\to0}\frac{1}{x^2}\int_0^x\ln(1+t)\,\mathrm{d}t=\lim_{x\to0}\frac{\int_0^x\ln(1+t)\,\mathrm{d}t}{x^2}=\lim_{x\to0}\frac{\ln(1+x)}{2x}$$

$$=\lim_{x\to 0}\frac{\frac{1}{1+x}}{2}=\frac{1}{2}.$$

二、牛顿-莱布尼兹公式(Newton-leibniz)公式

定理3 如果函数$f(x)$在区间$[a,b]$上连续,且$F(x)$是$f(x)$的任意一个原函数,那么

$$\int_a^b f(x)\mathrm{d}x=F(b)-F(a).$$

证: 由定理2可知,$\Phi(x)=\int_a^x f(t)\mathrm{d}t$是$f(x)$在区间$[a,b]$的一个原函数,则$\Phi(x)$与$F(x)$相差一个常数$C$,即 $\int_a^x f(t)\mathrm{d}t-F(x)=C.$

令$x=a$,则有$0=\int_a^a f(t)\mathrm{d}t=F(a)+C$,所以$C=-F(a)$. 于是有

$$\int_a^x f(t)\mathrm{d}t=F(x)-F(a).$$

所以$\int_a^b f(x)\mathrm{d}x=F(b)-F(a)$成立.

为方便起见,通常把$F(b)-F(a)$简记为$F(x)\Big|_a^b$或$[F(x)]_a^b$,所以公式可改写为

$$\int_a^b f(x)\mathrm{d}x=F(x)\Big|_a^b=F(b)-F(a),$$

上述公式称为牛顿-莱布尼兹(Newton-Leibniz)公式,又称为微积分基本公式.

定理3揭示了定积分与被积函数的原函数之间的内在联系,它把求定积分的问题转化为求原函数的问题. 确切地说,要求连续函数$f(x)$在$[a,b]$上的定积分,只需要求出$f(x)$在区间$[a,b]$上的一个原函数$F(x)$,然后计算$F(b)-F(a)$就可以了. 与不定积分积分方法一样,定积分的积分方法,可以分为4种类型,即直接积分法、第一类还原积分法(凑微分法)、第二类还原积分法和分部积分法. 下面就来讨论定积分的直接积分法,即直接代入积分公式来求积分的方法.

【例题5】 计算$\int_0^1 x^2\mathrm{d}x$.

解: 因为$\int x^2\mathrm{d}x=\frac{1}{3}x^3+C$,所以$\int_0^1 x^2\mathrm{d}x=\frac{1}{3}x^3\Big|_0^1=\frac{1}{3}$.

【例题6】 计算$\int_{-2}^{-1}\frac{\mathrm{d}x}{x}$.

解: $\int_{-2}^{-1}\frac{1}{x}\mathrm{d}x=\Big[\ln|x|\Big]_{-2}^{-1}=\ln 1-\ln 2=-\ln 2.$

【例题7】 计算$y=\sin x$在$[0,\pi]$上与x轴所围成平面图形的面积.

解: $A=\int_0^{\pi}\sin x\mathrm{d}x=[-\cos x]_0^{\pi}=2.$

【例题8】 求$\int_{-1}^{3}|2-x|\mathrm{d}x$.

解:根据定积分性质3,得

$$\int_{-1}^{3}|2-x|\mathrm{d}x=\int_{-1}^{2}|2-x|\mathrm{d}x+\int_{2}^{3}|2-x|\mathrm{d}x=\int_{-1}^{2}(2-x)\mathrm{d}x+\int_{2}^{3}(x-2)\mathrm{d}x$$

$$=\left(2x-\frac{1}{2}x^2\right)\Big|_{-1}^{2}+\left(\frac{1}{2}x^2-2x\right)\Big|_{2}^{3}=\frac{9}{2}+\frac{1}{2}=5.$$

习题 5.2

1. 计算下列各导数.

(1) $\frac{\mathrm{d}}{\mathrm{d}x}\int_0^x \sin 2t\mathrm{d}t$;　　(2) $\frac{\mathrm{d}}{\mathrm{d}x}\int_2^x \mathrm{e}^{2t}\mathrm{d}t$;

(3) $\frac{\mathrm{d}}{\mathrm{d}x}\int_x^2 2t\mathrm{d}t$;　　(4) $\frac{\mathrm{d}}{\mathrm{d}x}\int_x^1 (t^3-1)\mathrm{d}t$;

(5) $\frac{\mathrm{d}}{\mathrm{d}x}\int_0^{x^2} t\mathrm{d}t$;　　(6) $\frac{\mathrm{d}}{\mathrm{d}x}\int_0^{x^3}\sqrt{1+t^2}\mathrm{d}t$.

*2. 求下列各极限.

(1) $\lim\limits_{x\to 0}\frac{\int_0^x \sin t\mathrm{d}t}{x}$;　　(2) $\lim\limits_{x\to 0}\frac{\left(\int_0^x \mathrm{e}^{t^2}\mathrm{d}t\right)^2}{\int_0^x t\mathrm{e}^{2t^2}\mathrm{d}t}$;

(3) $\lim\limits_{x\to 0}\frac{\int_0^x \ln(1-t)\mathrm{d}t}{x^4}$.

3. 利用牛顿-莱布尼兹公式求下列定积分.

(1) $\int_1^2 x^2\mathrm{d}x$;　　(2) $\int_2^3 (3x^2+x)\mathrm{d}x$;

(3) $\int_0^{\pi}\sin x\mathrm{d}x$;　　(4) $\int_0^2 (\mathrm{e}^x-x)\mathrm{d}x$;

(5) $\int_0^1\frac{\mathrm{d}x}{1+x^2}$;　　(6) $\int_1^3 x^3\mathrm{d}x$;

(7) $\int_{-\frac{\sqrt{2}}{2}}^{\frac{\sqrt{2}}{2}}\frac{\mathrm{d}x}{\sqrt{1-x^2}}$;　　(8) $\int_{-1}^{-2}\frac{\mathrm{d}x}{x}$;

(9) $\int_{-1}^{2}|x|\mathrm{d}x$;　　(10) $\int_0^1 3^x\mathrm{d}x$;

(11) $\int_{-\frac{\pi}{4}}^{\frac{\pi}{4}}\csc^2 x\mathrm{d}x$;　　(12) $\int_{-2}^{2}|x-1|\mathrm{d}x$;

(13) $\int_0^{\frac{\pi}{2}}(2\cos x+\sin x-1)\mathrm{d}x$.

第三节　定积分的换元积分法和分部积分法

定积分的换元积分法和分部积分法，就是在以前学习的不定积分的第一类还原积分法(凑微分法)和第二类还原积分法及分部积分法的基础上来求定积分. 下面就来讨论定积分的这两种计算方法.

一、定积分的第一类换元积分法(凑微分法)

【知识点回顾】

第4章中不定积分第一类换元法(即凑微分法)主要介绍了下面6种代换：

(1) $\mathrm{d}x=\frac{1}{a}\mathrm{d}(ax+b)$；

(2) $x\mathrm{d}x=\frac{1}{2}\mathrm{d}(x^2+b)$；

(3) $\mathrm{d}(\ln x)=\frac{1}{x}\mathrm{d}x$；

(4) $\mathrm{e}^x\mathrm{d}x=\mathrm{d}(\mathrm{e}^x)$，$\frac{1}{x^2}\mathrm{d}x=-\mathrm{d}\left(\frac{1}{x}\right)$；

(5) $\mathrm{d}(\sin x)=\cos x\mathrm{d}x$；$\mathrm{d}(\cos x)=-\sin x\mathrm{d}x$；

(6) $\mathrm{d}(\arcsin x)=\frac{\mathrm{d}x}{\sqrt{1-x^2}}$，$\mathrm{d}(\arctan x)=\frac{\mathrm{d}x}{1+x^2}$.

定积分第一类换元法(即凑微分法)关键就是求出不定积分，再代入上下限即可. 下面举例来说明.

【例题1】　求$\int_0^2\mathrm{e}^{3x}\mathrm{d}x$.

解：$\int_0^2\mathrm{e}^{3x}\mathrm{d}x=\frac{1}{3}\int_0^2\mathrm{e}^{3x}\mathrm{d}(3x)=\frac{1}{3}\mathrm{e}^{3x}\Big|_0^2=\frac{1}{3}(\mathrm{e}^6-1)$.

【例题2】　求$\int_0^1(3x-2)^5\mathrm{d}x$.

解：如将$(3x-2)^5$展开是相对困难的，不如将$3x-2$作为中间变量，因$\mathrm{d}(3x-2)=3\mathrm{d}x$，有

$$\int_0^1(3x-2)^5\mathrm{d}x=\int_0^1(3x-2)^5\cdot\frac{1}{3}\mathrm{d}(3x-2)\mathrm{d}x=\frac{1}{18}(3x-2)^6\Big|_0^1=-\frac{7}{2}.$$

【例题3】　求$\int_0^1\frac{x}{1+x^2}\mathrm{d}x$.

解：因为$\mathrm{d}(x^2+1)=2x\mathrm{d}x$，即$x\mathrm{d}x=\frac{1}{2}\mathrm{d}(x^2+1)$，所以$\int_0^1\frac{x}{1+x^2}\mathrm{d}x=\frac{1}{2}\int_0^1\frac{\mathrm{d}(x^2+1)}{x^2+1}=\frac{1}{2}\ln(x^2+1)\Big|_0^1=\frac{1}{2}\ln 2$.

【例题 4】　求$\int_1^e \frac{\ln x\mathrm{d}x}{x}$.

解：$\int_1^e \frac{\ln x\mathrm{d}x}{x} = \int_1^e \ln x\mathrm{d}(\ln x) = \frac{1}{2}\ln^2 x\Big|_1^e = \frac{1}{2}$.

【例题 5】　求$\int_0^{\frac{\pi}{2}} \cos x\mathrm{e}^{\sin x}\mathrm{d}x$.

解：$\int_0^{\frac{\pi}{2}} \cos x\mathrm{e}^{\sin x}\mathrm{d}x = \int_0^{\frac{\pi}{2}} \mathrm{e}^{\sin x}\mathrm{d}(\sin x) = \mathrm{e}^{\sin x}\Big|_0^{\frac{\pi}{2}} = \mathrm{e}-1$.

二、定积分的换元积分法

【知识点回顾】

不定积分第二类换元法主要用于取根号的积分，介绍了 4 种代换，如下所述.

(1)$f(\sqrt{x})$ 设 $t=\sqrt{x}$；

(2)$f(\sqrt{a^2-x^2})$ 设 $x=a\sin t$ 或 $x=a\cos t$；

(3)$f(\sqrt{x^2+a^2})$ 设 $x=a\tan t$；

(4)$f(\sqrt{x^2-a^2})$ 设 $x=a\sec t$.

定积分的第二类换元积分法也如此，区别就是多了一个上下限，下面就(1)(2) 两种类型进行举例说明.

【例题 6】　求$\int_1^4 \frac{1}{x+\sqrt{x}}\mathrm{d}x$.

解：设$\sqrt{x}=t$　$(t>0)$，则 $x=t^2$，$\mathrm{d}x=2t\mathrm{d}t$. 当 $x=1$ 时，$t=1$，$x=4$ 时，$t=2$，即$\begin{matrix} x: 1\to 4 \\ t: 1\to 2 \end{matrix}$，于是

$$\int_1^4 \frac{1}{x+\sqrt{x}}\mathrm{d}x = \int_1^2 \frac{2t}{t^2+t}\mathrm{d}t = 2\int_1^2 \frac{1}{t+1}\mathrm{d}t = 2\ln(t+1)\Big|_1^2 = 2\ln\frac{3}{2}.$$

【例题 7】　求$\int_0^a \sqrt{a^2-x^2}\mathrm{d}x(a>0)$.

解：设 $x=a\sin t\left(0\leqslant t\leqslant\frac{\pi}{2}\right)$，则 $\mathrm{d}x=a\cos t\mathrm{d}t$. 当 $x=0$ 时 $t=0$，当 $x=a$ 时 $t=\frac{\pi}{2}$，

即 $\begin{matrix} x: 0\to a \\ t: 0\to \frac{\pi}{2} \end{matrix}$，因此有

$$\int_0^a \sqrt{a^2-x^2}\mathrm{d}x = a^2\int_0^{\frac{\pi}{2}} \cos^2 t\mathrm{d}t = \frac{a^2}{2}\int_0^{\frac{\pi}{2}}(1+\cos 2t)\mathrm{d}t$$

$$= \frac{a^2}{2}\left[t+\frac{1}{2}\sin 2t\right]_0^{\frac{\pi}{2}} = \frac{\pi}{4}a^2.$$

由例题 1、例题 2 可知，第二类还原积分法的积分过程如下：

对$\int_a^b f(x)\mathrm{d}x$，设 $x=\varphi(t)$，$\mathrm{d}x=\varphi'(t)\mathrm{d}t$.

则由：$\begin{matrix} x: a\to b \\ t: \alpha\to\beta \end{matrix}$；所以：$\int_a^b f(x)\mathrm{d}x = \int_\alpha^\beta f(\varphi(t))\varphi'(t)\mathrm{d}t$.

【例题 8】 设$f(x)$ 在$[-a,a]$上连续，证明

(1) 如果$f(x)$ 是$[-a,a]$上的偶函数，则$\int_{-a}^a f(x)\mathrm{d}x = 2\int_0^a f(x)\mathrm{d}x$；

(2) 如果$f(x)$ 是$[-a,a]$上的奇函数，则$\int_{-a}^a f(x)\mathrm{d}x = 0$.

证明：因为$\int_{-a}^a f(x)\mathrm{d}x = \int_{-a}^0 f(x)\mathrm{d}x + \int_0^a f(x)\mathrm{d}x$，对积分$\int_{-a}^0 f(x)\mathrm{d}x$作变量代换$x=-t$，则

$$\int_{-a}^0 f(x)\mathrm{d}x = -\int_a^0 f(-t)\mathrm{d}t = \int_0^a f(-t)\mathrm{d}t = \int_0^a f(-x)\mathrm{d}x.$$

于是

$$\int_{-a}^a f(x)\mathrm{d}x = \int_0^a f(-x)\mathrm{d}x + \int_0^a f(x)\mathrm{d}x = \int_0^a [f(-x)+f(x)]\mathrm{d}x.$$

当$f(x)$为偶函数时，即$f(-x)=f(x)$，则$f(x)+f(-x)=2f(x)$，所以

$$\int_{-a}^a f(x)\mathrm{d}x = 2\int_0^a f(x)\mathrm{d}x.$$

当$f(x)$为奇函数时，即$f(-x)=-f(x)$，则$f(x)+f(-x)=0$，所以

$$\int_{-a}^a f(x)\mathrm{d}x = 0.$$

【例题 9】 求(1)$\int_{-3}^3 x^5\cos x\mathrm{d}x$；

(2)$\int_{-\pi}^\pi \frac{\sin x}{1+\cos^2 x}\mathrm{d}x$；

(3)$\int_{-2}^2 x^2\mathrm{d}x$.

解：(1) 因$f(x) = x^5\cos x$是奇函数，所以$\int_{-3}^3 x^5\cos x\mathrm{d}x = 0$.

(2) 因$f(x) = \frac{\sin x}{1+\cos^2 x}$是奇函数，所以$\int_{-\pi}^\pi \frac{\sin x}{1+\cos^2 x}\mathrm{d}x = 0$.

(3) 因$f(x) = x^2$是偶函数，所以$\int_{-2}^2 x^2\mathrm{d}x = 2\int_0^2 x^2\mathrm{d}x = 2\left.\frac{x^3}{3}\right|_0^2 = \frac{16}{3}$.

三、定积分的分部积分法

由不定积分的分部积分方法$\int u\mathrm{d}v = uv - \int v\mathrm{d}u$在等式两边加上上下限，即得定积分的分部积分公式：

$$\int_a^b u\mathrm{d}v = [uv]_a^b - \int_a^b v\mathrm{d}u.$$

【知识点回顾】

用分部积分法求定积分，关键是掌握不定积分的分部积分方法，由分部积分法类型：

(1)$\int x\cos x\mathrm{d}x$;$\int x\sin x\mathrm{d}x$;(2)$\int x\mathrm{e}^x\mathrm{d}x$;$\int x^2\mathrm{e}^x\mathrm{d}x$;(3)$\int x\ln x\mathrm{d}x$;$\int x^2\ln x\mathrm{d}x$;(4)$\int \ln x\mathrm{d}x$;$\int \arccos x\mathrm{d}x$;(5)$\int \mathrm{e}^x\sin x\mathrm{d}x$,选(1)(4)来说明.

【例题 10】　求$\int_0^{\pi} x\cos x\mathrm{d}x$.

解:设 $u=x,\mathrm{d}v=\cos x\mathrm{d}x$,则 $\mathrm{d}u=\mathrm{d}x,v=\sin x$,于是

$$\int_0^{\pi} x\cos x\mathrm{d}x=\int_0^{\pi} x\mathrm{d}(\sin x)=x\sin x\Big|_0^{\pi}-\int_0^{\pi}\sin x\mathrm{d}x=-\int_0^{\pi}\sin x\mathrm{d}x=\cos x\Big|_0^{\pi}=-2.$$

【例题 11】　求$\int_0^1 \arctan x\mathrm{d}x$.

解:

$$\int_0^1 \arctan x\mathrm{d}x=\int_0^1 \arctan x\mathrm{d}x=x\arctan x\Big|_0^1-\int_0^1\frac{x}{1+x^2}\mathrm{d}x=\frac{\pi}{4}-\frac{1}{2}\int_0^1\frac{1}{1+x^2}\mathrm{d}(x^2+1)$$

$$=\frac{\pi}{4}-\frac{1}{2}\ln(x^2+1)\Big|_0^1=\frac{\pi}{4}-\frac{1}{2}\ln 2=\frac{\pi}{4}-\ln\sqrt{2}.$$

由例题 7、例题 8 可知,要用分部积分法求定积分,先求出不定积分,再代入上下限即可.

*【例题 12】　求$\int_0^1 \mathrm{e}^{\sqrt{x}}\mathrm{d}x$.

解:令 $t=\sqrt{x}$　$(t>0)$,则 $x=t^2,\mathrm{d}x=2t\mathrm{d}t$,当 $x=0$ 时 $t=0,x=1$ 时 $t=1$,因此有

$$\int_0^1 \mathrm{e}^{\sqrt{x}}\mathrm{d}x=2\int_0^1 t\mathrm{e}^t\mathrm{d}t=2t\mathrm{e}^t\Big|_0^1-2\int_0^1\mathrm{e}^t\mathrm{d}t=2\mathrm{e}-2\mathrm{e}^t\Big|_0^1=2.$$

习题 5.3

1. 利用定积分的换元积分法求下列各定积分.

(1)$\int_0^{\ln 2}\mathrm{e}^x\mathrm{d}x$　　(2)$\int_0^1 x\mathrm{e}^{x^2}\mathrm{d}x$

(3)$\int_{\pi}^{2\pi}\cos 4x\mathrm{d}x$　　(4)$\int_1^2(3-2x)^3\mathrm{d}x$

(5)$\int_1^2\frac{\mathrm{d}x}{1-2x}$　　(6)$\int_0^{\pi}\frac{\sin x}{\cos^2 x}\mathrm{d}x$

(7)$\int_{\pi}^{\frac{\pi}{2}}\mathrm{e}^{\sin x}\cos x\mathrm{d}x$　　(8)$\int_0^1\frac{\ln^2 x}{x}\mathrm{d}x$

(9)$\int_{\mathrm{e}}^{\frac{1}{\mathrm{e}}}\frac{1}{x\ln^3 x}\mathrm{d}x$　　(10)$\int_{\frac{\pi}{3}}^0\tan x\mathrm{d}x$

(11)$\int_{\frac{\pi}{6}}^{\frac{\pi}{2}}\cot x\mathrm{d}x$　　(12)$\int_0^1\frac{x^2}{1+x^6}\mathrm{d}x$

2. 计算下列积分.

(1) $\int_1^4 \frac{1}{x+\sqrt{x}}$　　(2) $\int_1^4 \frac{x}{x+\sqrt{x}}\mathrm{d}x$

3. 求下列对称于原点的区间上的定积分.

(1) $\int_{-\pi}^{\pi} \sin^9 x \cos^3 x\mathrm{d}x$　　(2) $\int_{-3}^{3} x^{99}(x^2+1)^{50}\mathrm{d}x$

(3) $\int_{-e}^{e} x^8 \sin^3 x\mathrm{d}x$

4. 利用定积分的分部积分法计算下列各定积分.

(1) $\int_0^1 x\mathrm{e}^x\mathrm{d}x$　　(2) $\int_0^{\pi} x\sin x\mathrm{d}x$

(3) $\int_0^1 \arcsin x\mathrm{d}x$　　(4) $\int_1^{e} x\ln x\mathrm{d}x$

(5) $\int_1^{e} \ln x\mathrm{d}x$　　(6) $\int_1^{e} x^2\ln x\mathrm{d}x$

第四节　无穷区间上的广义积分

一、函数 $f(x)$ 在 $[a,+\infty)$ 上的广义积分

设函数 $f(x)$ 在 $[a,+\infty)$ 上连续,取 $b>a$,如果极限 $\lim\limits_{b\to+\infty}\int_a^b f(x)\mathrm{d}x$ 存在,则称此极限为函数 $f(x)$ 在区间 $[a,+\infty)$ 上的广义积分,记为 $\int_a^{+\infty} f(x)\mathrm{d}x$,即

$$\int_a^{+\infty} f(x)\mathrm{d}x = \lim_{b\to+\infty}\int_a^b f(x)\mathrm{d}x.$$

这时,也称广义积分 $\int_a^{+\infty} f(x)\mathrm{d}x$ 存在或收敛;如果上述极限不存在,就称广义积分 $\int_a^{+\infty} f(x)\mathrm{d}x$ 发散.

【例题 1】　计算 $\int_0^{+\infty}\frac{1}{1+x^2}\mathrm{d}x$.

解: $\int_0^{+\infty}\frac{1}{1+x^2}\mathrm{d}x = \lim\limits_{b\to+\infty}\int_0^b\frac{\mathrm{d}x}{1+x^2} = \lim\limits_{b\to+\infty}\arctan x\Big|_0^b = \lim\limits_{b\to+\infty}\arctan b = \frac{\pi}{2}$.

【例题 2】　计算 $\int_1^{+\infty}\frac{\mathrm{d}x}{x^2}$.

解: $\int_1^{+\infty}\frac{\mathrm{d}x}{x^2} = \lim\limits_{b\to+\infty}\int_1^b\frac{\mathrm{d}x}{x^2} = \lim\limits_{b\to+\infty}\left(-\frac{1}{x}\right)\Big|_1^b = \lim\limits_{b\to+\infty}\left(1-\frac{1}{b}\right) = 1$.

【例题 3】　计算 $\int_2^{+\infty}\frac{\mathrm{d}x}{x^3}$.

解：$\int_2^{+\infty}\frac{dx}{x^3}=\lim\limits_{b\to+\infty}\int_2^b\frac{dx}{x^3}=\lim\limits_{b\to+\infty}\left(-\frac{1}{2x^2}\right)\Big|_2^b=\lim\limits_{b\to+\infty}\left(\frac{1}{8}-\frac{1}{2b^2}\right)=\frac{1}{8}$.

【例题4】　计算$\int_1^{+\infty}\frac{1}{\sqrt{x}}dx$.

解：$\int_1^{+\infty}\frac{1}{\sqrt{x}}dx=\lim\limits_{b\to+\infty}2\sqrt{x}\Big|_1^b=2\lim\limits_{b\to+\infty}(\sqrt{b}-1)=+\infty$（发散）.

二、函数$f(x)$在$(-\infty,b]$上的广义积分

设函数$f(x)$在$(-\infty,b]$上连续，取$b>a$，如果极限$\lim\limits_{a\to-\infty}\int_a^b f(x)dx$存在，则称此极限为函数$f(x)$在区间$(-\infty,b]$上的广义积分，即

$$\int_{-\infty}^b f(x)dx=\lim_{a\to-\infty}\int_a^b f(x)dx.$$

这时，也称广义积分$\int_{-\infty}^b f(x)dx$存在或收敛；如果上述极限不存在，就称广义积分$\int_{-\infty}^b f(x)dx$发散.

【例题5】　计算$\int_{-\infty}^1\frac{1}{1+x^2}dx$.

解：$\int_{-\infty}^1\frac{1}{1+x^2}dx=\lim\limits_{a\to-\infty}\int_a^1\frac{1}{1+x^2}dx=\lim\limits_{a\to-\infty}(\arctan x)\Big|_a^1$

$$=\lim_{a\to-\infty}(\arctan 1-\arctan a)=\frac{3\pi}{4}.$$

三、函数$f(x)$在$(-\infty,+\infty)$上的广义积分

由积分区间的可加性，在$(-\infty,+\infty)$中间任意插入一个值c，把此广义积分分成上述两种情况，即

$$\int_{-\infty}^{+\infty}f(x)dx=\int_{-\infty}^c f(x)dx+\int_c^{+\infty}f(x)dx=\lim_{a\to-\infty}\int_a^c f(x)dx+\lim_{b\to+\infty}\int_c^b f(x)dx.$$

其中c是任一指定的常数，通常取$c=0$. 当右边两个广义积分同时收敛时，称广义积分$\int_{-\infty}^{+\infty}f(x)dx$收敛，否则称为发散.

广义积分的计算就是先计算常义积分，再计算极限.

【例题6】　求$\int_{-\infty}^{+\infty}\frac{1}{1+x^2}dx$.

解法1：$\int_{-\infty}^{+\infty}\frac{1}{1+x^2}dx=2\int_0^{+\infty}\frac{1}{1+x^2}dx=\pi$；

解法2：$\int_{-\infty}^{+\infty}\frac{1}{1+x^2}dx=\int_{-\infty}^{+\infty}\frac{1}{1+x^2}dx=\int_{-\infty}^0\frac{dx}{1+x^2}+\int_0^{+\infty}\frac{dx}{1+x^2}=\lim\limits_{a\to-\infty}\arctan x\Big|_a^0+\frac{\pi}{2}$

$$=-\lim_{a\to-\infty}\arctan a+\frac{\pi}{2}=-\left(-\frac{\pi}{2}\right)+\frac{\pi}{2}=\pi.$$

习题 5.4

计算无穷区间上的广义积分.

(1) $\int_{1}^{+\infty} \frac{1}{x^2} \mathrm{d}x$

(2) $\int_{0}^{+\infty} \mathrm{e}^{-4x} \mathrm{d}x$

(3) $\int_{1}^{+\infty} \frac{\mathrm{d}x}{x^5}$

(4) $\int_{-\infty}^{-1} \frac{1}{x^2(x^2+1)} \mathrm{d}x$

(5) $\int_{-\infty}^{1} \mathrm{e}^{2x} \mathrm{d}x$

(6) $\int_{-\infty}^{+\infty} \frac{1}{x^2} \mathrm{d}x$

第五节　定积分在几何上的应用

一、定积分的元素法(微元法)

在定积分的应用中,人们经常采用所谓的元素法,为此,回顾一下之前讨论过的曲边梯形的面积计算方法.

设 $f(x)$ 在区间 $[a,b]$ 上连续,且 $f(x) \geqslant 0$,求以曲线 $y=f(x)$ 为曲边,底为 $[a,b]$ 的曲边梯形的面积 A,如图 5.9 所示.

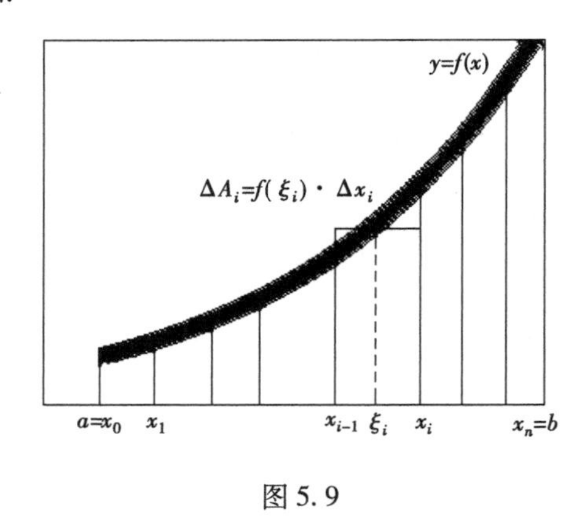

图 5.9

(一)分割

用任意一组分点 $a=x_0<x_1<\cdots<x_{i-1}<x_i<\cdots<x_n=b$ 将区间分成 n 个小区间 $[x_{i-1},x_i]$,其长度为

$$\Delta x_i = x_i - x_{i-1} (i = 1,2,\cdots,n).$$

(二)近似替代

曲边梯形被划分成 n 个小曲边梯形,每一小曲边梯形被分成小矩形,第 i 个小矩形的面积记为 $\Delta A_i (i=1,2,\cdots,n)$,则

$$\Delta A_i \approx f(\xi_i)\Delta x_i \qquad \forall \xi_i \in [x_{i-1},x_i](i=1,2,\cdots,n).$$

（三）求和

得面积的近似值

$$A=\sum_{i=1}^{n}\Delta A_i \approx \sum_{i=1}^{n} f(\xi_i)\Delta x_i.$$

（四）求极限

得面积 A 的精确值

$$A=\lim_{\lambda\to 0}\sum_{i=1}^{n} f(\xi_i)\Delta x_i=\int_a^b f(x)\mathrm{d}x.$$

为了保证所有小区间的长度都无限缩小，要求小区间长度中的最大值趋于零，即

$$\lambda=\max\{\Delta x_1,\Delta x_2,\cdots,\Delta x_n\}.$$

由上述过程可见，（二），（四）两步最重要，通过对求曲边梯形面积问题的回顾、分析、提炼，可以给出用定积分计算某个量的条件与步骤.

计算 A 的定积分表达式步骤如下所述.

（1）选取一个变量 x 为积分变量，在 $[a,b]$ 中任取一微元区间 $[x,x+\mathrm{d}x]$；

（2）求微元 $\mathrm{d}A=f(x)\mathrm{d}x$；

（3）由微元写出积分　$A=\int_a^b \mathrm{d}A=\int_a^b f(x)\mathrm{d}x.$

二、定积分在几何上的应用

（一）直角坐标系下平面图形的面积

由曲线 $y=f(x)(f(x)\geqslant 0)$ 及直线 $x=a$ 与 $x=b(a<b)$ 与 x 轴所围成的曲边梯形面积 A，如图 5.10 所示.

$A=\int_a^b f(x)\mathrm{d}x$，其中，$f(x)\mathrm{d}x$ 为面积微元 $\mathrm{d}A$.

若 $y=f(x)$ 不是非负的，则所围图形的面积应为 $A=\int_a^b \left|f(x)\right|\mathrm{d}x.$

一般来说，由曲线 $y=f(x)$ 与 $y=g(x)$ 及直线 $x=a,x=b(a<b)$ 所围成的图形面积 A，如图 5.11 所示.

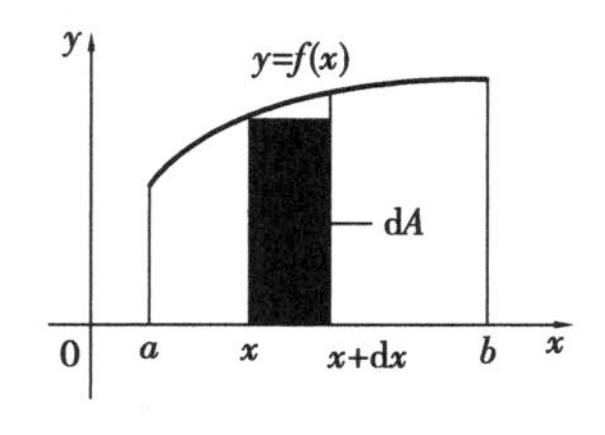

图 5.10

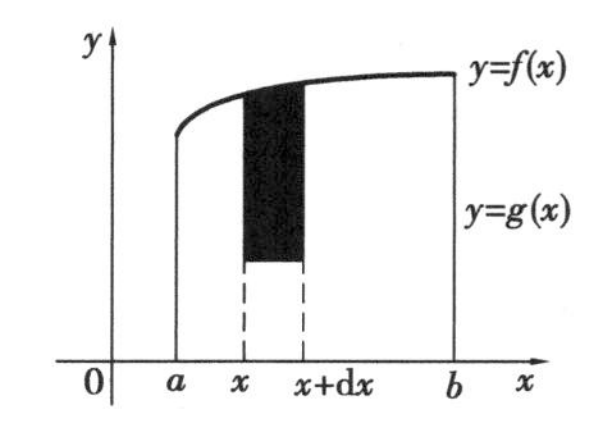

图 5.11

$$A=\int_a^b |f(x)-g(x)|\mathrm{d}x.$$

【例题 1】　求由 $y=x^2,x=2$ 及 x 轴所围成图形的面积，如图 5.12 所示.

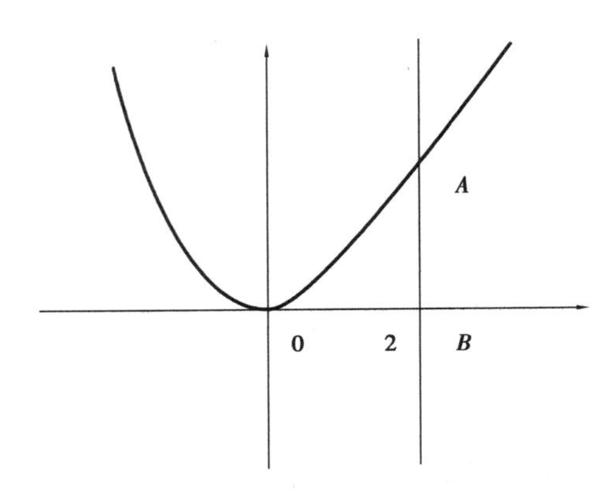

图 5.12

解:如图 5.12 所示,所围图形就是曲边梯形 OAB,选取一个变量 x 为积分变量,在$[0,2]$任取其中的一微元区间$[x,x+\mathrm{d}x]$,则 $\mathrm{d}A=x^2\mathrm{d}x$,

$$A=\int_0^2 x^2\mathrm{d}x=\frac{1}{3}x^3\Big|_0^2=\frac{8}{3}.$$

【例题 2】 求由抛物线 $y=x^2$ 与直线 $y=x$ 所围成的图形面积.

解:由方程组$\begin{cases}y=x^2\\y=x\end{cases}$解得它们的交点为$(0,0),(1,1)$.

选 x 为积分变量,则 x 的变化范围是$[0,1]$,任取其上的一个区间微元$[x,x+\Delta x]$,则可得到相应于$[x,x+\Delta x]$的面积微元

$$\mathrm{d}A=(x-x^2)\mathrm{d}x,$$

从而所求面积为

$$A=\int_0^1(x-x^2)\mathrm{d}x=\frac{1}{6}.$$

【例题 3】 求由 $y^2=x,y=x^2$ 所围成图形的面积.

解:由方程组$\begin{cases}y^2=x\\y=x^2\end{cases}$ 解得它们的交点为$(0,0),(1,1)$.

由图 5.13 可知,选 x 为积分变量,则 x 的变化范围是$[0,1]$,任取其上的一个区间微元$[x,x+\Delta x]$,则可得到相应于$[x,x+\Delta x]$的面积微元 $\mathrm{d}A=(\sqrt{x}-x^2)\mathrm{d}x$,从而所求面积为

$$A=\int_0^1(\sqrt{x}-x^2)\mathrm{d}x=\frac{1}{3}.$$

****【例题 4】** 求椭圆$\frac{x^2}{a^2}+\frac{y^2}{b^2}=1$ 所围成的面积$(a>0,b>0)$.

解:由图 5.14,根据椭圆图形的对称性,整个椭圆面积应为位于第一象限内面积的 4 倍.

取 x 为积分变量,则 $0\leqslant x\leqslant a,y=b\sqrt{1-\frac{x^2}{a^2}}$,

$$\mathrm{d}A=y\mathrm{d}x=b\sqrt{1-\frac{x^2}{a^2}}\,\mathrm{d}x,$$

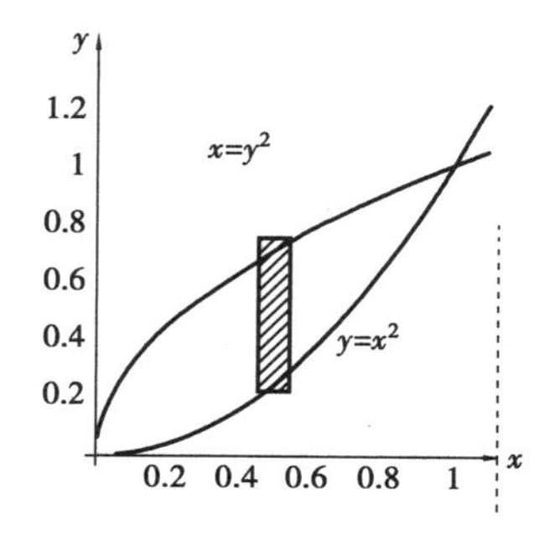

图 5. 13

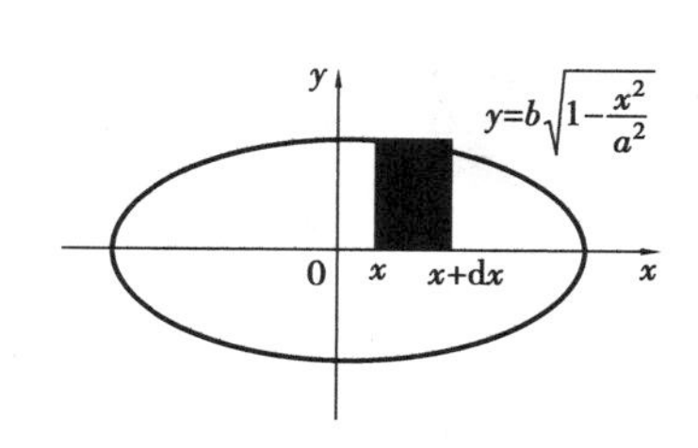

图 5. 14

故
$$A = 4\int_0^a y\mathrm{d}x = 4\int_0^a b\sqrt{1-\frac{x^2}{a^2}}\,\mathrm{d}x.$$

作变量替换 $x=a\cos t\left(0\leqslant t\leqslant\frac{\pi}{2}\right)$，则 $y=b\sqrt{1-\frac{x^2}{a^2}}=b\sin t,\mathrm{d}x=-a\sin t\mathrm{d}t$，

$$A=4\int_{\frac{\pi}{2}}^{0}(b\sin t)(-a\sin t)\mathrm{d}t$$

$$=4ab\int_0^{\frac{\pi}{2}}\sin^2 t\mathrm{d}t=\left(\frac{t}{2}-\frac{1}{4}\sin 2t\right)\Big|_0^{\frac{\pi}{2}}=\pi ab.$$

（二）旋转体的体积

旋转体是由一个平面图形绕该平面内一条定直线旋转一周而生成的立体图形，该定直线称为旋转轴.

计算由曲线 $y=f(x)$，直线 $x=a,x=b$ 及 x 轴所围成的曲边梯形，绕 x 轴旋转一周而生成的立体的体积.

根据微元法，解法步骤如下：

（1）取 x 为积分变量，则 $x\in[a,b]$，对于区间 $[a,b]$ 上的任一区间 $[x,x+\mathrm{d}x]$，它所对应的曲边梯形绕 x 轴旋转而生成的薄片似的立体的体积近似等于以 $f(x)$ 为底半径，$\mathrm{d}x$ 为高的圆柱体的体积.

（2）体积元素为 $\mathrm{d}V=\pi[f(x)]^2\mathrm{d}x$.

（3）所求的旋转体的体积为 $V=\int_a^b\pi[f(x)]^2\mathrm{d}x$.

【例题 5】　求由直线 $y=x,x=2$ 和 x 轴所围成的三角形绕 x 轴旋转而生成的立体的体积.

解：即底面半径为 2，高为 2 的圆锥的体积. 取 x 为积分变量，则 $x\in[0,2]$，

$$V=\int_0^2\pi x^2\mathrm{d}x=\pi\int_0^2 x^2\mathrm{d}x=\frac{8\pi}{3}.$$

【例题 6】　求由 $y=x^2,x=2$ 及 x 轴所围成图形绕 x 轴旋转而生成的立体的体积.

解：取 x 为积分变量，则 $x\in[0,2]$，

$$V=\int_0^2\pi(x^2)^2\mathrm{d}x=\pi\int_0^2 x^4\mathrm{d}x=\frac{32\pi}{5}.$$

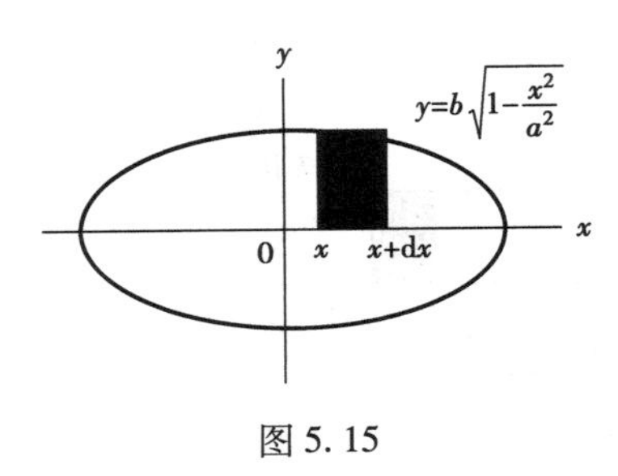

图 5.15

【例题 7】 计算椭圆$\frac{x^2}{a^2}+\frac{y^2}{b^2}=1$所围成的图形绕 x 轴旋转而成的立体的体积.

解:由图 5.15 可知,这个旋转体可看作是由上半椭圆 $y=\frac{b}{a}\sqrt{a^2-x^2}$及 x 轴所围成的图形绕 x 轴旋转所生成的旋转体.

取 x 为积分变量,则体积元素为

$$dV=\pi\cdot\left(\frac{b}{a}\sqrt{a^2-x^2}\right)^2dx,$$

$$V=\int_{-a}^{a}\pi\cdot\left(\frac{b}{a}\sqrt{a^2-x^2}\right)^2dx=\frac{\pi b^2}{a^2}\int_{-a}^{a}(a^2-x^2)dx=\frac{4}{3}\pi ab^2.$$

习题 5.5

1. 计算由下列曲线所围成的图形的面积

(1)$y=x,x=2,x$ 轴

(2)$y=x^2,x=2,x$ 轴

(3)$y=e^x,x=1,x$ 轴,y 轴

(4)$y=x^2(x\geqslant0),y=2,y$ 轴

(5)$y=\sqrt{x}(x\geqslant0),x=1,x$ 轴

(6)$y=x^2,x+y=2$

(7)$y=x^2,y=x$

(8)$y=2x-x^2,x+y=0$

2. 计算由下列曲线所围成的平面图形绕指定轴旋转而成的旋转体的体积

(1)$y=x,x=1,x$ 轴;绕 x 轴

(2)$y=x^2,x=1,x$ 轴;绕 x 轴

(3)$y=e^x,x=2,x$ 轴,y 轴;绕 x 轴

(4)$y=\sqrt{x}(x\geqslant0),x=2,x$ 轴;绕 x 轴

(5)$y=\sin x,x\in[0,\pi],x$ 轴;绕 x 轴

(6)$x^2+y^2=1(x>0,y>0)$;绕 x 轴

复习题五

一、填空题

1. $\int_{a}^{a} \mathrm{d}x =$ ____________.

2. $\left(\int_{1}^{2}(2x-1)^{4}\mathrm{d}x\right)' =$ ____________.

3. $\frac{\mathrm{d}}{\mathrm{d}x}\int_{0}^{x} \sin 4t\mathrm{d}t =$ ____________.

4. $\int_{-\pi}^{\pi} \sin^{9}x\mathrm{d}x =$ ____________.

5. $\int_{0}^{1} 2x\mathrm{d}x =$ ____________.

二、选择题

1. $\int_{0}^{1} x\mathrm{d}x =$ (　　).

A. $\frac{1}{2}$　　B. $-\frac{1}{2}$　　C. 2　　D. -2

2. 定积分的值与(　　)无关.

A. 积分区间　　B. 被积函数

C. 积分变量　　D. 积分上下限

3. 已知 $f(x) = \frac{\mathrm{d}}{\mathrm{d}x}\int_{x}^{2} 2t\mathrm{d}t$，则 $f'(1) =$ (　　).

A. 0　　B. 1　　C. -2　　D. 3

4. $\int_{1}^{+\infty} \frac{1}{x^{2}}\mathrm{d}x =$ (　　).

A. -1　　B. 1　　C. 0　　D. ∞

5. $\int_{-1}^{1} |x|\mathrm{d}x =$ (　　).

A. -1　　B. 0　　C. 1　　D. 2

三、计算题

1. $\int_{1}^{2} x^{2}\mathrm{d}x$

2. $\int_{2}^{3}(3x+1)\mathrm{d}x$

3. $\int_{-1}^{1} x^{3}\mathrm{d}x$

4. $\int_{0}^{1} \mathrm{e}^{x}\mathrm{d}x$

5. $\int_{-2}^{2} |x| \mathrm{d}x$

6. $\frac{\mathrm{d}}{\mathrm{d}x}\int_{2}^{x} \mathrm{e}^{2t}\mathrm{d}t$

7. $\frac{\mathrm{d}}{\mathrm{d}x}\int_{0}^{x^2} t\mathrm{d}t$

8. $\int_{1}^{2}(x-1)^3\mathrm{d}x$

9. $\int_{\pi}^{2\pi} \sin 2x\mathrm{d}x$

10. $\int_{0}^{1} \mathrm{e}^{2x}\mathrm{d}x$

11. $\int_{0}^{\pi}\frac{\sin x}{1-\sin^2 x}\mathrm{d}x$

12. $\int_{0}^{1}\frac{\ln^4 x}{x}\mathrm{d}x$

13. $\int_{4}^{9}\frac{1}{1+\sqrt{x}}\mathrm{d}x$

14. $\int_{0}^{1} x\mathrm{e}^x\mathrm{d}x$

15. $\int_{0}^{\pi} x\sin x\mathrm{d}x$

16. $\int_{1}^{\mathrm{e}} \ln x\mathrm{d}x$

17. $\int_{1}^{\mathrm{e}} x^2\ln x\mathrm{d}x$

18. $\int_{-\infty}^{+\infty}\frac{1}{x^2}\mathrm{d}x$

四、应用题

1. 计算由抛物线 $y=\mathrm{e}^x$, $x=1$ 及 x 轴, y 轴所围图形的面积.
2. 计算由抛物线 $y=x^2(x\geqslant 0)$, $x=3$ 及 x 轴所围图形的面积.
3. 计算由 $y=2x$, $x=1$ 及 x 轴所围成的平面图形绕 x 轴旋转而成的旋转体的体积.
4. 计算由 $y=x^2$, $x=2$ 及 x 轴所围成的平面图形绕 x 轴旋转而成的旋转体的体积.

天才数学家——欧拉

第六章 常微分方程

在许多问题中，往往不能直接找出所需要的函数关系，但是根据问题所提供的条件，有时可以列出含有要找的函数及其导数的关系式. 这样的关系式就是微分方程. 微分方程建立以后，对它进行研究，找出未知函数，即是解微分方程. 本章主要介绍微分方程的一些基本概念和几种常用的微分方程的解法.

第一节　微分方程的基本概念及可分离变量的微分方程

一、建立微分方程的数学模型

引例 1　已知一条曲线上任意一点处的切线的斜率等于该点的横坐标，且该曲线通过点 $\left(1,\frac{3}{2}\right)$，求该条曲线的方程.

解：设曲线方程为 $y=f(x)$，且曲线上任意一点的坐标为 (x,y). 根据题意以及导数的几何意义可得

$$y' = f'(x) = x.$$

两边同时求不定积分得　$y = \int x\mathrm{d}x$，

$$y = \frac{1}{2}x^2 + C(C\text{ 为任意的积分常数}). \tag{1}$$

又因为曲线通过 $\left(1,\frac{3}{2}\right)$ 点，即当 $x=1$ 时，$y=\frac{3}{2}$.

将它代入方程式 $y=\frac{1}{2}x^2+C$ 可得 $C=1$.

所以

$$y=\frac{1}{2}x^2+1, \tag{2}$$

这就是所求的曲线方程.

而 $y=\frac{1}{2}x^2+C$ 从几何学上看表示为一族曲线,通常称为积分曲线族.

如图 6.2 所示,它是将曲线 $y=\frac{1}{2}x^2+1$ 沿着 y 轴上下平移而得到的.

引例 2 求方程 $y''=\cos x$ 的通解.

解:一次积分得:

$$y'=\int\cos x\mathrm{d}x=\sin x+C_1,$$

二次积分即得到方程的通解:

$$y=-\cos x+C_1x+C_2. \tag{3}$$

以上我们仅以物理学、几何学引出关于变量之间微分方程的关系,其实在化学、生物学、自动控制、电子技术等学科中都提出了许多有关微分方程的问题,从而要探讨解决这些问题的方法. 本章我们将介绍有关微分方程基本概念、基本理论和几种常用类型微分方程的求解方法.

二、基本概念

定义 1 **含有**导数(或微分)的方程,称为**微分方程**.

在微分方程中,若自变量只有 x,y 时,则称为**常微分方程**,若自变量是 2 个以上的,如 x,y,z,则称为**偏微分方程**. 本课程只讨论常微分方程.

例如:

(1) $y'+2y-3x=1$

(2) $\mathrm{d}y+y\tan x\mathrm{d}x=0$

(3) $y''+\frac{1}{x}(y')^2+\sin x=0$

(4) $\frac{\partial^2u}{\partial x^2}+\frac{\partial^2u}{\partial y^2}+\frac{\partial^2u}{\partial z^2}=0$

(5) $\frac{\mathrm{d}y}{\mathrm{d}x}+\cos y=3x$

(6) $\left(\frac{\mathrm{d}y}{\mathrm{d}x}\right)^2+\ln y+\cot x=0$

以上 6 个方程都是微分方程,其中(1)、(2)、(3)、(5)、(6)是常微分方程,(4)是偏微分方程.

定义 2 微分方程中含未知函数的导数的最高阶数称为微分方程的阶.

n 阶微分方程一般记为:

$$F(x,y,y',\cdots,y^{(n)})=0. \tag{*}$$

例如:以上 4 个方程中(1)、(2)、(5)、(6)是一阶常微分方程,(3)是二阶常微分方程,(4)是二阶偏微分方程.

定义 3 由引例 1,引例 2 的(1)式,(3)式可知,它们都是方程的解,且方程的阶数与所包含的常数的个数相等,我们把符合此条件的微分方程的解称为通解.

定义 4 如引例 1 中的(2)式,它在通解的基础上还满足当 $x=1$ 时,$y=\frac{3}{2}$,我们把微分方程一个满足特定条件的解称为该微分方程的一个特解.

如(2)式就是引例1的一个特解.

定义5　引例1给出的条件 $x=1$ 时，$y=\frac{3}{2}$ 是为求特解而给出的，我们把这种所给特定条件称为初始条件.

例如，$y'=y$ 满足 $y|_{x=0}=1$ 的特解为：$y=e^x$. 其中 $y|_{x=0}=1$ 就是初始条件.

【例题1】　验证：函数 $y=C_1e^x+C_2e^{2x}$ 是微分方程 $y''-3y'+2y=0$ 的通解.

解：求出所给函数的导数

$$y'=C_1e^x+2C_2e^{2x},$$

$$y''=C_1e^x+4C_2e^{2x}.$$

把 y 和 y'，y'' 的表达式代入方程得

$$C_1e^x+4C_2e^{2x}-3C_1e^x-6C_2e^{2x}+2C_1e^x+2C_2e^{2x}=0,$$

因此所给函数是微分方程的解.

三、可分离变量的微分方程

这种方程的形式为：$y'=f(x)g(y)$ 或 $\frac{dy}{dx}=f(x)g(y)$.

我们往往会以为将上式两端积分即可求解，其实是不对的. 因为两端积分后，得 $y=\int f(x)g(y)dx$，右端是什么也求不出的，故无法求出 y.

其正确解法为：(1)分离变量，设 $y=y(x)$ 为所求的解，于是当 $y=y(x)$ 时，有

$$dy=y'dx=f(x)g(y)dx, \text{即} \frac{1}{g(y)}dy=f(x)dx.$$

(2)两端积分，得 $\int\frac{1}{g(y)}dy=\int f(x)dx$.

(3)求出积分，即得通解

$$G(y)=F(x)+C,$$

其中 $G(y)$、$F(x)$ 分别为 $\frac{1}{g(y)}$，$f(x)$ 的一个原函数，C 是任意常数.

【例题2】　求微分方程 $y'=x$ 的通解.

解：将方程分离变量，得到 $\frac{dy}{dx}=x$.

两边积分，得 $\int dy=\int xdx$，

即得　$y=x^2+C$（C 为任意常数）.

【例题3】　求微分方程 $y'=\frac{x}{y}$ 的通解.

解：将方程分离变量，得到 $\frac{dy}{dx}=\frac{x}{y}$.

两边积分，得 $\int ydy=\int xdx$.

即得 $y^2 = x^2 + C$ （C 为任意常数）.

【例题4】 求微分方程 $y' = y$ 的通解.

解:将方程分离变量,得到 $\frac{dy}{dx} = y$.

两边积分,得 $\int \frac{dy}{y} = \int dx$,

即得 $\ln y = x + C$ （C 为任意常数）,

$$y = e^{x+c} = e^c \cdot e^x = ce^x(\text{这里令 } e^c = C).$$

*【例题5】 求微分方程 $(y-1)dx-(xy-y)dy=0$ 的通解.

解:将方程分离变量为

$$(x-1)ydy = (y-1)dx,$$

$$\frac{y}{y-1}dy = \frac{1}{x-1}dx.$$

两边积分得

$$\int \frac{y}{y-1}dy = \int \frac{1}{x-1}dx,$$

$$y + \ln|y| = \ln|x| + C(C\text{ 为任意常数}).$$

这个解就是方程的隐式通解,在此没有必要再进行化简.

习题 6.1

1. 指出下列微分方程的阶数.

(1) $y'' + 3y' + 2y^3 = \sin x$

(2) $(7x-6y)dx + dy = 0$

(3) $(y''')^3 + 5(y')^4 - y^2 + x = 0$

2. 指出下列函数是否是已给方程的通解或特解(其中 C_1, C_2 为任意常数).

(1) $y'' + 4y' + 3y = 0, y = C_1e^x + C_2e^{3x}$

(2) $xy' = y\left(1 + \ln\frac{y}{x}\right), y = x$

3. 求解微分方程.

(1) $y' = x^2$　　(2) $y' = e^x + 1$

(3) $y'' = \sin x$　　(4) $y'' = \sin 2x, y|_{x=0} = 0, y'|_{x=0} = 1$

4. 求下列可分离变量微分方程的通解.

(1) $y' = y^2$　　(2) $y' = xy, y(0) = 1$

(3) $\frac{dy}{dx} = \frac{\sin x}{\sin y}$　　(4) $\frac{dy}{dx} = y\ln y, y(1) = 1$

(5) $\tan y dx - \cot x dy = 0$　　(6) $\frac{dy}{dx} = \frac{1+x}{1-y}, y(1) = 0$

第二节　一阶线性微分方程

形如 $y'+p(x)y=q(x)$，其中，p,q 与 y,y' 无关，但可以与 x 有关. 它对 y 与 y' 而言是一次的，故称之为一阶线性微分方程.

当 $q(x)=0$ 时称为齐次线性微分方程；当 $q(x)\neq 0$ 时称为非齐次线性微分方程.

一、齐次线性微分方程的解法

齐次线性微分方程的形式为：$y'+p(x)y=0$.

此方程是可分离变量的微分方程，分离变量后，得：

$$\frac{1}{y}\mathrm{d}y=-p\mathrm{d}x,$$

两边积分得：$\ln|y|=-\int p(x)\mathrm{d}x$，

$$y=C\mathrm{e}^{-\int p(x)\mathrm{d}x},$$

这就是齐次线性微分方程的一般解.

【例题 1】　求齐次线性微分方程 $y'-xy=0$ 的通解.

解：将方程分离变量，得到 $\frac{\mathrm{d}y}{\mathrm{d}x}=xy$，

两边积分，$\int\frac{1}{y}\mathrm{d}y=\int x\mathrm{d}x$

即得　$\ln y=\frac{1}{2}x^2+C$　　（C 为任意常数），

$$y=\mathrm{e}^{\frac{1}{2}x^2+c}=\mathrm{e}^c\cdot\mathrm{e}^{\frac{1}{2}x^2}\quad（令\ \mathrm{e}^c=C）.$$

故通解为：$y=C\cdot\mathrm{e}^{\frac{1}{2}x^2}$.

二、非齐次线性微分方程的解法

非齐次线性微分方程的形式为：$y'+p(x)y=q(x)$.　　　　(1)

先求出其对应的齐次线性微分方程 $y'+p(x)y=0$ 的一般解 $y=C\mathrm{e}^{-\int p(x)\mathrm{d}x}$，然后把 C 看作 x 的函数 $C(x)$，再代到非齐次线性微分方程中来求解 C，即令 $y=C(x)\mathrm{e}^{-\int p(x)\mathrm{d}x}$ 为非齐次微分方程 $y'+p(x)y=q(x)$ 的解. 则 $y'=C'(x)\mathrm{e}^{-\int p(x)\mathrm{d}x}+C(x)\mathrm{e}^{-\int p(x)\mathrm{d}x}\cdot[-p(x)]$.

代入 $y'+p(x)y=q(x)$ 得

$$C'(x)\mathrm{e}^{-\int p(x)\mathrm{d}x}-C(x)\mathrm{e}^{-\int p(x)\mathrm{d}x}\cdot p(x)+p(x)\cdot C(x)\mathrm{e}^{-\int p(x)\mathrm{d}x}=q(x),$$

$$C'(x)\mathrm{e}^{-\int p(x)\mathrm{d}x}=q(x)\ 即\ C'(x)=q(x)\mathrm{e}^{\int p(x)\mathrm{d}x}.$$

两边积分得：$C(x)=\int q(x)\mathrm{e}^{\int p(x)\mathrm{d}x}\mathrm{d}x+C$.

代入 $y=C(x)e^{-\int p(x)dx}$ 得到非齐次线性微分方程的一般解：

$$y=\left[\int q(x)e^{\int p(x)dx}dx+C\right]\cdot e^{-\int p(x)dx}. \tag{2}$$

上面我们所学的这种解法被称为**常数变易法**.

【例题 2】 求微分方程 $y'-y=1$ 的通解.

解:用常数变易法,先求 $y'-y=0$ 的通解.

将方程分离变量,得到 $\frac{dy}{dx}=y$.

两边积分,得 $\int\frac{dy}{y}=\int dx$,

即得

$$\ln y=x+c \quad (c \text{ 为任意常数}),$$

$$y=e^{x+c}=e^c\cdot e^x=ce^x,$$

令:

$$y=c(x)\cdot e^x,$$

$$y'=c'(x)e^x+c(x)\cdot e^x.$$

把 y,y' 代入原方程,得

$$c'(x)e^x+c(x)\cdot e^x-c(x)\cdot e^x=1,$$

$$c(x)=-e^{-x}+c,$$

通解:

$$y=(-e^{-x}+c)\cdot e^x,$$

即:

$$y=ce^x-1.$$

【例题 3】 求微分方程 $y'\cos x+y\sin x=1$ 的通解.

解法 1:原方程可化为

$$y'+y\tan x=\sec x.$$

用常数变易法,先求 $y'+y\tan x=0$ 的通解.

分离变量得 $\frac{dy}{y}=-\tan x dx$.

两边积分,得 $\ln y=\ln\cos x+\ln c_1$.

故 $y=c_1\cos x$.

变换常数 c_1,令 $y=c(x)\cos x$ 是原方程的解,则 $y'=c'(x)\cos x-c(x)\sin x$.

把 y,y' 代入原方程,得

$$[c'(x)\cos x-c(x)\sin x]+c(x)\cos x\tan x=\sec x.$$

整理得 $c'(x)=\sec^2 x$.

于是 $c(x)=\tan x+c$.

把 $c(x)=\tan x+c$ 代入所令的 $y=c(x)\cos x$ 中,得到该非齐次方程的通解

$$y=(\tan x+c)\cos x.$$

解法 2:利用通解公式(1)求解,这时必须把方程化成(2)式的标准形式:

$$y'+y\tan x=\sec x.$$

则

$$P(x)=\tan x, q(x)=\sec x,$$

故
$$
\begin{aligned}
y &= e^{-\int p(x)dx}\left[\int q(x)e^{\int p(x)dx}dx + c\right]\\
&= e^{-\int \tan x dx}\left[\int \sec x e^{\int \tan x dx}dx + c\right]\\
&= e^{\ln\cos x}\left[\int \sec x e^{-\ln\cos x}dx + c\right]\\
&= \cos x\left[\int \sec^2 x dx + c\right]\\
&= (\tan x + c)\cos x.
\end{aligned}
$$

习题 6.2

1. 求下列齐次线性微分方程的通解.

(1) $y' - 2xy = 0$

(2) $y' - \dfrac{y}{x} = 0$

(3) $xy' + 2x^2 y = 0$

(4) $y' + 2xy^2 = 0$

2. 求下列非齐次线性微分方程的通解.

(1) $y' - y = e^x$

(2) $y' - \dfrac{y}{x} = x$

(3) $y' - xy = e^x$

(4) $xy' - y = 1 + x^3$

(5) $y' + y\tan x = \cos x$

(6) $y' - \dfrac{1}{x-2}y = 2(x-2)^2$

3. 求下列微分方程满足初始条件的特解.

(1) $y' - \dfrac{y}{x} = x^2, y|_{x=1} = 1$

(2) $xy' = x - y, y|_{x=\sqrt{2}} = 0$

(3) $\cos x\dfrac{dy}{dx} + y\sin x = \cos^2 x, y|_{x=\pi} = 1$

(4) $(x^2 - 1)y' + 2xy - \cos x = 0, y|_{x=0} = 0$

第三节　二阶常系数齐次线性微分方程

形如

$$y'' + py' + qy = f(x) \tag{1}$$

的方程,称为**二阶线性微分方程**. 其中,p、q 都是常数,$f(x)$是 x 的已知连续函数.

(1°)若$f(x)\equiv 0$,方程(1)变为

$$y'' + py' + qy = 0, \tag{2}$$

称方程(2)为**二阶常系数线性齐次微分方程**.

(2°)若$f(x)\neq 0$,称方程(1)为**二阶常系数线性非齐次微分方程**.

一、二阶常系数线性齐次方程解的结构

定理 1　若 y_1,y_2 是二阶常系数线性齐次微分方程(2)的两个解,则 $y=y_1+y_2$ 也是方程(2)的解.

定理 2　若 y_1 是二阶常系数线性齐次微分方程(2)的一个解,则 $y=cy_1$ 也是方程(2)的解.

定理 3　(叠加原理)若 y_1,y_2 是二阶常系数线性齐次微分方程(2)的两个解,则 $y=c_1y_1+c_2y_2$ 仍是方程(2)的解.(以上 c,c_1,c_2 均为任意常数)

以上 3 个定理都可以通过代入法进行验证,在此留给读者自己练习. 但必须指出,定理 3 中 $y=c_1y_1+c_2y_2$ 是二阶常系数线性齐次方程(2)的解,又由于含有两个任意常数 c_1,c_2,它是不是(2)的通解呢? 回答是否定的,因为根据通解的定义,只有当 c_1,c_2 这两个常数相互独立时才是(2)的通解.

例如　方程$\dfrac{\mathrm{d}^2y}{\mathrm{d}x^2}+2\dfrac{\mathrm{d}y}{\mathrm{d}x}-1=0$ 有两个解 $y_1=\mathrm{e}^x,y_2=2\mathrm{e}^x$,但是 $y=c_1\mathrm{e}^x+2c_2\mathrm{e}^x$ 是它的解而不是它的通解.

y_1,y_2 在满足什么样的条件下,才能使得 c_1,c_2 相互独立呢? 即使得 $y=c_1y_1+c_2y_2$ 是(2)的通解呢? 为此引入函数的线性相关与线性无关的两个概念.

定义 1　设函数 $y_1(x)$ 和 $y_2(x)$是定义在区间(a,b)内的函数,如果存在两个不全为零的常数 c_1,c_2;使得 $c_1y_1+c_2y_2\equiv 0$ 对 $\forall x\in(a,b)$都成立,则称函数 $y_1(x)$与 $y_2(x)$在区间(a,b)内**线性相关**,否则称函数 $y_1(x)$与 $y_2(x)$在区间(a,b)内**线性无关**.

也就是说两个函数 $y_1(x)$和 $y_2(x)$中任何一个都不是另一个的倍数时,即 $y_1(x)y_2(x)\neq c$ (c 为常数),则称 $y_1(x)$和 $y_2(x)$线性无关. 否则就称为线性相关. 这就为我们提供了判断两个函数在区间内是否线性相关的一种简便方法.

例如函数 $y_1=\mathrm{e}^{-x},y_2=2x\mathrm{e}^x$,因为$\dfrac{y_1}{y_2}=\dfrac{\mathrm{e}^{-x}}{2x\mathrm{e}^x}=\dfrac{1}{2x}\mathrm{e}^{-2x}$,不恒为常数,所以 y_1 与 y_2 在$(-\infty,0)\cup(0,+\infty)$内线性无关.

又如函数 $y=6-2x,y_2=x-3$，因为$\frac{y_1}{y_2}=\frac{6-2x}{x-3}=-2$，恒为常数，因此 y_1 与 y_2 在 R 内线性相关.

定理 4（通解结构定理） 若 y_1,y_2 是二阶常系数线性齐次方程(2)的两个线性无关的解，则 $y=c_1y_1+c_2y_2$ 是该方程的通解，其中 c_1,c_2 为任意常数.

由定理 4 可以看出，对于二阶常系数线性齐次微分方程，只要求得它的两个线性无关的特解，就可以求得它的通解. 例如方程 $y''-y=0$ 是一个二阶常系数线性齐次方程，容易看出 $y_1=\mathrm{e}^x,y_2=\mathrm{e}^{-x}$都是它的解，且 $y_1/y_2=\mathrm{e}^{2x}\neq$常数，即 y_1,y_2 是线性无关的，因此 $y=c_1\mathrm{e}^x+c_2\mathrm{e}^{-x}$ 是方程 $y''-y=0$ 的通解.

二、二阶常系数齐次线性方程的解法

前面我们已经知道了二阶常系数线性齐次方程的通解结构，它的通解可按一定的方法求解.

二阶常系数线性齐次方程的一般形式为 $y''+py'+qy=0$，其中 p,q 为实常数. 我们知道指数函数 e^{rx}求导后仍为指数函数. 我们可令 $y=\mathrm{e}^{rx}$，代入上面的方程得：

$$\mathrm{e}^{rx}(r^2+pr+q)=0.$$

因为 $\mathrm{e}^{rx}\neq0$，所以：

$$r^2+pr+q=0.$$

方程 $r^2+pr+q=0$ 就被称为方程 $y''+py'+qy=0$ 的特征方程. 根据这个代数方程的根的不同性质，我们分 3 种不同的情况来讨论：

设 r_1,r_2 为特征方程 $r^2+pr+q=0$ 的解.

(1) 当 $r_1\neq r_2$ 即 $p^2-4q>0$ 时，$y=C_1\mathrm{e}^{r_1x}+C_2\mathrm{e}^{r_2x}$为其通解.

(2) 当 $r_1=r_2=r$ 即 $p^2-4q=0$ 时，特征方程只有一个解 $y=C\mathrm{e}^{rx}$.

(3) 当 $r=\alpha\pm\mathrm{i}\beta$ 即 $p^2-4q<0$ 时，有 $y=\mathrm{e}^{(\alpha\pm\mathrm{i}\beta)x}$虚解.

利用欧拉公式可得实解，故通解为

$$y=\mathrm{e}^{\alpha x}(C_1\cos\beta x+C_2\sin\beta x).$$

求二阶常系数齐次线性微分方程

$$y''+py'+qy=0 \tag{3}$$

的通解的步骤如下：

1. 写出微分方程(3)的特征方程

$$r^2+pr+q=0. \tag{4}$$

2. 求出特征方程(4)的两个根 r_1,r_2.

3. 根据特征方程(4)的两个根的不同情形，按照下列表格写出微分方程(3)的通解：

特征方程 $r^2+pr+q=0$ 的两个根 r_1,r_2	微分方程 $y''+py+qy=0$ 的通解
两个不相等的实根 r_1,r_2	$y=C_1\mathrm{e}^{r_1x}+C_2\mathrm{e}^{r_2x}$
两个相等的实根 r_1,r_2	$y=(C_1+C_2x)\mathrm{e}^{r_1x}$
一对共轭复根 $r_{1,2}=\alpha\pm\mathrm{i}\beta$	$y=\mathrm{e}^{\alpha x}(C_1\cos\beta x+C_2\sin\beta x)$

【例题1】 求方程 $y''-2y'-3y=0$ 的通解.

解:此方程的特征方程为:

$$p^2-2p-3=0,$$

它有两个不相同的实根 $p_1=-1, p_2=3$,因此所求的通解为:

$$y=C_1e^{-x}+C_2e^{3x}.$$

【例题2】 求微分方程 $y''-2y+5y=0$ 的通解.

解:所给微分方程的特征方程为:

$$r^2-2r+5=0,$$

其根 $r_{1,2}=1\pm 2i$ 为一对共轭复根,因此所求通解为

$$y=e^x(C_1\cos 2x+C_2\sin 2x).$$

【例题3】 求微分方程 $y''-4y'+4y=0$ 的通解.

解:所给微分方程的特征方程为

$$r^2-4r+4=0,$$

其有两个相同的实根 $r_1=r_2=2$,因此所求通解为

$$y=(C_1+C_2x)e^{2x}.$$

习题 6.3

1. 写出满足下列条件的微分方程.

(1)写出以 $r^2-4r-5=0$ 为特征方程的常微分方程

(2)写出以 $r^2-r=0$ 为特征方程的常微分方程

(3)写出以 $y=C_1e^{\frac{x}{3}}+C_2xe^{\frac{x}{3}}$ 为通解的微分方程

(4)写出以 $y=(C_1+C_2x)e^{4x}$ 为通解的微分方程

2. 写出下列微分方程的通解.

(1)$y''-2y'+y=0$　　(2)$y''+5y'+6y=0$

(3)$y''-4y'=0$　　(4)$y''+y=0$

(5)$y''+2y'+y=0$　　(6)$y''+2y'+y=0$

(7)$y''-5y'=0$　　(8)$y''+y'+y=0$

3. 求下列微分方程满足初始条件的特解.

(1)$y''+2y'+10y=0, y|_{x=0}=1, y'|_{x=0}=2$

(2)$4y''+4y'+y=0, y|_{x=0}=2, y'|_{x=0}=0$

*第四节　二阶常系数非齐次线性微分方程

一、二阶常系数非齐次线性方程解的结构

定理5　若 y^* 是二阶常系数线性非齐次方程

$$y'' + py' + qy = f(x) \tag{1}$$

的一个特解，$Y = c_1y_1 + c_2y_2$ 是方程(1)对应的二阶常系数线性齐次方程

$$y'' + py' + qy = 0$$

的通解，则

$$y = Y + y^*$$

是方程(1)的通解.

二、二阶常系数非齐次线性方程的解法

下面我们根据 $f(x)$ 具有下列特殊情形时，来给出求其特解的公式：

1. 设 $f(x) = \varphi(x)e^{\mu x}$，其中 μ 为一常数，$\varphi(x)$ 为 m 次多项式，此时：

①当 μ 不是特征方程的根时，可设 $\bar{y} = Ae^{\mu x}$.

②当 μ 是特征方程的单根时，可设 $\bar{y} = Axe^{\mu x}$.

③当 μ 是特征方程的重根时，可设 $\bar{y} = Ax^2e^{\mu x}$，其中 A 为 m 次多项式.

【例题1】　求方程 $y'' + 4y' + 3y = x - 2$ 的一个特解.

解：对应的特征方程为 $p^2 + 4p + 3 = 0$.

原方程右端不出现 $e^{\mu x}$，但可以把它看作 $(x-2)e^{0x}$，即 $\mu = 0$.

因为 $\mu = 0$ 不是特征方程的根，所以设特解为

$$\bar{y} = B_0x + B_1,$$

代入原方程，得

$$4B_0 + 3B_0x + 3B_1 = x - 2,$$

于是：

$$B_0 = \frac{1}{3}, B_1 = -\frac{10}{9}.$$

故所求的特解为：

$$\bar{y} = \frac{1}{3}x - \frac{10}{9}.$$

2. 设 $f(x) = e^{\mu x}\varphi(x)\cos vx$ 或 $f(x) = e^{\mu x}\varphi(x)\sin vx$，其中 a,μ,v 为常数.

此时的特解为：$\bar{y} = x^ke^{\mu x}(A\cos vx + B\sin vx)$，当 $u + v_i$ 不是特征方程的根时，$k = 0$；是特征方程的根时，$k = 1$.

【例题2】　求方程 $y'' + 3y = \sin 2x$ 的特解.

解：显然可设特解为：

$$\bar{y}=A\sin 2x,$$

代入原方程得：

$$(-4A+3A)\sin 2x=\sin 2x,$$

由此得：

$$A=-1.$$

从而原方程的特解是

$$\bar{y}=-\sin 2x.$$

习题 6.4

1. 求下列微分方程的通解

(1) $y''+5y'+6y=x+1$

(2) $y''-4y'+4y=e^{2x}$

(3) $y''+2y'-3y=e^{x}$

(4) $y''-y'-2y=x^{2}$

2. 求下列微分方程的通解

(1) $y''+y'+y=\sin x$

(2) $y''-2y'+5y=\sin x$

(3) $y''+y=e^{x}\sin x$

(4) $y''-y'+2y=e^{x}(\sin x+\cos x)$

3. 求下列微分方程满足初始条件的特解

(1) 求微分方程 $y''+9y=\cos x$ 满足 $y|_{x=1}=1, y'|_{x=0}=1$ 的特解

(2) 求微分方程 $y''-y=4xe^{x}$ 满足 $y|_{x=0}=0, y'|_{x=0}=1$ 的特解

复习题六

一、填空题

1. 微分方程 $(y''')^{3}-y''+xy^{5}+3=0$ 的阶数是________.

2. 微分方程 $y'=x^{2}$ 的通解是________.

3. 以 $r^{2}-4r-5=0$ 为特征方程的常微分方程为________.

4. 二阶齐次线性微分方程 $y''-4y'=0$ 的通解为________.

5. 二阶齐次线性微分方程 $y''+y=0$ 的通解为________.

二、选择题

1. 微分方程 $y''+3y'+2y^3=\sin x$ 的阶数为(　　).

A. 一阶　　B. 二阶　　C. 三阶　　D. 四阶

2. 满足以 $y=(C_1+C_2x)e^{4x}$ 为通解的微分方程为(　　).

A. $y''+4y'+4y=0$　　B. $y''+4y'=0$

C. $y''-4y'=0$　　D. $y''+4y=0$

3. 可分离变量的微分方程 $\frac{dy}{dx}-\frac{y}{x}=0$ 的通解为 $y=$(　　).

A. Cx　　B. $\frac{C}{x}$　　C. $\frac{1}{x}+C$　　D. $x+C$

4. 在下列微分方程中，其通解为 $y=C_1\cos x+C_2\sin x$ 的是(　　).

A. $y''-y'=0$　　B. $y''+y'=0$　　C. $y''-2y'=0$　　D. $y''-4y'=0$

5. 函数 $y=3e^{2x}$ 是方程 $y''-4y=0$ 的(　　).

A. 通解　　B. 特解

C. 解，但既非通解也非特解　　D. 以上都不对

三、计算题

求下列方程的通解

(1) $y'=2x^2$　　(2) $y''=e^x+1$

(3) $y'=2y$　　(4) $y'=\cot x$

(5) $y'-2xy=0$　　(6) $xy'-x^2y=0$

(7) $y'-y=e^{2x}$　　(8) $y'-xy=2x$

(9) $y''+3y'+2y=0$　　(10) $y''-9y'=0$

(11) $y''+4y=0$　　(12) $y''+6y'+9y=0$

(13) $y''+2y'-3y=x$　　(14) $y''+y'+y=\sin 2x$

四、应用题

1. 设 $y=e^x$ 是微分方程 $xy'+p(x)y=x$ 的一个解，求此微分方程满足条件 $y|_{x=\ln 2}=0$ 的特解.

2. 设 $F(x)=f(x)g(x)$，其中函数 $f(x),g(x)$ 在 $(-\infty,+\infty)$ 内满足以下条件：$f'(x)=g(x)$，$g'(x)=f(x)$，且 $f(0)=0$，$f(x)+g(x)=2e^x$.

(1) 求 $F(x)$ 所满足的一阶微分方程；

(2) 求出 $F(x)$ 的表达式.

3. 设 $f(x)$ 具有二阶连续导数，$f(0)=0$，$f'(0)=1$，且

$$[xy(x+y)-f(x)y]dx+[f'(x)+x^2y]dy=0$$

为一全微分方程，求 $f(x)$ 及此全微分方程的通解.

中国微分几何学之父——苏步青

第七章 空间向量与解析几何

向量是解决生活、生产实践中的数学、物理力学及工程技术问题的有力工具;空间解析几何是用代数的方法研究空间图形的一门数学学科,它对其他学科有着重要的意义,特别在工程技术上的应用非常广泛. 此外,在讨论多元函数微积分及力学问题时,空间解析几何能提供直观的几何解释.

因此,本章先介绍空间直角坐标系,建立向量及其代数运算,最后以向量为工具研究空间解析几何.

第一节 空间直角坐标系与向量的概念

一、空间直角坐标系

在空间,使3条具有相同单位长度的数轴相互垂直且相交于一点 O,这3条数轴分别称为 x 轴、y 轴和 z 轴,一般是把 x 轴和 y 轴放置在水平面上,z 轴垂直于水平面. z 轴的正向按如图7.1所示的右手法则判断,具体规定如下:伸出右手,让四指与大拇指垂直,并使四指先指向 x 轴的正向,然后让四指沿握拳方向旋转 $90°$ 指向 y 轴的正向,这时大拇指所指的方向就是 z 轴的正向. 这样就组成了右手空间直角坐标系 $Oxyz$.

在此空间直角坐标系中,x 轴称为横轴,y 轴称为纵轴,z 轴称为竖轴,O 称为坐标原点;每两轴所确定的平面称为坐标平面,简称坐标面. x 轴与 y 轴所确定的坐标面称为 xOy 坐标面,类似地有 yOz 坐标面,zOx 坐标面. 这3个坐标面把空间分为8个部分,每一部分称为一个卦限(图7.2). x,y,z 的正半轴卦限称为第Ⅰ卦限,从 Oz 轴的正向向下看,按逆时针方向先后出现的卦限依次称为第Ⅱ,Ⅲ,Ⅳ卦限. 第Ⅰ,Ⅱ,Ⅲ,Ⅳ卦限下面的空间部分依次称为第Ⅴ,Ⅵ,Ⅶ,Ⅷ卦限.

设点 M 为空间的一个定点,过点 M 分别作垂直于 x,y,z 轴的平面,依次交 x,y,z 轴于点 P,Q,R,设点 P,Q,R 在 x,y,z 轴上的坐标分别为 x,y,z,那么就得到与点 M 对应唯一确定的有

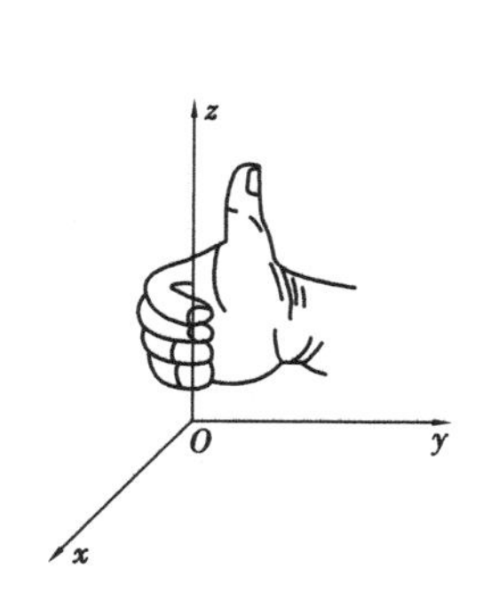

图 7.1

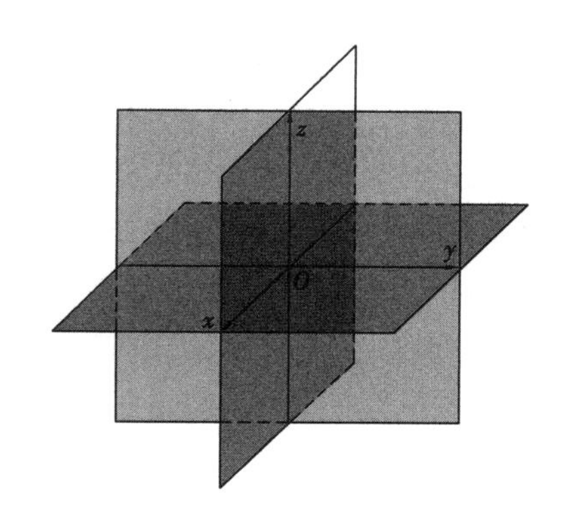

图 7.2

序实数组(x,y,z)；反之，已知有序实数组(x,y,z)，依次在 x,y,z 轴上找出坐标是 x,y,z 的 3 点 P,Q,R，分别过这 3 点作垂直于 3 个坐标轴的平面，必然相交于空间一点 M，则有序实数组有唯一对应空间一点 M，由此，空间任意一点与有序实数组(x,y,z)之间存在着一一对应关系. (x,y,z)称为点 M 的坐标，记作 $M(x,y,z)$，这样就确定了 M 点的空间坐标，其中 x,y,z 分别称为点 M 的横坐标、纵坐标、竖坐标(图 7.3).

由上述规定可知，图 7.3 中的顶点 O,P,Q,R 的坐标分别为 $O(0,0,0)$，$P(x,0,0)$，$Q(0,y,0)$，$R(0,0,z)$.

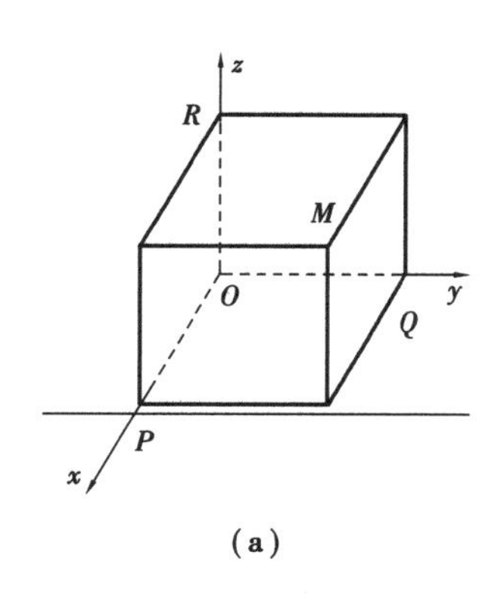

(a)

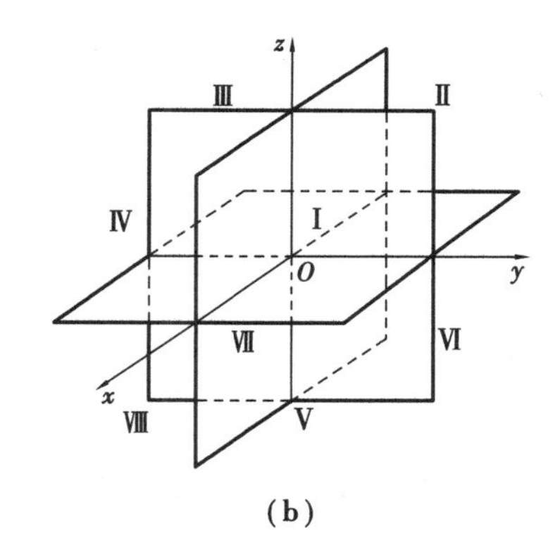

(b)

图 7.3

1. 投影点

M 点在 x 轴上投影点为 $P(x,0,0)$，M 点在 y 轴上投影点为 $Q(0,y,0)$，M 点在 z 轴上投影点为 $R(0,0,z)$.

M 点在 xOy 面上投影点为 $P_0(x,y,0)$，M 点在 yOz 面上投影点为 $Q_0(0,y,z)$，M 点在 xOz 面上投影点为 $R_0(x,0,z)$.

2. 对称点

M 点在 x 轴上对称点为 $P'(x,-y,-z)$，M 点在 y 轴上对称点为 $Q'(-x,y,-z)$，M 点在 z 轴上对称点为 $R'(-x,-y,z)$.

M 点在 xOy 面上对称点为 $P''(x,y,-z)$，M 点在 yOz 面上对称点为 $Q''(-x,y,z)$，M 点在 xOz 面上对称点为 $R''(x,-y,z)$.

M 点关于原点的对称点为 $M_0(-x,-y,-z)$.

【例题 1】 已知空间中的一点 $M(3,2,4)$.

(1)分别写出点 M 在 xOy,yOz,zOx 平面上的投影点.

(2)分别写出点 M 在 x,y,z 轴上的投影点.

(3)写出点 M 关于原点对称的点.

解:由空间直角坐标系点的知识可知:

(1)点 M 在 xOy,yOz,zOx 平面上的投影点分别是 $M_1(3,2,0)$,$M_2(0,2,4)$,$M_3(3,0,4)$.

(2)点 M 在 x,y,z 轴上的投影点分别是 $N_1(3,0,0)$,$N_2(0,2,0)$,$N_3(0,0,4)$.

(3)点 M 关于原点对称的点为 $L(-3,-2,-4)$.

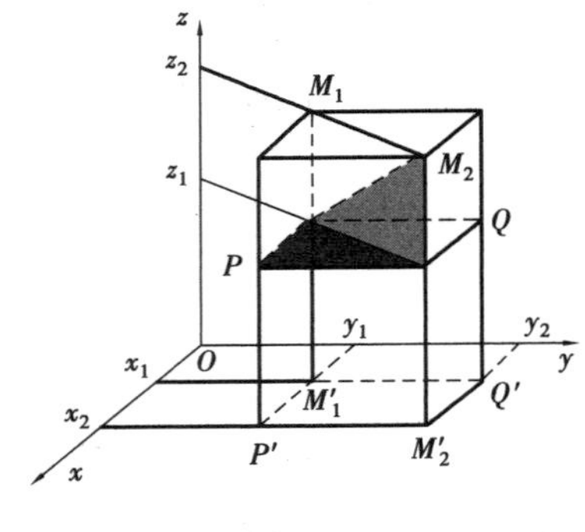

图 7.4

二、空间两点间的距离公式

如图 7.4 所示,设空间两点的直角坐标为 $M_1(x_1,y_1,z_1)$,$M_2(x_2,y_2,z_2)$,如何求它们之间的距离 $d=|M_1M_2|$?

过点 M_1 和 M_2 各作 3 个平面分别垂直于 3 个坐标轴,则 6 个平面围成一个以 $|M_1M_2|$ 为对角线的长方体,易知,此长方体的 3 条相邻棱长分别是 $|x_2-x_1|$,$|y_2-y_1|$,$|z_2-z_1|$,使用勾股定理可得:

$$d^2=|M_1M_2|^2=(x_2-x_1)^2+(y_2-y_1)^2+(z_2-z_1)^2,$$

即

$$d=|M_1M_2|=\sqrt{(x_2-x_1)^2+(y_2-y_1)^2+(z_2-z_1)^2},$$

此即为空间两点间的距离公式.

特别地,点 $M(x,y,z)$ 到原点 $O(0,0,0)$ 的距离 $d=|MO|=\sqrt{x^2+y^2+z^2}$.

【例题 2】 已知 $A(1,2,3)$,$B(-2,4,1)$,$C(-5,6,-1)$,求 $|AB|$,$|BC|$.

解:由空间两点间的距离公式 $d=|M_1M_2|=\sqrt{(x_2-x_1)^2+(y_2-y_1)^2+(z_2-z_1)^2}$ 得

$$|AB|=\sqrt{(-2-1)^2+(4-2)^2+(1-3)^2}=\sqrt{17},$$

$$|BC|=\sqrt{(-5+2)^2+(6-4)^2+(-1-1)^2}=\sqrt{17}.$$

于是,由 $|AB|=|BC|$ 可得 $\triangle ABC$ 是等腰三角形.

【例题 3】 求空间一点 $M(3,5,-2)$ 到坐标轴及到坐标面的距离.

解:为了利用两点间的距离公式,我们将点到坐标轴的距离转化为空间两点间的距离来进行计算. 设点 M 在 X,Y,Z 3 个坐标轴上的投影分别是 A,B,C,其坐标分别是 $A(3,0,0)$,$B(0,5,0)$,$C(0,0,-2)$,则由两点间的距离公式得

$$|MA|=\sqrt{(3-3)^2+(0-5)^2+(0+2)^2}=\sqrt{29}.$$

同理可得:$|MB|=\sqrt{13}$,$|MC|=\sqrt{34}$.

将点到平面的距离转化为点到平面的投影点间的距离. 设点 M 在 xOy,yOz,zOx 3 个坐标面上的投影分别是 D、E、F,其坐标分别是 $D(3,5,0)$、$E(0,5,-2)$、$F(3,0,-2)$,则由两点间

的距离公式得

$$|MD| = \sqrt{(3-3)^2 + (5-5)^2 + (0+2)^2} = 2,$$

$$|ME| = \sqrt{(0-3)^2 + (5-5)^2 + (-2+2)^2} = 3,$$

$$|MF| = \sqrt{(3-3)^2 + (0-5)^2 + (-2+2)^2} = 5.$$

三、向量的基本概念

向量：我们通常遇到的量有两类，一类是只有大小没有方向的量，如长度、面积、体积、温度等，这一类量称为数量. 另一类量既有大小又有方向，如力、速度、位移等，这一类量称为向量或矢量. 可以在空间自由平行移动的向量，称为自由向量. 本教材若不特别说明，向量均指自由向量.

向量的表示：一般地，我们用有向线段来表示向量，有向线段的长度表示向量的大小，有向线段的方向表示向量的方向，如以 A 为起点、B 为终点的向量，记为 $\overrightarrow{AB}$，也可用粗体字母 $\boldsymbol{a}$，$\boldsymbol{b}$，$\boldsymbol{c}$，$\boldsymbol{e}$，$\boldsymbol{f}$，…表示向量，如图 7.5 所示.

向量的模：向量的大小称为向量的模(或长度)，如上述所示向量，记作 $|\overrightarrow{AB}|$，向量 $\boldsymbol{a}$ 的模，记作 $|\boldsymbol{a}|$；模为 1 的向量称为单位向量，与 $\boldsymbol{a}$ 同向的单位向量记为 $\boldsymbol{a}^{\circ}$. 模等于 0 的向量称为零向量，记为 $\boldsymbol{0}$，零向量没有确定的方向.

图 7.5　　　　图 7.6

负向量：与向量 $\boldsymbol{a}$ 的模相等而方向相反的向量称为 $\boldsymbol{a}$ 的负向量，记作 $-\boldsymbol{a}$.

向量的相等：两个向量 $\boldsymbol{a}$ 与 $\boldsymbol{b}$ 不论起点是否一致，只要大小相等，方向相反，就称 $\boldsymbol{a}$ 与 $\boldsymbol{b}$ 相等，记作 $\boldsymbol{a}=\boldsymbol{b}$.

向量的夹角：将空间中的两个非零向量的起点平移在一起时，两个向量正向之间的夹角定义为向量 $\boldsymbol{a}$ 与 $\boldsymbol{b}$ 的夹角，记作 $<\boldsymbol{a},\boldsymbol{b}>$. 显然有 $<\boldsymbol{a},\boldsymbol{b}> \in [0,\pi]$，如图 7.6 所示.

这样，当 $<\boldsymbol{a},\boldsymbol{b}>=0$ 或 π 时，两个向量方向相同或相反，称向量 $\boldsymbol{a}$ 与 $\boldsymbol{b}$ 平行，记作 $\boldsymbol{a}/\!/\boldsymbol{b}$. 当 $<\boldsymbol{a},\boldsymbol{b}>=\pi/2$ 时，称向量 $\boldsymbol{a}$ 与 $\boldsymbol{b}$ 垂直，记作 $\boldsymbol{a}\perp\boldsymbol{b}$. 由于零向量的方向为任意方向，因此，零向量与任意向量平行或垂直.

向量的投影：

$|\overrightarrow{OA}| = |\boldsymbol{a}|\cos<\boldsymbol{a},\boldsymbol{b}>$ 称为向量 a 在向量 b 上的投影；$|\overrightarrow{OB}| = |\boldsymbol{b}|\cos<\boldsymbol{a},\boldsymbol{b}>$ 称为向量 $\boldsymbol{b}$ 在向量 $\boldsymbol{a}$ 上的投影，如图 7.7、图 7.8 所示.

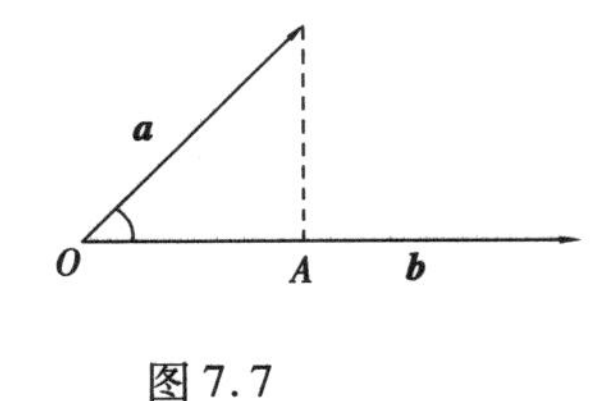

图 7.7

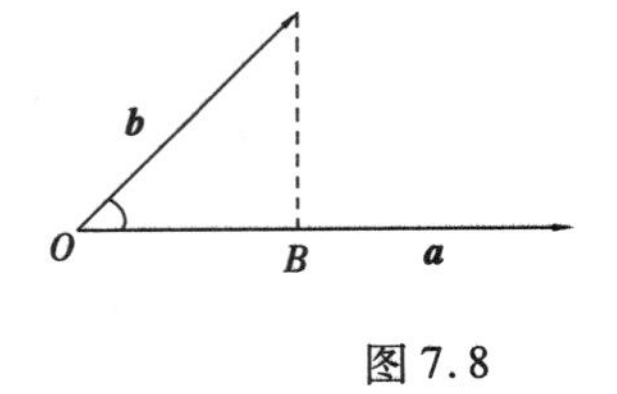

图 7.8

四、向量的线性运算

1. 向量的和

①三角形法则. 若将向量 $\boldsymbol{a}$ 的终点与向量 $\boldsymbol{b}$ 的起点放在一起，则以 $\boldsymbol{a}$ 的起点为起点，以 $\boldsymbol{b}$ 的终点为终点的向量称为向量 $\boldsymbol{a}$ 与 $\boldsymbol{b}$ 的和向量，记为 $\boldsymbol{a}+\boldsymbol{b}$. 这种求向量和的方法称为向量加法的三角形法则，如图 7.9 所示.

②平行四边形法则. 将两个向量 $\boldsymbol{a}$ 和 $\boldsymbol{b}$ 的起点放在一起，并以 $\boldsymbol{a}$ 和 $\boldsymbol{b}$ 为邻边作平行四边形，则从起点到对角顶点的向量称为 $\boldsymbol{a}+\boldsymbol{b}$. 这种求向量和的方法称为向量加法的平行四边形法则，如图 7.10 所示.

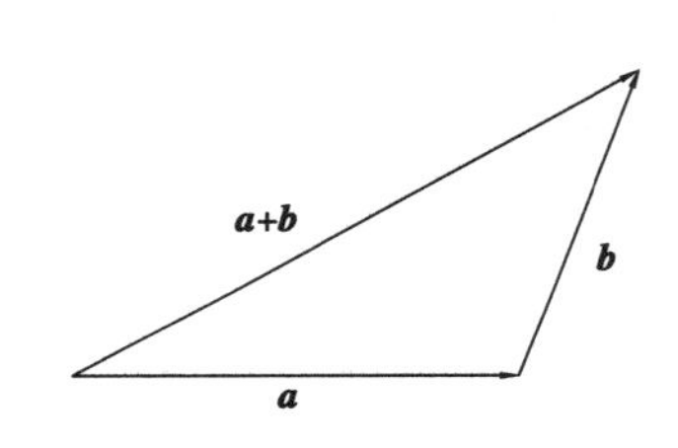

图 7.9

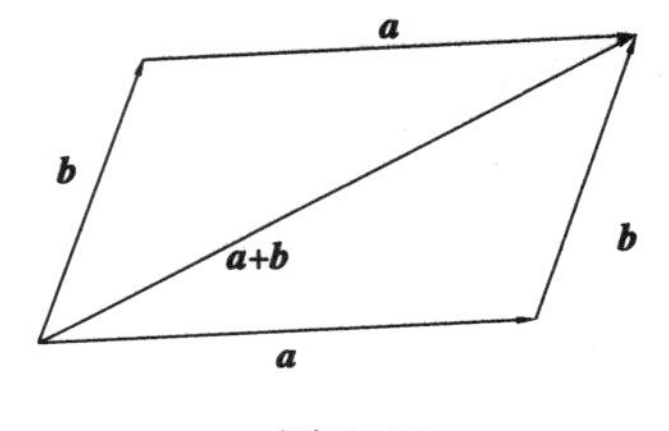

图 7.10

显然，向量的加法满足下列运算律.

交换律：$\boldsymbol{a}+\boldsymbol{b}=\boldsymbol{b}+\boldsymbol{a}$；

结合律：$(\boldsymbol{a}+\boldsymbol{b})+\boldsymbol{c}=\boldsymbol{a}+(\boldsymbol{b}+\boldsymbol{c})$.

2. 向量的减法

两向量的减法（即向量的差）规定为 $\boldsymbol{a}-\boldsymbol{b}=\boldsymbol{a}+(-1)\boldsymbol{b}$.

向量的减法三角形法则：只要把 $\boldsymbol{a}$ 与 $\boldsymbol{b}$ 的起点放在一起，$\boldsymbol{a}-\boldsymbol{b}$ 即是以 $\boldsymbol{b}$ 的终点为起点，以 $\boldsymbol{a}$ 的终点为终点的向量，如图 7.11(a)(b)所示.

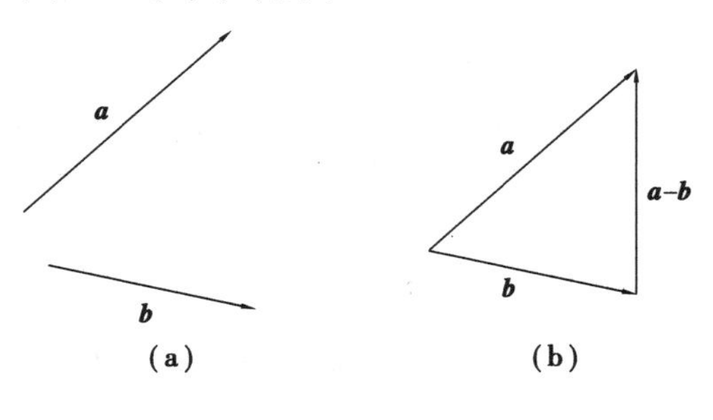

图 7.11

3. 数与向量的乘法运算

实数 λ 与向量 $\boldsymbol{a}$ 的乘积是一个向量，称为向量 $\boldsymbol{a}$ 与数 λ 的乘积，记作 $\lambda\boldsymbol{a}$，并且规定：

①大小：$|\lambda\boldsymbol{a}|=|\lambda||\boldsymbol{a}|$；

②方向：当 $\lambda>0$ 时，$\lambda\boldsymbol{a}$ 与 $\boldsymbol{a}$ 的方向相同；当 $\lambda<0$ 时，$\lambda\boldsymbol{a}$ 与 $\boldsymbol{a}$ 的方向相反；$\lambda=0$ 时，$\lambda\boldsymbol{a}$ 是零向量.

设 λ,μ 都是实数，则数与向量的乘法满足下列运算律：

结合律：$\lambda(\mu\boldsymbol{a})=(\lambda\mu)\boldsymbol{a}=\mu(\lambda\boldsymbol{a})$；

分配律：$(\lambda+\mu)\boldsymbol{a}=\lambda\boldsymbol{a}+\mu\boldsymbol{a}$，$\lambda(\boldsymbol{a}+\boldsymbol{b})=\lambda\boldsymbol{a}+\lambda\boldsymbol{b}$.

4. 单位向量：模为 1 的向量称为单位向量.

由：$\boldsymbol{a}=\pm|\boldsymbol{a}|\boldsymbol{a}^{\circ}$

单位向量为：$\boldsymbol{a}^{\circ}=\pm\dfrac{\boldsymbol{a}}{|\boldsymbol{a}|}$，$\boldsymbol{a}$ 表示任意向量，$|\boldsymbol{a}|$表示向量的模，$\boldsymbol{a}$ 同向的单位向量为 $\boldsymbol{a}^{\circ}=\dfrac{\boldsymbol{a}}{|\boldsymbol{a}|}$.

【例题 4】 已知平行四边形 $ABCD$ 的对角线向量为$\overrightarrow{AC}=\boldsymbol{a}$，$\overrightarrow{DB}=\boldsymbol{b}$，试用向量 $\boldsymbol{a}$ 和 $\boldsymbol{b}$ 表示向量$\overrightarrow{AB}$和$\overrightarrow{DA}$.

解：设$\overrightarrow{AC}$，$\overrightarrow{BD}$的交点为 O（图 7.12），由于平行四边形对角线互相平分，故

$$\overrightarrow{AO}=\overrightarrow{OC}=\frac{1}{2}\overrightarrow{AC}=\frac{1}{2}\boldsymbol{b},\overrightarrow{DO}=\overrightarrow{OB}=\frac{1}{2}\overrightarrow{DB}=\frac{1}{2}\boldsymbol{b}.$$

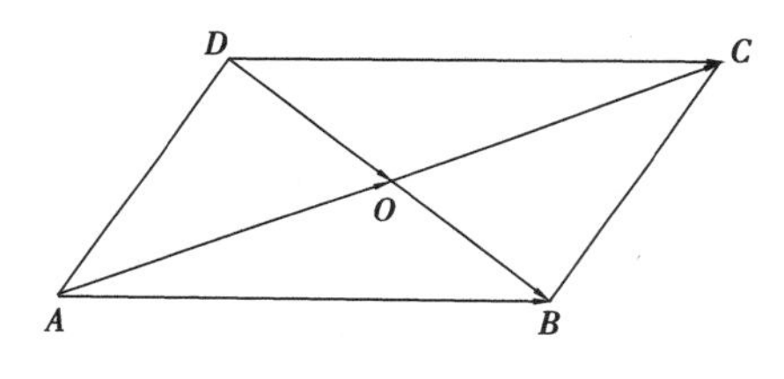

图 7.12

根据三角形法则，有

$$\overrightarrow{AB}=\overrightarrow{AO}+\overrightarrow{OB}=\frac{1}{2}(\boldsymbol{a}+\boldsymbol{b}),$$

$$\overrightarrow{DA}=\overrightarrow{CB}=\overrightarrow{OC}-\overrightarrow{OB}=\frac{1}{2}(\boldsymbol{a}-\boldsymbol{b}).$$

习题 7.1

1. 在空间直角坐标系中说明下列各点的位置.

$A(-3,1,2)$，　$B(1,3,-2)$，　$C(1,-3,-2)$，

$D(-3,0,-4)$，　$E(0,2,2)$，　$F(-2,4,-2)$.

2. 求点 $M(1,-2,4)$关于各坐标面、各坐标轴的投影点的坐标.

3. 求点 $M(1,2,3)$关于下列条件的对称点的坐标.

（1）各坐标面　（2）各坐标轴　（3）坐标原点

4. 求下列两点间的距离

(1)$A(1,0,0)$,$B(0,1,0)$　　(2)$A(1,2,1)$,$B(0,2,-1)$

(3)$A(2,2,1)$,$B(2,3,-1)$　　(4)$A(1,2,-3)$,$B(-1,2,0)$

5. 求点 $A(5,-1,1)$ 与 z 轴、y 轴和 x 轴的距离.

6. 求顶点为 $A(-1,1,4)$,$B(2,-1,2)$,$C(4,0,7)$ 的三角形各边长.

7. 设 A,B 两点为 $A(2,-7,1)$,$B(-2,2,z)$,它们之间的距离为 $|AB|=7$,求点 B 的未知坐标 z.

8. 已知平行四边形 $ABCD$,M 是对角线 AC 和 BD 的交点,设 $\overrightarrow{AB}=\boldsymbol{a}$,$\overrightarrow{AD}=\boldsymbol{b}$,试用 $\boldsymbol{a}$,$\boldsymbol{b}$ 表示向量 $\overrightarrow{MA}$,$\overrightarrow{MB}$,$\overrightarrow{MC}$,$\overrightarrow{MD}$,$\overrightarrow{AC}$ 和 $\overrightarrow{BD}$.

9. 证明:三角形的中位线平行于底边且等于底边的一半.

第二节　向量的坐标表示及其线性运算

一、向量的坐标表示

1. 向径的坐标表示

将空间向量引入空间直角坐标系,把起点坐标在原点 O 而终点坐标在空间直角坐标系的点 $M(x,y,z)$ 的向量 $\overrightarrow{OM}$ 称为该向量的**向径**. 在空间直角坐标系中,规定 $\boldsymbol{i}$,$\boldsymbol{j}$,$\boldsymbol{k}$ 分别为与 x 轴,y 轴,z 轴同向的单位向量. $\boldsymbol{i}$,$\boldsymbol{j}$,$\boldsymbol{k}$ 称为基本单位向量.

由图 7.13 可知,$\overrightarrow{OM}=\overrightarrow{OP}+\overrightarrow{OQ}+\overrightarrow{OR}$.

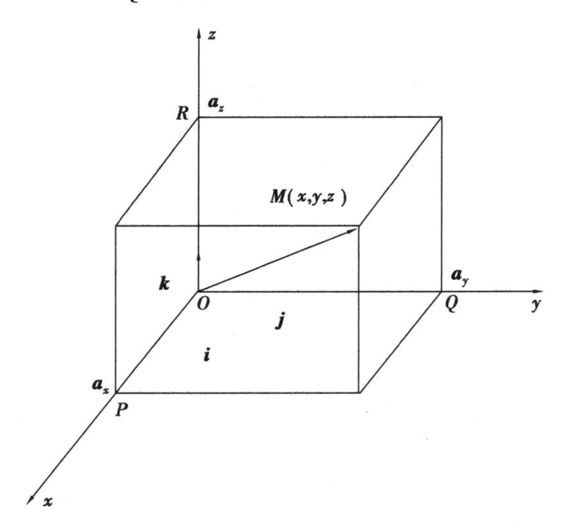

图 7.13

其中 $\overrightarrow{OP}=x\boldsymbol{i}$,$\overrightarrow{OQ}=y\boldsymbol{j}$,$\overrightarrow{OR}=z\boldsymbol{k}$.

因此 $\overrightarrow{OM}=x\boldsymbol{i}+y\boldsymbol{j}+z\boldsymbol{k}$,$x$,$y$,$z$ 称为向量 $\overrightarrow{OM}$ 的坐标,也将 $\overrightarrow{OM}=\{x,y,z\}$ 称为向量 $\overrightarrow{OM}$ 的坐标式. 这就说明空间向量 $\overrightarrow{OM}$ 与空间点的坐标建立了一一对应关系.

这里 x,y,z 是向量 $\overrightarrow{OM}$ 在 x 轴，y 轴，z 轴上的投影.

这里 $x\boldsymbol{i}$, $y\boldsymbol{j}$, $z\boldsymbol{k}$ 是向量 $\overrightarrow{OM}$ 在 x 轴，y 轴，z 轴上的分向量.

2. 向量的坐标表示

当向量的起点不是坐标原点时，仍可以用坐标表示. 设向量 $\overrightarrow{M_1M_2}$ 是以 $M_1(x_1,y_1,z_1)$ 为起点，以 $M_2(x_2,y_2,z_2)$ 为终点的向量，由向量的减法可知，

$$\begin{aligned}\overrightarrow{M_1M_2} = \overrightarrow{OM_2} - \overrightarrow{OM_1} &= \{x_2\boldsymbol{i} + y_2\boldsymbol{j} + z_2\boldsymbol{k}\} - \{x_1\boldsymbol{i} + y_1\boldsymbol{j} + z_1\boldsymbol{k}\} \\ &= (x_2 - x_1)\boldsymbol{i} + (y_2 - y_1)\boldsymbol{j} + (z_2 - z_1)\boldsymbol{k}.\end{aligned}$$

$\overrightarrow{M_1M_2}$ 的坐标表达式为：$\{x_2 - x_1, y_2 - y_1, z_2 - z_1\}$.

即空间任意向量的坐标等于终点与起点的对应的坐标之差.

【例题1】　计算

(1) 已知 $M_1(1,2,4)$，$M_2(0,1,2)$，求 $\overrightarrow{M_1M_2}$.

(2) 已知 $\overrightarrow{M_1M_2} = \{2,1,5\}$，且 $M_1(1,2,4)$，求 M_2.

(3) 已知 $\overrightarrow{M_1M_2} = \{2,1,5\}$，且 $M_2(1,2,4)$，求 M_1.

(1) **解**：由：$\overrightarrow{M_1M_2} = \overrightarrow{OM_2} - \overrightarrow{OM_1} = \{x_2 - x_1, y_2 - y_1, z_2 - z_1\}$

$= \{-1, -1, -2\}$.

(2) **解**：由：$\overrightarrow{M_1M_2} = \overrightarrow{OM_2} - \overrightarrow{OM_1}$，

所以：$\overrightarrow{OM_2} = \overrightarrow{M_1M_2} + \overrightarrow{OM_1} = \{3,3,9\}$，即 $M_2(3,3,9)$.

(3) **解**：由：$\overrightarrow{M_1M_2} = \overrightarrow{OM_2} - \overrightarrow{OM_1}$，

所以：$\overrightarrow{OM_1} = \overrightarrow{OM_2} - \overrightarrow{M_1M_2} = \{-1,1,-1\}$，即 $M_1(-1,1,-1)$.

二、坐标表示下的向量的线性运算

设两个向量 $\boldsymbol{a} = a_1\boldsymbol{i} + a_2\boldsymbol{j} + a_3\boldsymbol{k}$，$\boldsymbol{b} = b_1\boldsymbol{i} + b_2\boldsymbol{j} + b_3\boldsymbol{k}$，则线性运算有：

(1) $\boldsymbol{a} + \boldsymbol{b} = (a_1 + b_1)\boldsymbol{i} + (a_2 + b_2)\boldsymbol{j} + (a_3 + b_3)\boldsymbol{k}$；

(2) $\boldsymbol{a} - \boldsymbol{b} = (a_1 - b_1)\boldsymbol{i} + (a_2 - b_2)\boldsymbol{j} + (a_3 - b_3)\boldsymbol{k}$；

(3) $\lambda\boldsymbol{a} = \lambda(a_1\boldsymbol{i} + a_2\boldsymbol{j} + a_3\boldsymbol{k}) = \lambda a_1\boldsymbol{i} + \lambda a_2\boldsymbol{j} + \lambda a_3\boldsymbol{k}$.

【例题2】　已知 $\boldsymbol{a} = \{1,3,5\}$，$\boldsymbol{b} = \{-1,0,4\}$，求 (1) $2\boldsymbol{a}$；(2) $3\boldsymbol{a} - 2\boldsymbol{b}$.

(1) **解**：$2\boldsymbol{a} = 2 \times \{1,3,5\} = \{2,6,10\}$；

(2) **解**：$3\boldsymbol{a} - 2\boldsymbol{b} = 3 \times \{1,3,5\} - 2 \times \{-1,0,4\} = \{3,9,15\} - \{-2,0,8\} = \{5,9,7\}$.

三、向量的模、方向余弦及坐标表示

1. 向量的模

已知向量 $\boldsymbol{a} = (a_x, a_y, a_z)$，则向量 $\boldsymbol{a}$ 的模为

$$|\boldsymbol{a}| = \sqrt{a_x^2 + a_y^2 + a_z^2}.$$

2. 向量的方向余弦

设向量 $\overrightarrow{M_1M_2}$ 与 3 条坐标轴的夹角 α,β,γ 称为向量 $\boldsymbol{a} = \overrightarrow{M_1M_2}$ 的方向角，如图 7.14 所示，方向角的余弦 $\cos\alpha$，$\cos\beta$，$\cos\gamma$ 称为方向余弦.

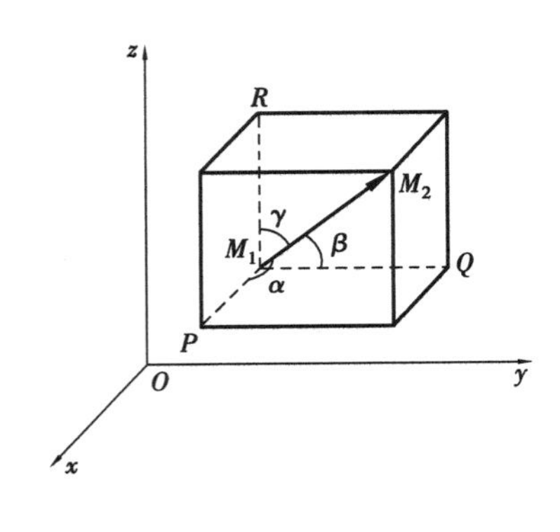

图 7.14

显然,给定3个方向角,向量的方向也随之确定,因此它们表示了向量的方向,设$\overrightarrow{M_1M_2}=\boldsymbol{a}$,由几何的知识可以得到:

$$a_x=|\boldsymbol{a}|\cos\alpha, a_y=|\boldsymbol{a}|\cos\beta, a_2=|\boldsymbol{a}|\cos\gamma.$$

所以,3个方向余弦也可用坐标表示为

$$\begin{cases}\cos\alpha=\dfrac{a_x}{|\boldsymbol{a}|}=\dfrac{a_x}{\sqrt{a_x^2+a_y^2+a_z^2}}\\ \cos\beta=\dfrac{a_y}{|\boldsymbol{a}|}=\dfrac{a_y}{\sqrt{a_x^2+a_y^2+a_z^2}}.\\ \cos\gamma=\dfrac{a_z}{|\boldsymbol{a}|}=\dfrac{a_z}{\sqrt{a_x^2+a_y^2+a_z^2}}\end{cases}$$

由三角函数知识我们可以得到下面的关系式:

$$\cos^2\alpha+\cos^2\beta+\cos^2\gamma=1.$$

与非零向量$\boldsymbol{a}$同方向的单位向量为:

$$\boldsymbol{a}^0=\frac{\boldsymbol{a}}{|\boldsymbol{a}|}=\frac{1}{|\boldsymbol{a}|}\{a_x,a_y,a_z\}=\{\cos\alpha,\cos\beta,\cos\gamma\}.$$

【例题3】 已知两点$A(4,2,1)$与$B(3,0,3)$,求向量$\overrightarrow{AB}$的模、方向余弦和方向角.

解:由定义知,$\overrightarrow{AB}=\{3-4,0-2,3-1\}=\{-1,-2,2\}$.

则$|\overrightarrow{AB}|=3$.

于是 $\cos\alpha=\dfrac{a_x}{\sqrt{a_x^2+a_y^2+a_z^2}}=\dfrac{-1}{3}=-\dfrac{1}{3}$, $\cos\beta=\dfrac{a_y}{\sqrt{a_x^2+a_y^2+a_z^2}}=-\dfrac{2}{3}$.

$\cos\gamma=\dfrac{a_z}{\sqrt{a_x^2+a_y^2+a_z^2}}=\dfrac{2}{3}$.

$\alpha=\arccos\left(-\dfrac{1}{3}\right)$, $\beta=\arccos\left(-\dfrac{2}{3}\right)$, $\gamma=\arccos\dfrac{2}{3}$.

【例题4】 已知点$M_1(2,-1,3)$和$M_2(3,2,1)$,求向量$\overrightarrow{M_1M_2}$的模、方向余弦及与$\overrightarrow{M_1M_2}$方向相同的单位向量.

解:由定义,$\overrightarrow{M_1M_2}=\{3-2,2-(-1),1-3\}=\{1,3,-2\}$,故$|\overrightarrow{M_1M_2}|=\sqrt{1^2+3^2+(-2)^2}=\sqrt{14}$, $\cos\alpha=\dfrac{1}{\sqrt{14}}$, $\cos\beta=\dfrac{3}{\sqrt{14}}$, $\cos\gamma=-\dfrac{2}{\sqrt{14}}$.

向量$\boldsymbol{a}^\circ=\{\cos\alpha,\cos\beta,\cos\gamma\}$是与$\boldsymbol{a}$方向相同的单位向量,所以与$\overrightarrow{M_1M_2}$方向相同的单位向量为$\boldsymbol{a}^\circ=\left\{\dfrac{1}{\sqrt{14}},\dfrac{3}{\sqrt{14}},-\dfrac{2}{\sqrt{14}}\right\}$.

【例题5】 设向量$\boldsymbol{a}$的方向角$\alpha=\dfrac{\pi}{4}$, $\beta=\dfrac{\pi}{2}$, γ为锐角,且$|\boldsymbol{a}|=6$,求向量$\boldsymbol{a}$的坐标表示式.

解:因为 $\cos^2\dfrac{\pi}{4}+\cos^2\dfrac{\pi}{2}+\cos^2\gamma=1$,于是有 $\cos\gamma=\pm\dfrac{2}{\sqrt{2}}$($\gamma$ 是锐角,负的舍去).

故 $a_x=|\boldsymbol{a}|\cos\alpha=6\cos\dfrac{\pi}{4}=3\sqrt{2}$,$a_y=|\boldsymbol{a}|\cos\beta=6\cos\dfrac{\pi}{2}=0$,

$a_z=|\boldsymbol{a}|\cos\gamma=6\dfrac{\sqrt{2}}{2}=3\sqrt{2}$,所以,向量 $\boldsymbol{a}$ 的坐标表示为 $a=\{3\sqrt{2},0,3\sqrt{2}\}$.

习题 7.2

1. 计算

(1)已知 $M_1(1,2,-1)$,$M_2(1,1,2)$,求$\overrightarrow{M_1M_2}$.

(2)已知$\overrightarrow{M_1M_2}=\{1,1,3\}$,且 $M_1(1,2,3)$,求 M_2.

(3)已知$\overrightarrow{M_1M_2}=\{2,3,5\}$,且 $M_2(3,2,1)$,求 M_1.

2. 已知向量 $\boldsymbol{a}=(6,1,-1)$,$\boldsymbol{b}=(1,2,-3)$,求向量 $\boldsymbol{a}-\boldsymbol{b}$,$\boldsymbol{a}+\boldsymbol{b}$,$3\boldsymbol{a}-2\boldsymbol{b}$.

3. 已知两点 $A(4,2,1)$ 与 $B(3,0,3)$,求向量$\overrightarrow{AB}$的模、方向余弦和方向角.

4. 已知 $M_1(1,1,1)$,$M_2(4,1,5)$,求向量$\overrightarrow{M_1M_2}$的模、方向余弦及与$\overrightarrow{M_1M_2}$方向相同的单位向量.

5. 已知两点 $A(1,2,1)$ 与 $B(2,0,3)$,求向量$\overrightarrow{AB}$在 x 轴和 y 轴上的投影及在 z 轴的分向量.

第三节　数量积与向量积

一、向量的数量积(点积)

引例 1　在物理学中,物体在常力作用下,移动了 S,则力 F 所做的功为 $W=|F|\cdot|S|\cos(F,S)$,其中,(F,S)表示 F 与 S 之间的夹角. 向量间的这种运算关系在其他实际问题中也会遇到. 在数学上,抛开它的实际意义,将其抽象为向量间的数量积,我们给出以下具体定义:

(一)数量积的定义

设向量 $\boldsymbol{a}$,$\boldsymbol{b}$ 之间的夹角为 $\theta(0\leqslant\theta\leqslant\pi)$,则称$|\boldsymbol{a}||\boldsymbol{b}|\cos\theta$ 为向量 $\boldsymbol{a}$ 与 $\boldsymbol{b}$ 的数量积,记作 $\boldsymbol{a}\cdot\boldsymbol{b}$,即 $\boldsymbol{a}\cdot\boldsymbol{b}=|\boldsymbol{a}||\boldsymbol{b}|\cos\theta$,向量的数量积又称“点积”或“内积”.

显然,由向量的数量积的定义容易推出以下结果:

$$\boldsymbol{a}\cdot\boldsymbol{a}=|\boldsymbol{a}|^2 \tag{1}$$

$$\boldsymbol{a}\cdot\boldsymbol{b}=0\Leftrightarrow\boldsymbol{a}\perp\boldsymbol{b} \tag{2}$$

可以验证,向量的数量积还满足下列运算律:

交换律:$\boldsymbol{a}\cdot\boldsymbol{b}=\boldsymbol{b}\cdot\boldsymbol{a}$;

分配律:$(\boldsymbol{a}+\boldsymbol{b})\cdot\boldsymbol{c}=\boldsymbol{a}\cdot\boldsymbol{c}+\boldsymbol{b}\cdot\boldsymbol{c}$;

结合律:$\lambda(\boldsymbol{a}\cdot\boldsymbol{b})=(\lambda\boldsymbol{a})\cdot\boldsymbol{b}$(其中 λ 为常数).

【例题 1】 已知 $<\boldsymbol{a},\boldsymbol{b}>=\frac{1}{3}\pi$, $|\boldsymbol{a}|=3$, $|\boldsymbol{b}|=5$,求(1)$\boldsymbol{a}\cdot\boldsymbol{b}$;(2)$|\boldsymbol{a}+\boldsymbol{b}|$.

(1)**解**:$\boldsymbol{a}\cdot\boldsymbol{b}=|\boldsymbol{a}||\boldsymbol{b}|\cos\theta=3\times5\times\cos\frac{\pi}{3}=\frac{15}{2}$.

(2)**解**:
$$|\boldsymbol{a}+\boldsymbol{b}|=\sqrt{(\boldsymbol{a}+\boldsymbol{b})(\boldsymbol{a}+\boldsymbol{b})}=\sqrt{\boldsymbol{a}\cdot\boldsymbol{a}+2\boldsymbol{a}\cdot\boldsymbol{b}+\boldsymbol{b}\cdot\boldsymbol{b}}$$
$$=\sqrt{|\boldsymbol{a}|^2+2\times|\boldsymbol{a}|\times|\boldsymbol{b}|\times\cos\frac{\pi}{3}+|\boldsymbol{b}|^2}$$
$$=\sqrt{9+2\times3\times5\times\frac{1}{2}+25}=7.$$

(二)用向量的坐标来表示数量积

设 $\boldsymbol{a}=a_x\boldsymbol{i}+a_y\boldsymbol{j}+a_z\boldsymbol{k}$, $\boldsymbol{b}=b_x\boldsymbol{i}+b_y\boldsymbol{j}+b_z\boldsymbol{k}$,利用数量的运算性质,可得
$$\boldsymbol{a}\cdot\boldsymbol{b}=(a_x\boldsymbol{i}+a_y\boldsymbol{j}+a_z\boldsymbol{k})\cdot(b_x\boldsymbol{i}+b_y\boldsymbol{j}+b_z\boldsymbol{k})$$
$$=a_xb_x(\boldsymbol{i}\cdot\boldsymbol{i})+a_yb_x(\boldsymbol{j}\cdot\boldsymbol{i})+a_zb_x(\boldsymbol{k}\cdot\boldsymbol{i})+a_xb_y(\boldsymbol{i}\cdot\boldsymbol{j})+$$
$$a_yb_y(\boldsymbol{j}\cdot\boldsymbol{j})+a_zb_y(\boldsymbol{k}\cdot\boldsymbol{j})+a_xb_z(\boldsymbol{i}\cdot\boldsymbol{k})+a_yb_z(\boldsymbol{j}\cdot\boldsymbol{k})+a_zb_z(\boldsymbol{k}\cdot\boldsymbol{k}).$$

由于 $\boldsymbol{i},\boldsymbol{j},\boldsymbol{k}$ 是两两互相垂直的单位向量,故有
$$\boldsymbol{i}\cdot\boldsymbol{i}=|\boldsymbol{i}|^2=1,\boldsymbol{j}\cdot\boldsymbol{j}=|\boldsymbol{j}|^2=1,\boldsymbol{k}\cdot\boldsymbol{k}=|\boldsymbol{k}|^2=1;$$
$$\boldsymbol{i}\cdot\boldsymbol{j}=\boldsymbol{j}\cdot\boldsymbol{i}=0,\boldsymbol{i}\cdot\boldsymbol{k}=\boldsymbol{k}\cdot\boldsymbol{i}=0,\boldsymbol{j}\cdot\boldsymbol{k}=\boldsymbol{k}\cdot\boldsymbol{j}=0;$$

所以 $\boldsymbol{a}\cdot\boldsymbol{b}=a_xb_x+a_yb_y+a_zb_z$. (3)

由 $\boldsymbol{a}\cdot\boldsymbol{b}=0\Leftrightarrow\boldsymbol{a}\perp\boldsymbol{b}$,所以 $\boldsymbol{a}\perp\boldsymbol{b}\Leftrightarrow\boldsymbol{a}\cdot\boldsymbol{b}=a_xb_x+a_yb_y+a_zb_z=0$. (4)

【例题 2】 设 $\boldsymbol{a}=3\boldsymbol{i}-2\boldsymbol{j}+\boldsymbol{k}$, $\boldsymbol{b}=2\boldsymbol{i}+\boldsymbol{j}+4\boldsymbol{k}$,求 $\boldsymbol{a}\cdot\boldsymbol{b}$.

解:由(3)式得
$$\boldsymbol{a}\cdot\boldsymbol{b}=3\times2+(-2)\times1+1\times2=6.$$

【例题 3】 已知 $\boldsymbol{a}=\{1,2,-1\}$, $\boldsymbol{b}=\{2,0,k\}$,且满足 $\boldsymbol{a}\perp\boldsymbol{b}$,求 k.

解:由(4)式得
$$\boldsymbol{a}\cdot\boldsymbol{b}=1\times2+2\times0-k=0 \text{ 即 } k=2.$$

【例题 4】 设$\triangle ABC$ 的 3 个顶点为 $A(0,1,-1)$, $B(1,3,4)$, $C(-1,-1,0)$,证明$\triangle ABC$ 为直角三角形.

解:各边所在的向量为$\overrightarrow{AB}=\boldsymbol{i}+2\boldsymbol{j}+5\boldsymbol{k}$, $\overrightarrow{AC}=-\boldsymbol{i}-2\boldsymbol{j}+\boldsymbol{k}$, $\overrightarrow{BC}=-2\boldsymbol{i}-4\boldsymbol{j}-4\boldsymbol{k}$.

因为$\overrightarrow{AB}\cdot\overrightarrow{AC}=1\times(-1)+2\times(-2)+5\times1=0$,所以$\overrightarrow{AB}\perp\overrightarrow{AC}$,故$\triangle ABC$ 为直角三角形.

(三)向量 $\boldsymbol{a}$ 与 $\boldsymbol{b}$ 的夹角余弦

由向量定义及向量的坐标表示法,设 $\boldsymbol{a}=a_1\boldsymbol{i}+a_2\boldsymbol{j}+a_3\boldsymbol{k}$, $\boldsymbol{b}=b_1\boldsymbol{i}+b_2\boldsymbol{j}+b_3\boldsymbol{k}$,均为非零向量,则
$$\cos<\boldsymbol{a},\hat{}\boldsymbol{b}>=\frac{\boldsymbol{a}\cdot\boldsymbol{b}}{|\boldsymbol{a}||\boldsymbol{b}|}=\frac{a_1b_1+a_2b_2+a_3b_3}{\sqrt{a_1^2+a_2^2+a_3^2}\sqrt{b_1^2+b_2^2+b_3^2}}.$$

【例题 5】 已知 $\boldsymbol{a}=\{2,-1,0\}$, $\boldsymbol{b}=\{1,0,2\}$,求 $\boldsymbol{a}\cdot\boldsymbol{b}$, $\cos<\boldsymbol{a},\hat{}\boldsymbol{b}>$.

解:$\boldsymbol{a}\cdot\boldsymbol{b}=\{2,-1,0\}\times\{1,0,2\}=2+0+0=2$,

$$\cos\langle \hat{a,b}\rangle = \frac{a\cdot b}{|a||b|} = \frac{2}{\sqrt{2^2+(-1)^2+0^2}\sqrt{1^2+0^2+2^2}} = \frac{2}{5}.$$

二、向量的向量积(叉积)

在实际问题中我们还要用到两个向量的另一种乘法运算. 例如物体受力作用而产生的力矩等. 在这些问题中,两个向量的乘积仍然是一个向量,其方向垂直于这两个向量所在的平面,并由右手法则确定,大小等于这两个向量的模与向量间夹角的正弦的乘积. 由于此向量具有普遍的意义,因此,我们将其定义为两个向量的向量积. 下面给出向量积的定义.

1. 定义

两个向量 $\boldsymbol{a}$ 与 $\boldsymbol{b}$ 的向量积仍是一个向量,记作 $\boldsymbol{a}\times\boldsymbol{b}$,它的大小和方向分别规定如下:

①大小:$|\boldsymbol{a}\times\boldsymbol{b}|=|\boldsymbol{a}||\boldsymbol{b}|\sin\theta$ 其中 θ 是向量 $\boldsymbol{a}$ 与 $\boldsymbol{b}$ 的夹角.

②方向:$\boldsymbol{a}\times\boldsymbol{b}$ 的方向为既垂直于 $\boldsymbol{a}$ 又垂直于 $\boldsymbol{b}$,即垂直于 $\boldsymbol{a}$ 与 $\boldsymbol{b}$ 的平面,并且按顺序 $\boldsymbol{a},\boldsymbol{b},\boldsymbol{a}\times\boldsymbol{b}$ 符合右手法则.

由向量积的大小可得 $|\boldsymbol{a}\times\boldsymbol{b}|$ 的几何意义:表示以 $\boldsymbol{a},\boldsymbol{b}$ 为边的平行四边形的面积,则由向量积的定义可得

①$\boldsymbol{a}\times\boldsymbol{a}=\boldsymbol{0}$.

②若 $\boldsymbol{a}$、$\boldsymbol{b}$ 为非零向量,则 $\boldsymbol{a}/\!/\boldsymbol{b}$ 的充要条件是 $\boldsymbol{a}\times\boldsymbol{b}=\boldsymbol{0}$.

向量的向量积满足下述运算律:

反交换律:$\boldsymbol{a}\times\boldsymbol{b}=-\boldsymbol{b}\times\boldsymbol{a}$;

分配律:$(\boldsymbol{a}+\boldsymbol{b})\times\boldsymbol{c}=\boldsymbol{a}\times\boldsymbol{c}+\boldsymbol{b}\times\boldsymbol{c}$;

结合律:$\lambda(\boldsymbol{a}\times\boldsymbol{b})=(\lambda\boldsymbol{a})\times\boldsymbol{b}=\boldsymbol{a}\times(\lambda\boldsymbol{b})$(其中 λ 为常数).

2. 向量积的坐标表示

设 $\boldsymbol{a}=a_1\boldsymbol{i}+a_2\boldsymbol{j}+a_3\boldsymbol{k},\boldsymbol{b}=b_1\boldsymbol{i}+b_2\boldsymbol{j}+b_3\boldsymbol{k}$,

$$\begin{aligned}\boldsymbol{a}\times\boldsymbol{b} &= (a_1\boldsymbol{i}+a_2\boldsymbol{j}+a_3\boldsymbol{k})\times(b_1\boldsymbol{i}+b_2\boldsymbol{j}+b_3\boldsymbol{k})\\ &= a_1b_1\boldsymbol{i}\times\boldsymbol{i}+a_1b_2\boldsymbol{i}\times\boldsymbol{j}+a_1b_3\boldsymbol{i}\times\boldsymbol{k}+a_2b_1\boldsymbol{j}\times\boldsymbol{i}+a_2b_2\boldsymbol{j}\times\boldsymbol{j}+a_2b_3\boldsymbol{j}\times\boldsymbol{k}+\\ &\quad a_3b_1\boldsymbol{k}\times\boldsymbol{i}+a_3b_2\boldsymbol{k}\times\boldsymbol{j}+a_3b_3\boldsymbol{k}\times\boldsymbol{k}.\end{aligned}$$

又由向量的定义,$\boldsymbol{i}\times\boldsymbol{i}=0,\boldsymbol{j}\times\boldsymbol{j}=0,\boldsymbol{k}\times\boldsymbol{k}=0,\boldsymbol{i}\times\boldsymbol{j}=\boldsymbol{k},\boldsymbol{j}\times\boldsymbol{k}=\boldsymbol{i},\boldsymbol{k}\times\boldsymbol{i}=\boldsymbol{j},\boldsymbol{j}\times\boldsymbol{i}=-\boldsymbol{k},\boldsymbol{k}\times\boldsymbol{j}=-\boldsymbol{i},\boldsymbol{k}\times\boldsymbol{i}=-\boldsymbol{j}$,

于是得到 $\boldsymbol{a}\times\boldsymbol{b}=(a_2b_3-a_3b_2)\boldsymbol{i}-(a_1b_3-a_3b_1)\boldsymbol{j}+(a_1b_2-a_2b_1)\boldsymbol{k}$.

上式比较难记,可根据行列式的知识,将 $\boldsymbol{a}\times\boldsymbol{b}$ 表示成一个三阶行列式的形式. 计算时,只需将其按第一行展开即可.

即:
$$\boldsymbol{a}\times\boldsymbol{b}=\begin{vmatrix}\boldsymbol{i}&\boldsymbol{j}&\boldsymbol{k}\\a_1&a_2&a_3\\b_1&b_2&b_3\end{vmatrix}=\begin{vmatrix}a_2&a_3\\b_2&b_3\end{vmatrix}\boldsymbol{i}-\begin{vmatrix}a_1&a_3\\b_1&b_3\end{vmatrix}\boldsymbol{j}+\begin{vmatrix}a_1&a_2\\b_1&b_2\end{vmatrix}\boldsymbol{k}$$

$$=(a_2b_3-a_3b_2)\boldsymbol{i}-(a_1b_3-a_3b_1)\boldsymbol{j}+(a_1b_2-a_2b_1)\boldsymbol{k}, \tag{5}$$

即:
$$\boldsymbol{a}/\!/\boldsymbol{b}\Leftrightarrow\boldsymbol{a}\times\boldsymbol{b}=\boldsymbol{0}\Leftrightarrow\frac{a_1}{b_1}=\frac{a_2}{b_2}=\frac{a_3}{b_3}. \tag{6}$$

【例题6】 已知$\boldsymbol{a}=\{1,2,1\}$,$\boldsymbol{b}=\{2,0,2\}$,求$\boldsymbol{a}\times\boldsymbol{b}$.

解:$$\boldsymbol{a}\times\boldsymbol{b}=\begin{vmatrix}\boldsymbol{i}&\boldsymbol{j}&\boldsymbol{k}\\1&2&1\\2&0&2\end{vmatrix}=\boldsymbol{i}\times\begin{vmatrix}2&1\\0&2\end{vmatrix}-\boldsymbol{j}\times\begin{vmatrix}1&1\\2&2\end{vmatrix}+\boldsymbol{k}\times\begin{vmatrix}1&1\\2&0\end{vmatrix}$$
$$=(2\times2-0\times1)\boldsymbol{i}-(1\times2-2\times1)\boldsymbol{j}+(1\times0-2\times2)\boldsymbol{k}$$
$$=3\boldsymbol{i}-4\boldsymbol{k}$$
$$=\{3,0,-4\}.$$

【例题7】 已知$\boldsymbol{a}=\{1,2,-1\}$,$\boldsymbol{b}=\{2,4,z\}$,且满足$\boldsymbol{a}/\!/\boldsymbol{b}$,求$z$.

解:由(6)式得

$$\boldsymbol{a}/\!/\boldsymbol{b}\Rightarrow\frac{1}{2}=\frac{2}{4}=\frac{-1}{z}\quad 即\ z=-2.$$

【例题8】 已知$\triangle ABC$的顶点分别为:$A(1,2,3)$、$B(3,4,5)$和$C(2,4,7)$,求$\triangle ABC$的面积.

解:根据向量积的几何意义可得,$S_{\triangle ABC}=\frac{1}{2}|\overrightarrow{AB}||\overrightarrow{AC}|\sin\angle C=\frac{1}{2}|\overrightarrow{AB}\times\overrightarrow{AC}|$.

由于$\overrightarrow{AB}=\{2,2,2\}$,$\overrightarrow{AC}=\{1,2,4\}$,

因此$$\overrightarrow{AB}\times\overrightarrow{AC}=\begin{vmatrix}\boldsymbol{i}&\boldsymbol{j}&\boldsymbol{k}\\2&2&2\\1&2&4\end{vmatrix}=4\boldsymbol{i}-6\boldsymbol{j}+2\boldsymbol{k}=\{4,-6,2\}.$$

于是$S_{\triangle ABC}=\frac{1}{2}|\overrightarrow{AB}\times\overrightarrow{AC}|=\frac{1}{2}\sqrt{4^2+(-6)^2+2^2}=\sqrt{14}$.

习题 7.3

1. 已知$\boldsymbol{a}=\{1,2,-1\}$,$\boldsymbol{b}=\{2,0,k\}$,且满足$\boldsymbol{a}\perp\boldsymbol{b}$,求$k$.
2. 已知$\boldsymbol{a}=\{1,2,-1\}$,$\boldsymbol{b}=\{2,4,k\}$,且满足$\boldsymbol{a}/\!/\boldsymbol{b}$,求$k$.
3. 已知$<\boldsymbol{a},\boldsymbol{b}>=\frac{1}{3}\pi$,$|\boldsymbol{a}|=3$,$|\boldsymbol{b}|=5$,求(1)$\boldsymbol{a}\cdot\boldsymbol{b}$;(2)$|\boldsymbol{a}-\boldsymbol{b}|$,(3)$(\boldsymbol{a}-\boldsymbol{b})\cdot(\boldsymbol{a}+\boldsymbol{b})$.
4. 设$\boldsymbol{a}=\{1,2,3\}$,$\boldsymbol{b}=\{1,0,2\}$,求$\boldsymbol{a}\cdot\boldsymbol{b}$.
5. 已知$\boldsymbol{a}=\{1,2,3\}$,$\boldsymbol{b}=\{1,0,2\}$,求$\boldsymbol{a}\cdot\boldsymbol{b}$,$\cos<\boldsymbol{a},\boldsymbol{b}>$.
6. 已知$\boldsymbol{a}=\{1,0,2\}$,$\boldsymbol{b}=\{2,0,3\}$,求$\boldsymbol{a}\times\boldsymbol{b}$.
7. 已知$\boldsymbol{a}=\{1,1,0\}$,$\boldsymbol{b}=\{0,1,1\}$,求以$\boldsymbol{a}$,$\boldsymbol{b}$为边的平行四边形的面积.

第四节　平面方程

一、点的轨迹方程的概念

在平面解析几何中，把平面曲线看作一个动点运动的轨迹，从而得到轨迹方程——曲线方程的概念. 则在空间解析几何中，也可以将曲面或曲线看作是满足一定条件的动点的轨迹，动点的轨迹也用方程或方程组来表示，从而得到曲面方程或曲线方程的概念.

如果曲面 Σ 与三元方程 $f(x,y,z)=0$ 有如下关系：

曲面 Σ 任意一点的坐标都满足方程 $f(x,y,z)=0$；

不在曲面 Σ 上的点的坐标都不满足方程 $f(x,y,z)=0$，

则称方程 $f(x,y,z)=0$ 是曲面 Σ 的方程，曲面 Σ 就称为方程 $f(x,y,z)=0$ 的图形.

于是，空间曲线可以看作两个曲面的交线.

二、平面及其方程

1. 平面的点法式方程

法向量的定义：如果一非零向量 $\boldsymbol{n}$ 垂直于平面 π，则称此向量为该平面的法向量. 显然，平面的法向量有无数个，它们均垂直于平面 π 内的任意向量.

由立体几何的知识可知，已知平面上的一点 $M_0(x_0,y_0,z_0)$ 和其法向量 $\boldsymbol{n}=\{A,B,C\}$ 就可以唯一确定这个平面，如图 7.15 所示，设平面 π 过点 $M_0(x_0,y_0,z_0)$，以 $\boldsymbol{n}=\{A,B,C\}$ 为法向量，现求平面 π 的点法式方程.

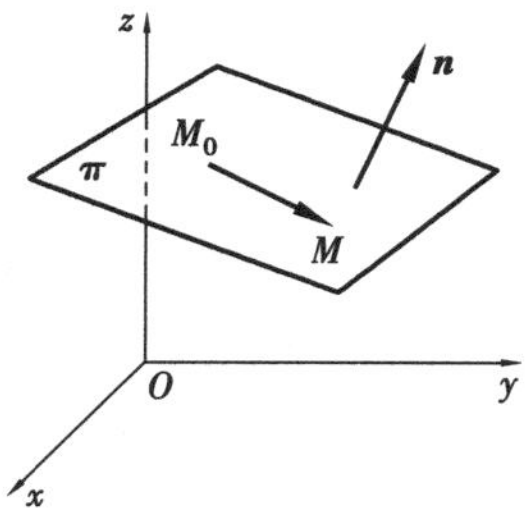

设 $M(x,y,z)$ 是平面上任意一点，则向量 $\overrightarrow{M_0M}$ 必位于平面上，故必与法向量 $\boldsymbol{n}$ 垂直，

从而有　$\boldsymbol{n}\cdot\overrightarrow{M_0M}=0.$

图 7.15

因为　$\overrightarrow{M_0M}=\{x-x_0,y-y_0,z-z_0\}$，$\boldsymbol{n}=\{A,B,C\}$，

于是有 $A(x-x_0)+B(y-y_0)+C(z-z_0)=0$　(A,B,C 至少有一个不为零).　　(1)

(1)式为平面的点法式方程.

【例题 1】　求过点(1,2,3)，法向量 $\boldsymbol{n}=\{2,3,1\}$ 的平面方程.

解：由平面的点法式方程得

$$2\times(x-1)+3\times(y-2)-1\times(z-3)=0,$$

即：$2x+3y-z-4=0$.

2. 平面的一般式方程

将 $A(x-x_0)+B(y-y_0)+C(z-z_0)=0$　(A,B,C 至少有一个不为零)展开，得 $Ax+By+Cz-Ax_0-By_0-Cz_0=0$. 设 $D=-Ax_0-By_0-Cz_0$，于是有

$$Ax+By+Cz+D=0\quad (A,B,C\text{ 至少有一个不为零}).\tag{2}$$

(2)式为平面的一般式方程，这里 $\boldsymbol{n}=\{A,B,C\}$.

【例题2】 求过点$(-3,2,1)$且与平面 $L_1:2x+3y-z=0$ 平行的平面 L 方程.

解：由题意知，$L//L_1$，所以 $\boldsymbol{n}=\boldsymbol{n}_1=\{2,3,-1\}$，有平面的点法式方程，将点$(-3,2,1)$代入得

$$2(x+3)+3(y-2)-(z-1)=0,$$

即 $2x+3y-z+1=0$.

*【例题3】 求经过3点 $A(1,-1,2)$，$B(3,1,2)$，$C(0,1,3)$的平面方程.

解：由于点 A,B,C 在平面上，则向量$\overrightarrow{AB}$，$\overrightarrow{AC}$都在平面上，由向量积的定义知，向量$\overrightarrow{AB}\times\overrightarrow{AC}$与向量$\overrightarrow{AB}$，$\overrightarrow{AC}$都垂直，从而垂直于所求的平面，所以它是所求平面的一个法向量.

因为 $\overrightarrow{AB}=\{2,2,0\}$，$\overrightarrow{AC}=\{-1,2,1\}$，所以

$$\overrightarrow{AB}\times\overrightarrow{AC}=\begin{vmatrix} \boldsymbol{i} & \boldsymbol{j} & \boldsymbol{k} \\ 2 & 2 & 0 \\ -1 & 2 & 1 \end{vmatrix}=2\boldsymbol{i}-2\boldsymbol{j}+6\boldsymbol{k}.$$

故所求的平面为：$2(x-1)-2(y+1)+6(z-2)=0$.

即 $x-y+3z-8=0$.

3. 平面的截距式方程

【例题4】 如图7.16所示，设一平面不过原点且与3个坐标轴相交于点 $M(a,0,0)$，$N(0,b,0)$，$P(0,0,c)$3点，求此平面方程.

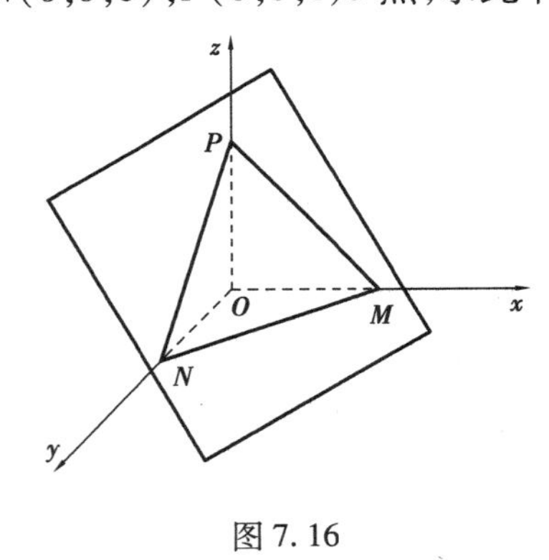

图7.16

解：由于 M,N,P 3点在平面上，因此3点的坐标满足平面的方程，设平面的方程为

$$Ax+By+Cz+D=0,$$

将 M,N,P 单点坐标分别带入，则有

$$Aa+D=0,\quad Bb+D=0,\quad Cc+D=0,$$

于是有 $A=-\dfrac{D}{a}$，$B=-\dfrac{D}{b}$，$C=-\dfrac{D}{c}$，

所以 $-\dfrac{D}{a}x-\dfrac{D}{b}y-\dfrac{D}{c}z+D=0$，

即 $\dfrac{x}{a}+\dfrac{y}{b}+\dfrac{z}{c}=1$.

其中，a,b,c 称为平面在空间坐标系上的截距，所以上式被称为平面的截距式方程.

【例题5】 求方程 $2x+3y+6z=12$ 在 x 轴，y 轴，z 轴上的截距.

解：由 $2x+3y+6z=12$ 得

$$\frac{x}{6}+\frac{y}{4}+\frac{z}{2}=1,$$

所以在 x 轴，y 轴，z 轴上的截距分别为6，4，2.

4. 几种特殊位置平面的方程

(1)通过原点的平面方程

由于平面通过原点，点$(0,0,0)$满足方程，得 $D=0$，因此，平面方程的一般形式为： $Ax+$

$By + Cz = 0$.

(2)平行于坐标轴

平行于 x 轴的平面方程的一般形式为:$By + Cz + D = 0$.

平行于 y 轴的平面方程的一般形式为:$Ax + Cz + D = 0$.

平行于 z 轴的平面方程的一般形式为:$Ax + By + D = 0$.

(3)通过坐标轴

通过 x 轴的平面方程的一般形式为:$By + Cz = 0$.

分别通过 y 轴和 z 轴的平面方程的一般形式为:$Ax + Cz = 0$,$Ax + By = 0$.

(4)垂直于坐标轴

垂直于 x 轴、y 轴、z 轴的平面方程的一般形式为:$Ax + D = 0$,$By + D = 0$,$Cz + D = 0$

特殊地,$x = 0$ 表示 yOz 面,$y = 0$ 表示 xOz 面,$z = 0$ 表示 xOy 面.

特殊地,$x = 2$ 表示平行于 yOz 面且与 yOz 平面的距离为 2 的平面;$y = 2$ 表示平行于 xOz 面且与 xOz 平面的距离为 2 的平面;$z = 2$ 表示平行于 xOy 面且与 xOy 平面的距离为 2 的平面.

【例题 6】 求过点$(3, -2, 3)$且平行于 xOy 坐标面的平面方程.

解:此方程平行于 xOy 坐标面,即垂直于 z 轴,设方程为 $Cz + D = 0$,将点$(3, -2, 3)$代入方程,得 $3C + D = 0$,$D = -3C$,代回所设方程 $Cz - 3C = 0$,故所求平面方程为 $z - 3 = 0$.

【例题 7】 如图 7.17 所示,求平行于 x 轴且过两点$(1,2,3)$和$(2, -1,4)$的平面方程.

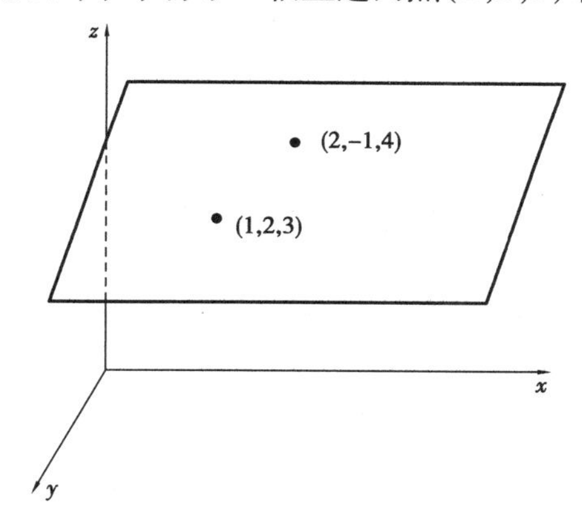

图 7.17

解:因所求平面方程平行于 x 轴,设方程为 $By + Cz + D = 0$,代入两点的坐标,得

$$2B + 3C + D = 0,\ -B + 4C + D = 0,$$

有 $C = -\frac{3}{11}D$,$B = \frac{1}{11}D$,

于是$\frac{1}{11}Dy - \frac{3}{11}Dz + D = 0$.

因 $D \neq 0$,即得平面方程为 $y - 3z + 11 = 0$.

5. 两个平面的位置关系

由立体几何的知识,我们知道空间两平面的位置关系有相交、平行和重合 3 种情形,而且当且仅当两平面有一公共点时相交,当且仅当两平面没有公共点时平行,当且仅当一个平面上的所有点都是另一个平面的点时它们重合.

设两个平面 π_1 与 π_2 的方程分别为

$$\pi_1: A_1x+B_1y+C_1z+D_1=0,$$

$$\pi_2: A_2x+B_2y+C_2z+D_2=0,$$

其法向量分别为 $\boldsymbol{n}_1=\{A_1,B_1,C_1\}$, $\boldsymbol{n}_2=\{A_2,B_2,C_2\}$,于是有如下结论:

(1)若平面 π_1 与 π_2 相交,则 $\frac{A_1}{A_2},\frac{B_1}{B_2},\frac{C_1}{C_2}$ 不全相等,特别地,$\pi_1\perp\pi_2\Leftrightarrow\boldsymbol{n}_1\perp\boldsymbol{n}_2\Leftrightarrow A_1A_2+B_1B_2+C_1C_2=0$;

(2)$\pi_1 /\!/ \pi_2\Leftrightarrow\boldsymbol{n}_1 /\!/ \boldsymbol{n}_2\Leftrightarrow\frac{A_1}{A_2}=\frac{B_1}{B_2}=\frac{C_1}{C_2}\neq\frac{D_1}{D_2}$;

(3)π_1 与 π_2 重合 $\Leftrightarrow\frac{A_1}{A_2}=\frac{B_1}{B_2}=\frac{C_1}{C_2}=\frac{D_1}{D_2}$.

【例题 8】 分别判断下列各组的两个平面的位置关系.

(1)$2x-3y+z=0$ 和 $2x+3y-5z+2=0$;

(2)$3x+2y-2z+6=0$ 和 $6x+4y-4z-6=0$;

(3)$x+y-z-2=0$ 和 $-2x-2y+2z+4=0$;

(4)$2x-3y+z=0$ 和 $2x+3y+5z+2=0$.

解:(1)$2x-3y+z=0$ 和 $2x+3y-5z+2=0$

由于 $\frac{2}{2}\neq\frac{-3}{3}$,因此,这两个平面相交.

(2)由于 $\frac{3}{6}=\frac{2}{4}=\frac{-2}{-4}\neq\frac{6}{-6}$,因此,这两个平面平行.

(3)由于 $\frac{1}{-2}=\frac{1}{-2}=\frac{-1}{2}=\frac{-2}{4}$,因此,这两个平面重合.

(4)由于 $\frac{2}{2}\neq\frac{-3}{3}\neq\frac{1}{-5}$,因此,这两个平面相交,又因为 $2\times2+(-3)\times3+1\times5=0$,因此,这两个平面垂直.

下面,不加证明地给出空间两个平面之间的夹角和点到平面的距离公式.

平面 π_1 与 π_2 的夹角 θ,即为两个平面法向量夹角,由两个向量间的夹角公式得:

$$\cos\theta=\frac{|\boldsymbol{n}_1\cdot\boldsymbol{n}_2|}{|\boldsymbol{n}_1||\boldsymbol{n}_2|}=\frac{|A_1A_2+B_1B_2+C_1C_2|}{\sqrt{A_1^2+B_1^2+C_1^2}\sqrt{A_2^2+B_2^2+C_2^2}}\quad\left(0\leqslant\theta\leqslant\frac{\pi}{2}\right).$$

点 $P_1(x_1,y_1,z_1)$ 到平面 $\pi: Ax+By+Cz+D=0$ 的距离公式为

$$d=\frac{|Ax_1+By_1+Cz_1+D|}{\sqrt{A^2+B^2+C^2}}.$$

【例题 9】 求平面 $L_1: 2x-3y+z=0$ 和 $L_2: 2x+3y+5z+2=0$ 的夹角.

解:由 $\boldsymbol{n}_1=\{2,-3,1\}$, $\boldsymbol{n}_2=\{2,3,5\}$,

$$\cos\theta=\frac{|\boldsymbol{n}_1\cdot\boldsymbol{n}_2|}{|\boldsymbol{n}_1||\boldsymbol{n}_2|}=\frac{|A_1A_2+B_1B_2+C_1C_2|}{\sqrt{A_1^2+B_1^2+C_1^2}\sqrt{A_2^2+B_2^2+C_2^2}}$$
$$=\frac{|2\times2-3\times3+1\times5|}{\sqrt{4+9+1}\sqrt{4+9+25}}=0.$$

所以：$\theta=\dfrac{\pi}{2}$.

【例题 10】 求 $P(0,1,2)$ 到平面 $L:x-2y+2z+1=0$ 的距离.

解：由 $d=\dfrac{|Ax_1+By_1+Cz_1+D|}{\sqrt{A^2+B^2+C^2}}=\dfrac{|0\times1-1\times2+2\times2+1|}{\sqrt{1^2+(-2)^2+2^2}}=1.$

习题 7.4

1. 求满足下列条件的平面方程

(1)过点$(1,2,3)$，$\boldsymbol{n}=\{2,3,1\}$的平面方程.

(2)过点 $M(1,1,1)$，且与平面 $3x-y+2z-1=0$ 平行的平面方程.

(3)与 x,y,z 轴的交点分别为$(2,0,0)$，$(0,3,0)$和$(0,0,1)$的截距式方程.

2. 求满足下列条件的平面方程

(1)经过 z 轴，且过点$(-3,1,-2)$.

(2)平行于 z 轴，且经过点$(4,0,-2)$和$(5,1,7)$.

(3)平行于 zOx 面，且过点$(2,-5,3)$.

3. 一平面过点 $M(2,1,-1)$，而在 x 轴和 y 轴上的截距分别为 2 和 1，求此平面方程.

4. 求平面 $3x+y-2z-6=0$ 在 x,y,z 坐标轴上的截距，并将平面化为截距式方程.

5. 求点 $M(1,2,1)$ 到平面 $x+2y+2z-10=0$ 的距离.

6. 求两平行平面 $x+2y+z+2=0$ 和 $x+2y+z+10=0$ 间的距离.

7. 分别判断下列各组的两个平面的位置关系.

(1)$x-y+z=0$ 和 $2x-3y-5z+2=0$；

(2)$x+2y-2z+6=0$ 和 $2x+4y-4z-6=0$；

(3)$x+y-z-2=0$ 和 $2x-y+2z+4=0$；

(4)$2x-y+z=0$ 和 $2x+3y-z+2=0$.

第五节　直线方程

一、直线的一般式方程

空间中任何一条直线都可以看作两个相交平面的交线. 如果直线 L 作为平面 A_1x+B_1y+

$C_1z+D_1=0$ 和平面 $A_2x+B_2y+C_2z+D_2=0$ 的交线，则该直线 L 的一般式方程为

$$\begin{cases}A_1x+B_1y+C_1z+D_1=0,\\A_2x+B_2y+C_2z+D_2=0,\end{cases}\tag{1}$$

其中 $\{A_1,B_1,C_1\}$ 与 $\{A_2,B_2,C_2\}$ 不成比例.

例：$\begin{cases}x=0,\\y=0,\end{cases}$ 是 yOz 面和 xOz 面的交线，即：z 轴.

例：$\begin{cases}x=0,\\z=0,\end{cases}$ 是 yOz 面和 xOy 面的交线，即：y 轴.

二、直线的标准式方程

由立体几何可知，过空间一点作平行于已知直线的直线是唯一的. 因此，如果知道直线上一点及直线平行与某一向量，那么，该直线的位置就唯一确定. 下面，我们利用此结论推导直线的方程.

方向向量的定义：如果一个非零向量 $\boldsymbol{s}$ 平行于直线 L，则称 $\boldsymbol{s}$ 为直线 L 的方向向量. 任意方向向量的坐标称为直线的一组方向数. 显然，一条直线的方向向量有无穷多个，它们之间互相平行.

如图 7.18 所示，设直线 L 过点 $M_0(x_0,y_0,z_0)$ 且以 $\boldsymbol{s}=\{m,n,p\}$ 为直线的一个方向向量，点 $M(x,y,z)$ 是直线 L 上任意一点，由于向量 $\overrightarrow{M_0M}=(x-x_0,y-y_0,z-z_0)$ 在直线上，也是直线的一个方向向量，故 $\overrightarrow{M_0M}/\!/\boldsymbol{s}$，根据向量平行的充分必要条件，有

$$\frac{x-x_0}{m}=\frac{y-y_0}{n}=\frac{z-z_0}{p}.\tag{2}$$

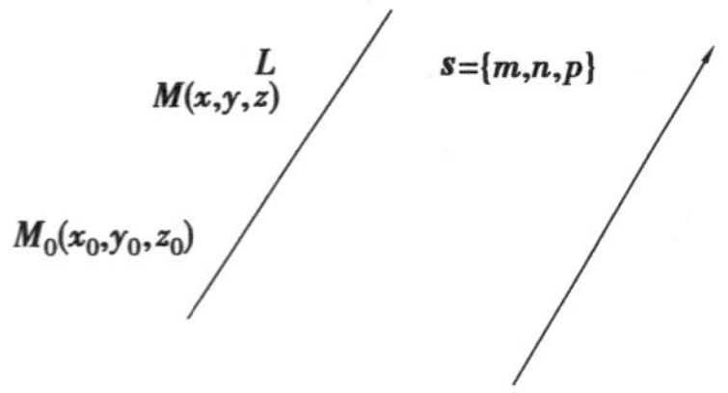

此即直线 L 的标准式方程（也称为点向式方程或对称式方程）.

注：在(2)式中，若有个别分母为零，应相应地理解为其所对应的分子也为零.

L
M(x,y,z)
s={m,n,p}
M0(x0,y0,z0)

图 7.18

【例题 1】 求过点 $P(1,2,3)$ 且方向向量 $\boldsymbol{s}=\{1,2,2\}$ 的直线方程.

解：由直线的点向式方程可得

$$\frac{x-1}{1}=\frac{y-2}{2}=\frac{z-3}{2}.$$

【例题 2】 求过点 $M_1(1,2,2)$、$M_2(0,1,-1)$ 的直线方程.

解：$\boldsymbol{s}=\overrightarrow{M_1M_2}=\{x_2-x_1,y_2-y_1,z_2-z_1\}=\{-1,-1,-3\}$.

所以，取 M_1 点，由直线的点向式方程可得

$$\frac{x-1}{-1}=\frac{y-2}{-1}=\frac{z-2}{-3},$$

即

$$\frac{x-1}{1}=\frac{y-2}{1}=\frac{z-2}{3}.$$

【例题3】　求过点 $P(1,2,3)$ 且与平面 $L:2x+3y-z+1=0$ 垂直的直线方程.

解:由 $\boldsymbol{s}=\boldsymbol{n}_L=\{2,3,-1\}$,由直线的点向式方程可得

$$\frac{x-1}{2}=\frac{y-2}{3}=\frac{z-3}{-1}.$$

三、直线的参数方程

由直线的标准方程引入变量 t,令

$$\frac{x-x_0}{m}=\frac{y-y_0}{n}=\frac{z-z_0}{p}=t, \tag{2}$$

则有

$$\begin{cases}x=x_0+mt,\\ y=y_0+nt,\\ z=z_0+pt.\end{cases} \tag{3}$$

此即过点 $M_0(x_0,y_0,z_0)$ 且以 $s=\{m,n,p\}$ 为方向向量的直线 L 的参数方程,其中 t 为参数.

【例题4】　求 $\frac{x-1}{2}=\frac{y+2}{-3}=\frac{z-3}{1}$ 的参数方程.

解:令 $\frac{x-1}{2}=\frac{y+2}{-3}=\frac{z-3}{1}=t$,得到所求直线的参数方程,

$$\begin{cases}x=2t+1,\\ y=-3t-2,\\ z=t+3,\end{cases}$$

其中 t 为参数.

【例题5】　求 $\frac{x-1}{2}=\frac{y+2}{-3}=\frac{z-3}{1}$ 与平面 $x+y+2z-4=0$ 的交点.

解:令 $\frac{x-1}{2}=\frac{y+2}{-3}=\frac{z-3}{1}=t$,得到所求直线的参数方程,

$$\begin{cases}x=2t+1,\\ y=-3t-2,\\ z=t+3,\end{cases}$$

其中 t 为参数.

将此参数方程代入平面方程 $x+y+2z-4=0$ 得:

$$2t+1-3t-2+2t+6-4=0,$$

即 $t=-1$,即 $x=-1,y=1,z=2$,所以交点为 $(-1,1,2)$.

四、两条直线的位置关系

由立体几何知识可知,空间中直线的位置关系有相交、平行、异面3种情况,下面我们分别考虑空间中两条直线的位置关系.

设直线 L_1 与 L_2 的标准方程分别为

$$L_1:\frac{x-x_1}{m_1}=\frac{y-y_1}{n_1}=\frac{z-z_1}{p_1},$$

$$L_2:\frac{x-x_2}{m_2}=\frac{y-y_2}{n_2}=\frac{z-z_2}{p_2},$$

其方向向量分别为 $\boldsymbol{s}_1=\{m_1,n_1,p_1\}$，$\boldsymbol{s}_2=\{m_1,n_1,p_1\}$ 则有

(1)若直线 L_1 和 L_2 相互平行，则 $\boldsymbol{s}_1$ 与 $\boldsymbol{s}_2$ 平行，有

$$L_1 // L_2 \Leftrightarrow \boldsymbol{s}_1 // \boldsymbol{s}_2 \Leftrightarrow \frac{m_1}{m_2}=\frac{n_1}{n_2}=\frac{p_1}{p_2}.$$

(2)若直线 L_1 和 L_2 相互垂直，则 $\boldsymbol{s}_1$ 与 $\boldsymbol{s}_2$ 垂直，有

$$L_1 \perp L_2 \Leftrightarrow \boldsymbol{s}_1 \perp \boldsymbol{s}_2 \Leftrightarrow m_1m_2+n_1n_2+p_1p_2=0.$$

(3)若 L_1 和 L_2 相交，则两直线间夹角 θ 为 $\boldsymbol{s}_1$ 和 $\boldsymbol{s}_2$ 两向量的夹角，即

$$\cos\theta=\frac{m_1m_2+n_1n_2+p_1p_2}{\sqrt{m_1^2+n_1^2+p_1^2}\sqrt{m_2^2+n_2^2+p_2^2}}.$$

【例题6】 已知直线 L_1、L_2，判断它们之间的位置关系：

(1)$L_1:\frac{x+1}{3}=\frac{y-2}{-2}=\frac{z+2}{1}$，$L_2:\frac{x-2}{6}=\frac{y-1}{-4}=\frac{z+3}{2}$；

(2)$L_1:\frac{x+1}{2}=\frac{y-2}{-1}=\frac{z-2}{-4}$，$L_2:\frac{x-2}{3}=\frac{y-4}{2}=\frac{z+1}{1}$.

解：(1)因为直线 L_1 和 L_2 的方向向量分别为 $s_1=(3,-2,1)$、$s_2=(6,-4,2)$，$s_1 // s_2$，所以，$L_1 // L_2$；

(2)因为直线 L_1 和 L_2 的方向向量分别为 $s_1=(2,-1,-4)$、$s_2=(3,2,1)$，$s_1\perp s_2$，所以$L_1\perp L_2$.

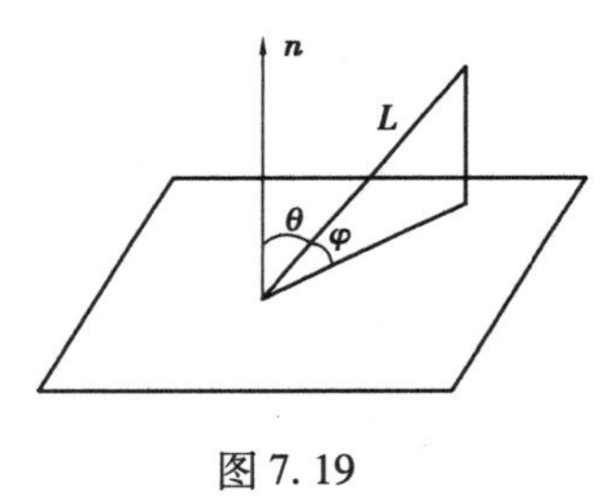

图 7.19

直线与它在平面上的投影线间的夹角 $\varphi\left(0\leqslant\varphi\leqslant\frac{\pi}{2}\right)$ 称为直线与平面的夹角.

设直线 L 和平面 π 的方程分别为

$$L:\frac{x-x_0}{m}=\frac{y-y_0}{n}=\frac{z-z_0}{p},$$

$$\pi:Ax+By+Cz+D=0,$$

则直线 L 的方向向量为 $s=\{m,n,p\}$，平面 π 的法向量为 $\boldsymbol{n}=\{A,B,C\}$，向量 $\boldsymbol{s}$ 与向量 $\boldsymbol{n}$ 间的夹角为 θ，于是 $\varphi=\frac{\pi}{2}-\theta\left(\text{或}\ \varphi=\theta-\frac{\pi}{2}\right)$，所以 $\sin\varphi=|\cos\theta|=\frac{|\boldsymbol{s}\cdot\boldsymbol{n}|}{|\boldsymbol{s}||\boldsymbol{n}|}=\frac{|mA+nB+pC|}{\sqrt{m^2+n^2+p^2}\sqrt{A^2+B^2+C^2}}$.

由直线与平面的位置关系：

(1)平行：$L // \pi \Leftrightarrow \boldsymbol{s}\perp\boldsymbol{n}$（或 $mA+nB+pC=0$）且 $M_0(x_0,y_0,z_0)$ 在 L 上，而不在 π 内；

(2)重合：L 在 π 内 $\Leftrightarrow \boldsymbol{s}\perp\boldsymbol{n}$（或 $mA+nB+pC=0$）且 $M_0(x_0,y_0,z_0)$ 既在 L 上，又在 π 内；

(3)相交(垂直):$L\perp\pi\Leftrightarrow \boldsymbol{s}\parallel\boldsymbol{n}\Leftrightarrow\frac{m}{A}=\frac{n}{B}=\frac{p}{C}$.

习题7.5

1. 求过点$P(1,2,3)$且方向向量$\boldsymbol{s}=\{3,2,1\}$的直线方程.

2. 求经过两点$M_1(1,0,-1)$,$M_2(2,1,-2)$的直线方程.

3. 求过点$(1,2,4)$且与直线$\frac{x-1}{3}=\frac{y}{-1}=\frac{z+1}{2}$平行的直线方程.

4. 求过点$(3,4,-4)$且与平面$9x-4y+2z-1=0$垂直的直线方程.

5. 求直线$\frac{x-1}{2}=\frac{y}{2}=\frac{z-3}{1}$的参数式方程.

6. 求直线$\frac{x-1}{2}=\frac{y}{2}=\frac{z-3}{1}$的一般式方程.

7. 已知直线L_1、L_2,判断它们之间的位置关系:

(1)$L_1:\frac{x}{1}=\frac{y}{-2}=\frac{z}{1}$,$L_2:\frac{x-2}{2}=\frac{y-1}{-4}=\frac{z+3}{1}$;

(2)$L_1:\frac{x+1}{1}=\frac{y+3}{-1}=\frac{z}{-2}$,$L_2:\frac{x-1}{3}=\frac{y-2}{1}=\frac{z+1}{1}$.

8. 已知直线L和平面π,判断它们之间的关系.

(1)$L:\frac{x-1}{1}=\frac{y-1}{2}=\frac{z-1}{1}$,$\pi:4x-y-2z-1=0$.

(2)$L:\frac{x}{1}=\frac{y+1}{-1}=\frac{z}{2}$,$\pi:2x-2y+4z-3=0$.

(3)$L:\frac{x}{2}=\frac{y}{1}=\frac{z}{3}$,$\pi:2x-2y+z+1=0$.

*第六节　曲面和曲线

在上节,我们已经介绍了曲面及曲面方程的概念. 如果曲面Σ上每一点的坐标都满足方程$F(x,y,z)=0$,而不在曲面Σ上的每一点坐标都不满足方程$F(x,y,z)=0$,则称方程$F(x,y,z)=0$为曲面方程,称曲面Σ为$F(x,y,z)=0$的图形.

在空间直角坐标系中,如果$F(x,y,z)=0$是二次方程,则它的图形称为二次曲面. 下面给出几种常见的曲面方程,如下所述.

一、球面方程

空间一动点到定点的距离为定值,该动点的轨迹称为球面,定点称为球心,定值称为半径. 设动点 $M(x,y,z)$,以 $P_0(x_0,y_0,z_0)$ 为球心,R 为球半径,由两点间的距离公式,得

$$\sqrt{(x-x_0)^2+(y-y_0)^2+(z-z_0)^2}=R,$$

即
$$(x-x_0)^2+(y-y_0)^2+(z-z_0)^2=R^2.$$

特别地,当球心在原点 $O(0,0,0)$ 时,半径为 R 的球面方程为

$$x^2+y^2+z^2=R^2.$$

例如 $x^2+y^2+z^2-2x+4y=0$ 经过配方后可化为 $(x-1)^2+(y+2)^2+z^2=5$,它表示球心在 $M_0(1,-2,0)$,半径为 $\sqrt{5}$ 的球面.

二、柱面方程

直线 L 沿定曲线 C 平行移动所形成的曲面称为柱面. 定曲线 C 称为柱面的准线,动直线 L 称为柱面的母线. 如果柱面的准线 C 在 xOy 坐标面上的方程为 $f(x,y)=0$,那么以 C 为准线,母线平行于 z 轴的柱面方程就是 $f(x,y)=0$;同样地,方程 $g(y,z)=0$ 表示母线平行于 x 轴的柱面方程;方程 $h(x,z)=0$ 表示母线平行于 y 轴的柱面方程. 一般地,在空间直角坐标系中,含有两个变量的方程就是柱面方程,且在其方程中缺哪个变量,此柱面的母线就平行于哪一个坐标轴.

例如,一个圆柱面的母线平行于 z 轴,准线 C 是在 xOy 坐标面上的以原点为圆心,R 为半径的圆,即准线 C 在 xOy 坐标面上的方程为 $x^2+y^2=R^2$,其圆柱面方程为

$$x^2+y^2=R^2.$$

同样地,方程 $\frac{x^2}{a^2}+\frac{y^2}{b^2}=1$,$\frac{x^2}{a^2}-\frac{y^2}{b^2}=1$,$x^2-2py=0$ 分别表示母线平行于 z 轴的椭圆柱面(图 7.20)、双曲柱面(图 7.21)和抛物柱面(图 7.22).

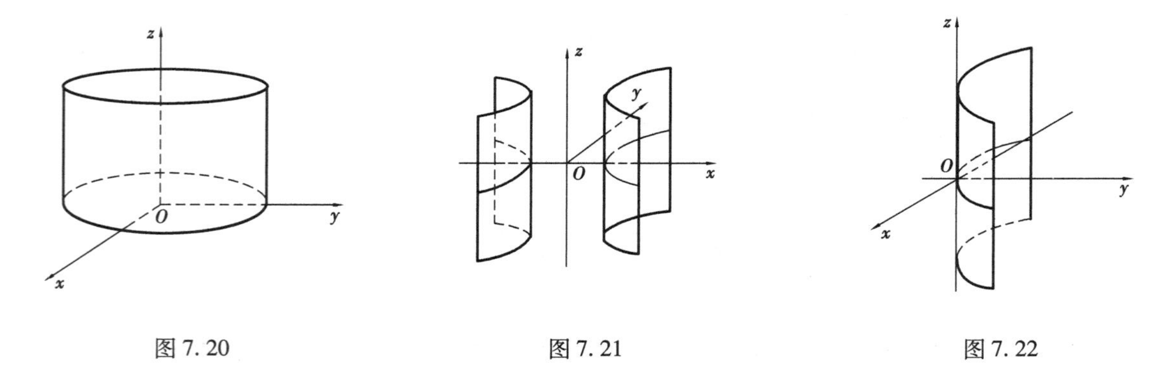

图 7.20　　图 7.21　　图 7.22

三、以坐标轴为旋转轴的旋转曲面

一条曲线 C 绕一定直线 L 旋转所生成的曲面称为旋转曲面. 曲线 C 称为旋转曲面的母线,定直线 L 称为旋转曲面的旋转轴(或者称为轴).

以下只讨论母线在某个坐标平面上的平面曲线,而旋转轴是该坐标平面上的一条坐标轴的旋转曲面.

设在 yOz 平面上有一条曲线 C，它在平面直角坐标系中的方程为 $f(y,z)=0$，现在来求曲线 C 绕 z 轴旋转所生成的旋转曲面方程.

设点 $M(x,y,z)$ 为旋转曲面上任意一点，它是由母线上点 $M_1(0,y_1,z_1)$ 绕 z 轴旋转而得来的. 显然，$z=z_1$，且点 M 到 z 轴的距离等于点 M_1 到 z 轴的距离，即 $\sqrt{x^2+y^2}=|y_1|$，而点 M_1 在母线 C 上，所以 $f(y_1,z_1)=0$，于是有 $f(\pm\sqrt{x^2+y^2},z)=0$.

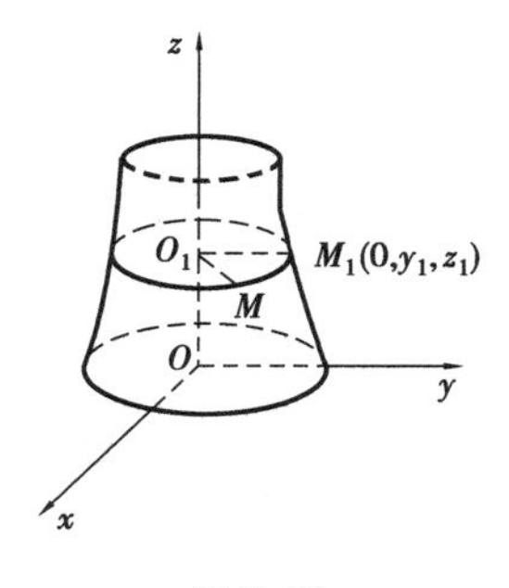

图 7.23

易知，旋转曲面上的点的坐标都满足方程 $f(\pm\sqrt{x^2+y^2},z)=0$，而不在旋转曲面上的点的坐标都不满足该方程，故此方程就是以曲线 C 为母线，z 轴为旋转轴的旋转曲面方程.

同理，曲线 C 绕 y 轴旋转所生成的旋转曲面方程为 $f(y,\pm\sqrt{x^2+z^2})=0$.

对于其他坐标面上的曲线，绕它所在坐标面的一条坐标轴旋转所得的旋转曲面的方程可以类似求出，这样可得出如下规律.

当坐标平面上的曲线 C 绕此坐标平面里的一条坐标轴旋转时，为了求出这样的旋转曲面的方程，只要将曲线 C 在坐标面里的方程保留和旋转轴同名的坐标，而用其他两个坐标平方和的平方根来代替方程中的另一坐标即可.

四、几种特殊的二次曲面

1. 椭球面方程为

$$\frac{x^2}{a^2}+\frac{y^2}{b^2}+\frac{z^2}{c^2}=1,$$

其形状如图 7.24 所示.

2. 抛物面

例：椭圆抛物面方程为

$$\frac{x^2}{p}+\frac{y^2}{q}=z \qquad (p\text{ 与 }q\text{ 同号}),$$

其形状如图 7.25 所示.

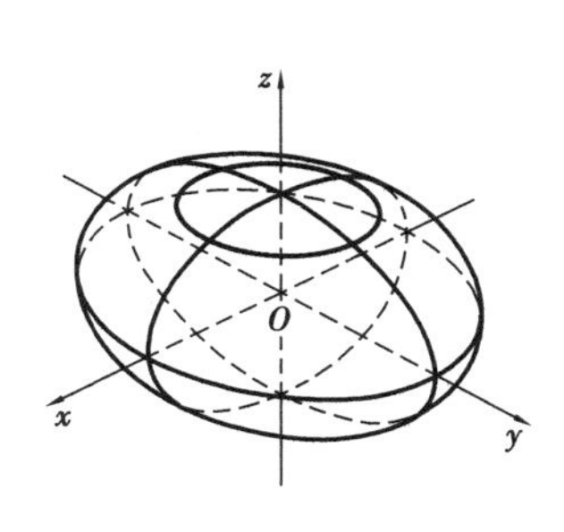

图 7.24

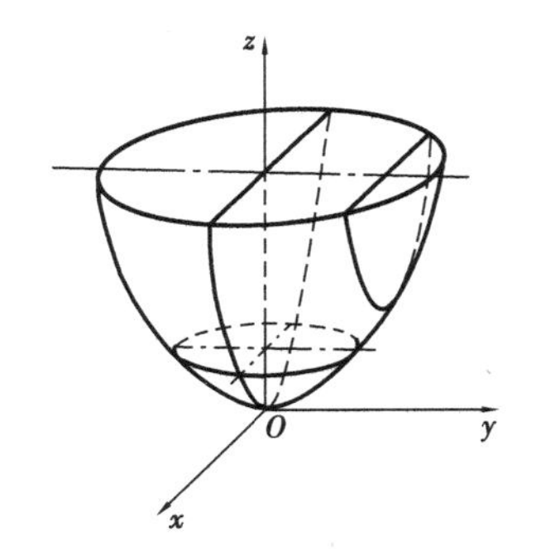

图 7.25

旋转抛物面方程为

$$\frac{x^2}{p}+\frac{y^2}{p}=z \qquad (p>0).$$

双曲抛物面(鞍形曲面)方程为

$$\frac{x^2}{p}-\frac{y^2}{q}=z \qquad (p\text{ 与 }q\text{ 同号}),$$

当 $p>0$, $q>0$ 时,其形状如图 7.26 所示.

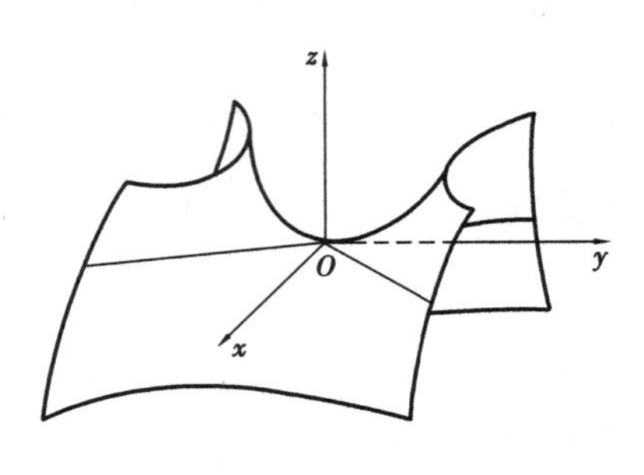

图 7.26

3. 双曲面

单叶双曲面方程为

$$\frac{x^2}{a^2}+\frac{y^2}{b^2}-\frac{z^2}{c^2}=1.$$

双叶双曲面方程为

$$\frac{x^2}{a^2}-\frac{y^2}{b^2}+\frac{z^2}{c^2}=-1.$$

注意各种图形规律特点,可以写出其他的方程表达式.

习题 7.6

1. 方程 $x^2+y^2+z^2-2x+4y+2z=0$ 表示什么曲面?
2. 已知球面的一条直径的两个端点是(2, -3,5)和(4,1, -3),写出球面的方程.
3. 指出下列方程表示什么曲面,并作出它们的草图.

(1) $y=2x^2$　　(2) $x^2-y^2=1$

(3) $x^2+y^2=0$　　(4) $x-y=0$

4. 说明下列旋转曲面是怎样形成的.

(1) $x^2+2y^2+3z^2=1$　　(2) $x^2+y^2=z^2$

5. 把 zOx 面上的抛物线 $z=x^2+1$ 绕 z 轴旋转一周,求所形成的旋转曲面方程.
6. 求 xOy 面上的直线 $x+y=1$ 绕 y 轴旋转一周所形成的旋转曲面方程.
7. 分别写出曲面 $x^2+y^2+z^2=25$ 在下列各平面上的截痕的方程,并指出是什么曲线.

(1) $x=2$　　(2) $y=5$　　(3) $z=1$

复习题七

一、填空题

1. 在空间直角坐标系中,写出点 $P(1,2,3)$ 的对称点的坐标.

(1)关于 x 轴的对称点是____________________;

(2)关于 y 轴的对称点是____________________;

(3)关于 z 轴的对称点是________________;
(4)关于原点的对称点是________________;
(5)关于 xOy 坐标平面的对称点是________________;
(6)关于 yOz 坐标平面的对称点是________________;
(7)关于 xOz 坐标平面的对称点是________________.

2. 在空间直角坐标系中,写出点 $P(1,2,3)$ 的投影点的坐标:
(1)关于 x 轴的投影点是________________;
(2)关于 y 轴的投影点是________________;
(3)关于 z 轴的投影点是________________;
(4)关于原点的投影点是________________;
(5)关于 xOy 坐标平面的投影点是________________;
(6)关于 yOz 坐标平面的投影点是________________;
(7)关于 xOz 坐标平面的投影点是________________.

3. 向量 $(5,1,-3)$ 的模是________________.

4. 已知 $\boldsymbol{a}=\{1,2,-1\}$, $\boldsymbol{b}=\{2,0,k\}$,且满足 $\boldsymbol{a}\perp\boldsymbol{b}$,则 $k=$________________.

5. 点 $M(-2,5,3)$ 到平面 $4x-3y+z+7=0$ 的距离是________________.

二、选择题

1. 在空间直角坐标系中,
(1)在 Ox 轴上的点的坐标可表示为 $(0,b,0)$;
(2)在 yOz 平面上点的坐标可以写成 $(0,b,c)$;
(3)在 Oz 轴上的点的坐标可记为 $(0,0,c)$;
(4)在 xOz 平面上点的坐标可写为 $(a,0,c)$.
其中正确的叙述的个数是(　　).
A. 1　　B. 2　　C. 3　　D. 4

2. 向量 $\boldsymbol{a}=\{0,0,1\}$ 的同方向的单位向量 $\boldsymbol{a}^0$ 为(　　).
A. $\{0,0,2\}$　　B. $\{0,0,1\}$　　C. $\{0,0,\frac{1}{2}\}$　　D. $\{0,0,\sqrt{2}\}$

3. 平面 $x+2y+3z-6=0$ 在 x 轴上的截距为(　　).
A. 6　　B. 3　　C. 2　　D. 1

4. 已知 $\boldsymbol{a}=\{2,4,k\}$, $\boldsymbol{b}=\{1,2,-2\}$,满足 $\boldsymbol{a}$ 平行于 $\boldsymbol{b}$,则 $k=$(　　).
A. -2　　B. 2　　C. -4　　D. 4

5. 已知 $A(0,1,1)$, $B(1,3,3)$,则 $|AB|=$(　　).
A. 4　　B. 3　　C. 2　　D. 1

三、计算应用题

1. 设 A,B 两点为 $A(2,y,1)$, $B(-2,2,2)$,它们之间的距离为 $|AB|=7$,求点 A 的未知坐

标 y.

2. 已知$\overrightarrow{M_1M_2}=\{1,2,3\}$和点 $M_1(1,1,1)$，求 M_2.

3. 已知向量 $\boldsymbol{a}=\{1,0,2\}$，$\boldsymbol{b}=\{2,0,3\}$，求(1)向量 $4\boldsymbol{a}$；(2)向量 $3\boldsymbol{a}+2\boldsymbol{b}$.

4. 已知 $M_1(1,1,1)$，$M_2(1,4,5)$，求向量$\overrightarrow{M_1M_2}$的模、方向余弦及$\overrightarrow{M_1M_2}$与方向相同的单位向量.

5. 已知 $<\boldsymbol{a},\boldsymbol{b}>=\frac{1}{3}\pi$，$|\boldsymbol{a}|=3$，$|\boldsymbol{b}|=5$，求(1)$\boldsymbol{a}\cdot\boldsymbol{b}$；(2)$|\boldsymbol{a}\times\boldsymbol{b}|$；(3)$|\boldsymbol{a}+\boldsymbol{b}|$.

6. 已知 $\boldsymbol{a}=\{1,2,0\}$，$\boldsymbol{b}=\{1,0,2\}$，求 $\boldsymbol{a}\cdot\boldsymbol{b}$，$\cos<\boldsymbol{a},\boldsymbol{b}>$.

7. 已知 $\boldsymbol{a}=\{1,1,1\}$，$\boldsymbol{b}=\{2,2,2\}$，求以 $\boldsymbol{a}$，$\boldsymbol{b}$ 为边的平行四边形的面积.

8. 求平行于 x 轴，且经过点$(4,0,-2)$和$(5,1,7)$的平面方程.

9. 一平面过点 $M(1,1,-1)$，且在 x 轴和 z 轴上的截距分别为 2 和 1，求此平面方程.

10. 求经过两点 $M_1(1,0,2)$，$M_2(2,1,4)$的直线方程.

11. 一直线经过点$(2,-3,4)$，且垂直于平面 $3x-y+2z=4$，求此直线方程.

12. 求过直线$\frac{x-1}{1}=\frac{y+1}{-1}=\frac{z-1}{2}$与平面 $x+y-3z+15=0$ 的交点.

哥德巴赫猜想第一人——陈景润

第八章 多元函数的微分学

前面各章所学习的函数都是一元函数. 但在自然科学和工程技术问题中,常会遇到含有两个或更多个自变量的函数问题,也就是关于多元函数问题. 一元函数微积分中学的许多概念、理论和方法都可以推广到多元函数,同时大家还会发现,从一元推广到二元时会产生一些基本的差别,但从二元到三元及 n 元函数时,则没有原则上的不同. 因而在研究上述问题时以二元函数为主. 本章主要讨论二元函数及其导数,微分和应用,讨论的结果可以推广到三元及 n 元函数.

第一节　二元函数的极限和连续

一、二元函数

【知识点回顾】

函数的定义:设有两个非空集合 M、N,如果当变量 x 在 M 内任意取定一个数值时,按照确定的法则 f,在 N 内有唯一的 y 与它相对应,则称 y 是 x 的函数. 通常 x 称为自变量,变量 x 的取值范围 M 称为这个函数的定义域; y 称为函数(或因变量),变量 y 的取值范围称为这个函数的值域.

【例题 1】　长方形的面积 S 与长 $x(x>0)$ 与宽 $y(y>0)$ 的关系 $S=xy$,当 x 与 y 变化时,都有唯一的 S 值和它对应.

【例题 2】　圆柱体的面体积 V 与底面半径 $r(r>0)$ 与高 $h(h>0)$ 的关系 $V=\pi r^2h$,当 r 与 h 变化时,都有唯一的 V 值与其对应.

由例题 1,例题 2 可得出二元函数的定义.

1. 二元函数的定义

定义 1　设有给定的区域 D,M,当变量 x 与 y 在区域 D 中变化时,按照某种对应法则,在区域 M 中都有唯一的 z 和它对应,那么变量 z 称为变量 x 与 y 的二元函数.

记作:$z=f(x,y)$. 其中 x 与 y 称为自变量,z 称为 x 与 y 的函数,f 称为对应法则,区域 D 称为函数的定义域,区域 M 称为函数的值域.

类似的可以定义三元函数 $w=f(x,y,z)$,四元函数等,我们把二元及二元以上的函数称为多元函数. 这一章对多元函数的讨论主要以二元函数为主.

2. 二元函数值记号

二元函数在点(x_0,y_0)所取得的函数值记为 $z|_{(x_0,y_0)}$ 或 $f(x_0,y_0)$.

【例题 3】 设 $f(x,y)=x^2-2xy+y^2$,求 $f(1,2)$ 和 $f(a,b)$.

解:$f(1,2)=1^2-2\times1\times2+2^2=1$;

$f(a,b)=a^2-2\times a\times b+b^2=(a-b)^2$.

3. 二元函数定义域

【知识点回顾】

$y=f(x)$ 函数的定义域是指使得 x 有意义的一切实数组成的集合. 对定义域的求法有如下几种类型:

(1)分式中分母不为零;

(2)偶次根式中内容不能为负;

(3)对数函数中,真数必大于零,底数大于零且不等于 1;

(4)在反正弦函数、反余弦函数中,x 满足 $|x|\leqslant1$.

$y=f(x,y)$ 即变量 x 与 y 的变化范围. 我们知道一元函数的定义域一般来说是数轴上一个或几个区间. 二元函数的定义域通常是由平面坐标系上一条或几段光滑曲线所围成的区域.

【例题 4】 求函数 $z=\sqrt{1-(x^2+y^2)}$ 的定义域.

解:函数的定义域满足 $x^2+y^2\leqslant1$,它在平面坐标系中表示单位闭圆域.

【例题 5】 求函数 $z=\ln(x+y)$ 的定义域.

解:函数的定义域满足 $x+y>0$. 它的定义域是位于直线 $y=-x$ 上方而不包括这条直线在内的半平面(图 8.1),这是一个无界开区域.

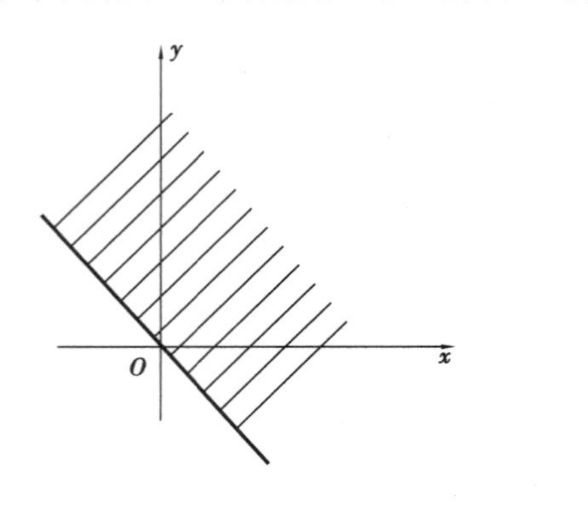

图 8.1

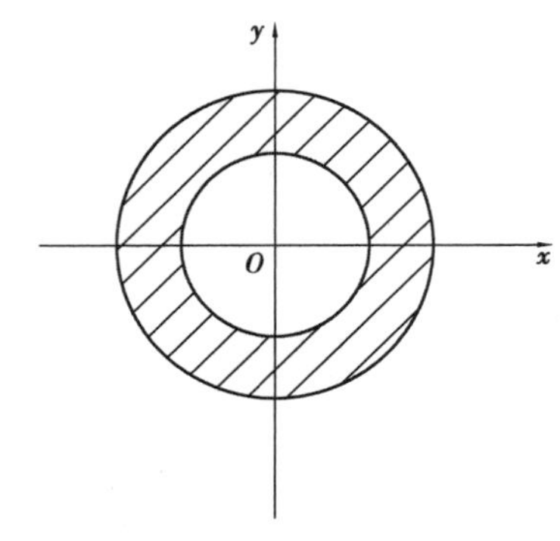

图 8.2

【例题 6】 求函数 $z=\arcsin(x^2+y^2-1)$ 的定义域.

解:函数的定义域满足 $|x^2+y^2-2|\leqslant1$,即 $1\leqslant x^2+y^2\leqslant3$,它在平面坐标系中表示圆环(图 8.2).

二、二元函数的极限及其连续性

1. 二函数的极限

【知识点回顾】

$y=f(x)$ 在 $x=x_0$ 处极限的定义：设函数 $f(x)$ 在 x_0 的某一去心邻域 $\mathring{U}(x_0,\delta)$ 内有定义，当 x 无限趋近于 x_0 时，相应的函数值 $f(x)$ 无限趋近于常数 A，则称 $f(x)$ 当 $x\to x_0$ 时以 A 为极限.

记作

$$\lim_{x\to x_0}f(x)=A \quad 或 \quad f(x)\to A,(x\to x_0)$$

定义 2　设二元函数 $z=f(x,y)$ 在点 (x_0,y_0) 的某去心邻域内有定义，点 (x,y) 为去心邻域内异于 (x_0,y_0) 的任意一点，如果当点 (x,y) 以任意方式趋向于点 (x_0,y_0) 时，对应的函数值 $f(x,y)$ 总趋向于一个确定的常数 A，则称 A 是二元函数 $z=f(x,y)$ 当 $(x,y)\to(x_0,y_0)$ 时的极限，记为

$$\lim_{(x,y)\to(x_0,y_0)}f(x,y)=A \text{ 或} \lim_{\substack{x\to x_0\\ y\to y_0}}f(x,y)=A$$

【例题 7】　求极限 (1) $\lim\limits_{\substack{x\to 1\\ y\to 2}}(x^2-2xy+y^2)$　　(2) $\lim\limits_{\substack{x\to 0\\ y\to 0}}\arcsin(x^2-y)$

(3) $\lim\limits_{\substack{x\to 0\\ y\to 0}}\dfrac{\sin(xy)}{y}$

解：(1) $\lim\limits_{\substack{x\to 1\\ y\to 2}}(x^2-2xy+y^2)=1^2-2\times1\times2+2^2=1$；

(2) $\lim\limits_{\substack{x\to 0\\ y\to 0}}\arcsin(x^2-y)=\arcsin 0=0$；

(3) $\lim\limits_{\substack{x\to 0\\ y\to 0}}\dfrac{\sin(xy)}{y}=\lim\limits_{\substack{x\to 0\\ y\to 0}}\dfrac{x\sin(xy)}{xy}=\lim\limits_{\substack{x\to 0\\ y\to 0}}x\cdot\lim\limits_{\substack{x\to 0\\ y\to 0}}\dfrac{\sin(xy)}{xy}=0\times1=0.$

2. 二元函数的连续性

【知识点回顾】

$y=f(x)$ 连续的定义：设函数 $y=f(x)$，当自变量 x 在 x_0 点有一个增量（改变量）Δx 时，相应的函数 y 的增量 $\Delta y=f(x_0+\Delta x)-f(x_0)$，当 Δx 趋近 0 时，Δy 也趋近于 0，则称函数 $f(x)$ 在点 x_0 处连续.

$$\lim_{x\to x_0}\Delta y=0 \text{ 或} \lim_{\Delta x\to 0}[f(x_0+\Delta x)-f(x_0)]=0.$$

定义 3　如果二元函数 $z=f(x,y)$ 在点 (x_0,x_0) 的一个邻域内有定义，则在点 (x_0,y_0) 的增量分别为 $\Delta x=x_0+\Delta x_0$，$\Delta y=y_0+\Delta y_0$ 则有

$\Delta z=f(x_0+\Delta x_0,y_0+\Delta y_0)-f(x_0,y_0)$ 称为 $z=f(x,y)$ 的全增量，

如满足：

$$\lim_{\substack{\Delta x\to 0\\ \Delta y\to 0}}\Delta z=0$$

相当于$\lim\limits_{\substack{\Delta x\to 0\\ \Delta y\to 0}}[f(x_0+\Delta x_0,y_0+\Delta y_0)-f(x_0,y_0)]=0$

那么称函数$z=f(x,y)$在点(x_0,y_0)处连续.

如果$f(x,y)$在区域D的每一点都连续,那么称它在区域D连续.

3. 有界闭区域上连续函数的性质

性质1(最大值和最小值定理)　在有界闭区间D上连续的二元函数,在D上一定有最大值和最小值.

性质2(介值定理)　在有界闭区间D上连续的二元函数,必取得介于最大值和最小值的任何值.

习题 8.1

1. 设$F(x,y)=\dfrac{x-2y}{2x-y}$,求$F(1,3)$,$F(s,1)$.

2. 求$z=\ln(x^2+y^2-1)$的定义域.

3. 求$z=\sqrt{x^2+y^2-4}$的定义域.

4. 求$z=\dfrac{1}{\sqrt{x+y}}-\dfrac{1}{\sqrt{x-y}}$定义域.

5. 求$z=\ln(x-y)-\sqrt{x}$定义域.

6. 求下列函数的极限.

(1)$\lim\limits_{(x,y)\to(1,2)}(x^2-xy+y^2)$　　(2)$\lim\limits_{(x,y)\to(1,2)}\dfrac{x^2}{x+y}$

(3)$\lim\limits_{\substack{x\to 0\\ y\to 0}}\dfrac{2-\sqrt{x+y+4}}{x+y}$　　(4)$\lim\limits_{\substack{x\to 3\\ y\to 0}}\dfrac{\sin(xy)}{y}$

(5)$\lim\limits_{\substack{x\to 0\\ y\to 4}}\dfrac{\sin(xy)}{x}$

第二节　偏导数

一、偏导数的概念

【知识点回顾】

$y=f(x)$在$x=x_0$处导数的定义:设函数$y=f(x)$在点x_0的某一邻域内有定义,当自变量x在x_0处有增量Δx($x+\Delta x$也在该邻域内)时,相应地,函数有增量$\Delta y=f(x_0+\Delta x)-f(x_0)$,若$\Delta y$与$\Delta x$之比有当$\Delta x\to 0$时极限存在,则称这个极限值为$y=f(x)$在$x_0$处的**导数**. 记为

$$f'(x_0)=\lim_{\Delta x\to 0}\frac{\Delta y}{\Delta x}=\lim_{\Delta x\to 0}\frac{f(x_0+\Delta x)-f(x_0)}{\Delta x}$$

基本初等函数的导数公式如下：

(1) $(c)'=0$（c 为常数）

(2) $(x^{\mu})'=\mu x^{\mu-1}$

(3) $(\log_a x)'=\dfrac{1}{x\ln a}$

(4) $(\ln x)'=\dfrac{1}{x}$

(5) $(a^x)'=a^x\cdot\ln a$

(6) $(\mathrm{e}^x)'=\mathrm{e}^x$

(7) $(\sin x)'=\cos x$

(8) $(\cos x)'=-\sin x$

(9) $(\tan x)'=\sec^2 x$

(10) $(\cot x)'=-\csc^2 x$

(11) $(\sec x)'=\tan x\sec x$

(12) $(\csc x)'=-\cot x\csc x$

(13) $(\arcsin x)'=\dfrac{1}{\sqrt{1-x^2}}$

(14) $(\arccos x)'=-\dfrac{1}{\sqrt{1-x^2}}$

(15) $(\arctan x)'=\dfrac{1}{1+x^2}$

(16) $(\mathrm{arccot}\, x)'=-\dfrac{1}{1+x^2}$

在一元函数中，我们已经知道导数就是函数的变化率. 对于二元函数，我们同样要研究其“变化率”. 然而，由于自变量多了一个，情况就要复杂得多. 在 xOy 平面内，当变点由 (x_0,y_0) 沿不同方向变化时，函数 $f(x,y)$ 的变化快慢一般来说是不同的，因此就需要研究 $f(x,y)$ 在 (x_0,y_0) 点处沿不同方向的变化率.

在这里我们只学习 (x,y) 沿着平行于 x 轴和平行于 y 轴两个特殊方位变动时 $f(x,y)$ 的变化率.

1. 偏导数的定义

设有二元函数 $z=f(x,y)$，点 (x_0,y_0) 是其区域 D 内一点. 把 y 固定在 y_0 而让 x 在 x_0 有增量 Δx，相应地函数

$z=f(x,y)$ 有增量（称为对 x 的偏增量）

$$\Delta_x z=f(x_0+\Delta x)-f(x_0,y_0).$$

如果 $\Delta_x z$ 与 Δx 之比当 $\Delta x\to 0$ 时的极限

$$\lim_{\Delta x\to 0}\frac{\Delta_x z}{\Delta x}=\lim_{\Delta x\to 0}\frac{f(x_0+\Delta x,y_0)-f(x_0,y_0)}{\Delta x}\text{存在，}$$

那么此极限值称为函数 $z=f(x,y)$ 在 (x_0,y_0) 处对 x 的偏导数.

记作：$\left.\dfrac{\partial z}{\partial x}\right|_{(x_0,y_0)}$，$\left.\dfrac{\partial f}{\partial x}\right|_{(x_0,y_0)}$ 或 $f'_x(x_0,y_0)$.

同理，把 x 固定在 x_0，让 y 有增量 Δy，如果极限

$$\lim_{\Delta y\to 0}\frac{f(x_0,y_0+\Delta y)-f(x_0,y_0)}{\Delta y}\text{存在，}$$

那么此极限称为函数 $z=(x,y)$ 在 (x_0,y_0) 处对 y 的偏导数.

记作 $\left.\dfrac{\partial z}{\partial y}\right|_{(x_0,y_0)}$，或 $f'_y(x_0,y_0)$

如果二元函数 $z=f(x,y)$ 在域 D 内任意一点 (x,y) 都存在对 x 的偏导数，则称此偏导数为

$z=f(x,y)$对 x 的偏导函数,记作

$$\frac{\partial z}{\partial x},\frac{\partial f}{\partial x}\text{或}f'_x$$

如果二元函数 $z=f(x,y)$在域 D 内任意一点(x,y)都存在对 y 的偏导数,则称此偏导数为 $z=f(x,y)$对 y 的偏导函数,记作

$$\frac{\partial z}{\partial y},\frac{\partial f}{\partial y}\text{或}f'_y$$

常把偏导函数称为偏导数.

2. 偏导数的求法

【例题 1】 求 $z=x^2-2xy+y^2$ 的偏导数$\frac{\partial z}{\partial x},\frac{\partial z}{\partial y},\frac{\partial z}{\partial x}\Big|_{(1,2)},\frac{\partial z}{\partial y}\Big|_{(-2,2)}$

解:把 y 看作常量对 x 求导数,得$\frac{\partial z}{\partial x}=2x-2y$;

把 x 看作常量对 y 求导数,得$\frac{\partial z}{\partial y}=-2x+2y$;

$$\frac{\partial z}{\partial x}\Big|_{(1,2)}=2\times1-2\times2=-2;$$

$$\frac{\partial z}{\partial y}\Big|_{(-2,2)}=-2\times(-2)+2\times2=8.$$

【例题 2】 求 $z=x^2\sin y$ 的偏导数$\frac{\partial z}{\partial x},\frac{\partial z}{\partial y}$.

解:把 y 看作常量对 x 求导数,得$\frac{\partial z}{\partial x}=2x\sin y$;

把 x 看作常量对 y 求导数,得$\frac{\partial z}{\partial y}=x^2\cos y$.

【例题 3】 求 $z=x^y(x>0)$的偏导数$\frac{\partial z}{\partial x},\frac{\partial z}{\partial y}$.

解:把 y 看作常变量对 x 求导,得$\frac{\partial z}{\partial x}=yx^{y-1}$.

把 x 看作常量对 y 的求导,得$\frac{\partial z}{\partial y}=x^y\ln x$.

【例题 4】 求 $z=e^{x^2+2xy}$的偏导数$\frac{\partial z}{\partial x},\frac{\partial z}{\partial y}$.

解:把 z 看作复合函数,即 $z=e^u$,$u=x^2+2xy$,按照复合函数求导即可

得$\frac{\partial z}{\partial x}=(e^u)'\cdot(x^2+2xy)'_x=(2x+2y)e^{x^2+2xy}$

$$\frac{\partial z}{\partial y}=(e^u)'\cdot(x^2+2xy)'_y=2xe^{x^2+2xy}$$

二、高阶偏导数

如果二元函数 $z=f(x,y)$的偏导数$f'_x(x,y)$与$f'_y(x,y)$仍然可导,那么这两个偏导函数的

偏导数称为 $z=f(x,y)$ 的二阶偏导数.

二元函数的二阶偏导数有 4 个：

$$f''_{xx}(x,y) = \frac{\partial^2 z}{\partial x^2}$$

$$f''_{xy}(x,y) = \frac{\partial^2 z}{\partial x \partial y}$$

$$f''_{yx}(x,y) = \frac{\partial^2 z}{\partial y \partial x}$$

$$f''_{yy}(x,y) = \frac{\partial^2 z}{\partial y^2}.$$

注意：f''_{xy} 与 f''_{yx} 的区别在于：前者是先对 x 求偏导，然后将所得的偏导函数再对 y 求偏导；后者是先对 y 求偏导再对 x 求偏导. 当 f''_{xy} 与 f''_{yx} 都连续时，求导的结果与求导的先后次序无关.

【例题 5】 求函数 $z=x^3-3x^2y^2+y^3$ 的二阶偏导数.

解：$\frac{\partial z}{\partial x}=3x^2-6xy^2$；

$$\frac{\partial z}{\partial y} = -6x^2y+3y^2;$$

$$\frac{\partial^2 z}{\partial x^2}=6x-6y^2,$$

$$\frac{\partial^2 z}{\partial y^2} = -6x^2+6y,$$

$$\frac{\partial^2 z}{\partial x \partial y} = -12xy;$$

$$\frac{\partial^2 z}{\partial y \partial x} = -12xy.$$

习题 8.2

1. 求下列函数的一阶偏导数.

(1) $z=x^2-3xy+y^2$　　(2) $z=x^3-3xy+y^3$

(3) $z=\sin(xy)$　　(4) $z=e^{xy}$

(5) $z=e^{x^2+y^2}$　　(6) $z=\cos(x+y)$

(7) $z=xe^y$　　(8) $z=x\sin(xy)$

(9) $z=\ln(x^2+y^2)$　　(10) $z=\arctan(x^2+y^2)$

2. 求下列函数的二阶偏导数.

(1) $z=x^2+xy+y^2$　　(2) $z=x^4-3xy+y^4$

(3) $z=\sin(x+y)$　　(4) $z=e^{xy}$

(5) $z=\ln(xy)$　　(6) $z=xe^y$

第三节　全微分

【知识点回顾】

$y=f(x)$的微分定义:由函数的增量$\Delta y=f(x_0+\Delta x)-f(x_0)=f'(x_0)\Delta x+o(\Delta x)$我们把增量的近似值称为函数$f(x)$在点$x_0$处的微分,即

$$\Delta y\approx \mathrm{d}y=f'(x_0)\mathrm{d}x$$

我们已经学习了一元函数的微分的概念,现在我们用类似的思想方法来学习多元函数的全增量,从而把微分的概念推广到多元函数.

这里以二元函数为例.

全微分的定义:设二元函数$z=f(x,y)$在点(x_0,y_0)的一个邻域内有定义,则在点(x_0,y_0)的增量

$$\Delta z=f(x_0+\Delta x,y_0+\Delta y)-f(x_0,y_0)\ \text{称为}\ z=f(x,y)\ \text{的全增量}$$

如函数$z=f(x,y)$在点(x_0,y_0)的偏导数$\frac{\partial z}{\partial x}$、$\frac{\partial z}{\partial y}$存在，则

$$\Delta z\approx \frac{\partial z}{\partial x}\bigg|_{(x_0,y_0)}\Delta x+\frac{\partial z}{\partial y}\bigg|_{(x_0,y_0)}\Delta y+o(\rho)$$

我们把全增量Δz的近似值称为$z=f(x,y)$在点(x_0,y_0)全微分,即

$$\mathrm{d}z=\frac{\partial z}{\partial x}\bigg|_{(x_0,y_0)}\Delta x+\frac{\partial z}{\partial y}\bigg|_{(x_0,y_0)}\Delta y$$

像一元函数一样,规定$\Delta x=\mathrm{d}x,\Delta y=\mathrm{d}y$,则

$$\mathrm{d}z=\frac{\partial z}{\partial x}\bigg|_{(x_0,y_0)}\mathrm{d}x+\frac{\partial u}{\partial z}\bigg|_{(x_0,y_0)}\mathrm{d}y.$$

若$z=f(x,y)$在区域D内每一点处都可微分,则称该函数在区域D内可微分. 记

$$\mathrm{d}z=\frac{\partial z}{\partial x}\mathrm{d}x+\frac{\partial u}{\partial z}\mathrm{d}y.$$

定理(可微的充要条件)　如果函数$z=f(x,y)$的偏导数$\frac{\partial z}{\partial x}$、$\frac{\partial z}{\partial y}$存在,且在点$(x,y)$连续,则函数$z=f(x,y)$点$(x,y)$可微.

全微分的概念也可推广到三元或更多元的函数. 如三元函数$u=f(x,y,z)$,在点(x,y,z)的全微分的表达式为

$$\mathrm{d}u=\frac{\partial u}{\partial x}\mathrm{d}x+\frac{\partial u}{\partial y}\mathrm{d}y+\frac{\partial u}{\partial z}\mathrm{d}z.$$

【例题1】　求$z=x^2-3xy+y^2$的全微分.

解:$\frac{\partial z}{\partial x}=2x-3y$;

$\frac{\partial z}{\partial y}=-3x+2y$;

所以 $dz=\frac{\partial z}{\partial x}dx+\frac{\partial u}{\partial z}dy=(2x-3y)dx+(-3x+2y)dy.$

【例题 2】　求 $z=e^{x^2+y^2}$ 的全微分.

解: $\frac{\partial z}{\partial x}=2xe^{x^2+y^2}$

$\frac{\partial z}{\partial y}=2ye^{x^2+y^2}$

$dz=\frac{\partial z}{\partial x}dx+\frac{\partial u}{\partial z}dy=2xe^{x^2+y^2}dx+2ye^{x^2+y^2}dy$

【例题 3】　计算函数 $z=x^2y^2$ 在点$(2,-1)$处,当 $\Delta x=0.02,\Delta y=-0.01$ 时的全微分和全增量.

解:由定义知,全增量 $\Delta z=f(x_0+\Delta x,y_0+\Delta y)-f(x_0,y_0)$

$$\Delta z=(2+0.02)^2\times(-1-0.01)^2-2^2\times(-1)^2=0.1624.$$

因为函数 $z=x^2y^2$ 的两个$\frac{\partial z}{\partial x}=2xy^2,\frac{\partial z}{\partial x}=2x^2y$,在点$(2,-1)$处连续,所以全微分存在,且

$$\left.\frac{\partial z}{\partial x}\right|_{\substack{x=2\\y=-1}}=\left.2xy^2\right|_{\substack{x=2\\y=-1}}=4,\left.\frac{\partial z}{\partial y}\right|_{\substack{x=2\\y=-1}}=\left.2x^2y\right|_{\substack{x=2\\y=-1}}=-8$$

$$dz=\frac{\partial z}{\partial x}dx+\frac{\partial u}{\partial z}dy=4\times0.02+8\times0.01=0.16$$

习题 8.3

1. 求下列函数的全微分.

(1) $z=x^2+4xy+y^2$　　(2) $z=x^4-3xy+y^4$,求 $\left.dz\right|_{(1,1)}$

(3) $z=\sin(x+y)$　　(4) $z=e^{xy}$,求 $\left.dz\right|_{(0,0)}$

(5) $z=e^{x^2+y^2}$　　(6) $z=\cos(xy)$,求 $\left.dz\right|_{(\pi,1)}$

(7) $z=x^2e^y$　　(8) $z=\ln(x^2+y^2)$,求 $\left.dz\right|_{(1,1)}$

2. 设圆锥体的底半径 R 由 30 cm 增加到 30.1 cm,高 H 由 60 cm 减少到 59.5 cm,试求该圆锥体体积变化的近似值.

第四节　多元复合函数的求导法

在一元函数中,我们已经知道复合函数的求导公式在求导法中所起的重要作用,对于多元函数来说也是如此. 下面我们来学习多元函数的复合函数的求导公式. 我们先以二元函数为例,如下所述.

一、全导数

【知识点回顾】

复合函数的求导规则：对于复合函数 $y=f[\varphi(x)]$，设 $y=f(u)$，$u=\varphi(x)$，其中 u 叫作中间变量. 则复合函数求导用公式表示为：

$$\frac{\mathrm{d}y}{\mathrm{d}x}=\frac{\mathrm{d}y}{\mathrm{d}u}\cdot\frac{\mathrm{d}u}{\mathrm{d}x},\qquad \text{其中 } u \text{ 为中间变量}$$

即两个可导函数复合而成的复合函数的导数等于函数对中间变量的导数乘上中间变量对自变量的导数.

由二元函数 $z=f[\phi(x),\varphi(x)]$，设 $u=\phi(x)$，$v=\varphi(x)$，其中 u,v 为中间变量，则 $z=f(u,v)$ 是 x 的一元函数.

这时复合函数的导数就是一个一元函数的导数$\frac{\mathrm{d}z}{\mathrm{d}x}$，称为全导数. 此时的链导公式为：

$$\frac{\mathrm{d}z}{\mathrm{d}x}=\frac{\partial z}{\partial u}\frac{\mathrm{d}u}{\mathrm{d}x}+\frac{\partial z}{\partial v}\frac{\mathrm{d}v}{\mathrm{d}x}$$

【例题 1】 设 $z=uv$，$u=x$，$v=x^2$，求$\frac{\mathrm{d}z}{\mathrm{d}x}$.

解：由全导数的链导公式得：

$$\frac{\mathrm{d}z}{\mathrm{d}x}=\frac{\partial z}{\partial u}\frac{\mathrm{d}u}{\mathrm{d}x}+\frac{\partial z}{\partial v}\frac{\mathrm{d}v}{\mathrm{d}x}=v+2xu=3x^2.$$

【例题 2】 设 $z=u+v$，$u=x^2$，$v=x^3$，求$\frac{\mathrm{d}z}{\mathrm{d}x}$.

解：由全导数的链导公式得：

$$\frac{\mathrm{d}z}{\mathrm{d}x}=\frac{\partial z}{\partial u}\frac{\mathrm{d}u}{\mathrm{d}x}+\frac{\partial z}{\partial v}\frac{\mathrm{d}v}{\mathrm{d}x}=2x+3x^2.$$

【例题 3】 设 $z=u^2v$，$u=\cos x$，$v=\sin x$，求$\frac{\mathrm{d}z}{\mathrm{d}x}$.

解：由全导数的链导公式得：

$$\frac{\mathrm{d}z}{\mathrm{d}x}=\frac{\partial z}{\partial u}\frac{\mathrm{d}u}{\mathrm{d}x}+\frac{\partial z}{\partial v}\frac{\mathrm{d}v}{\mathrm{d}x}=2uv(-\sin x)+u^2\cos x,$$

将 $u=\cos x$，$v=\sin x$ 代入上式，得：

$$\frac{\mathrm{d}z}{\mathrm{d}x}=\cos^3x-2\sin^2x\cos x$$

【例题 4】 设 $z=uv$，$u=\mathrm{e}^t$，$v=\mathrm{e}^{2t}$，求$\frac{\mathrm{d}z}{\mathrm{d}t}$.

解：由全导数的链导公式得：

$$\frac{\mathrm{d}z}{\mathrm{d}t}=\frac{\partial z}{\partial u}\frac{\mathrm{d}u}{\mathrm{d}t}+\frac{\partial z}{\partial v}\frac{\mathrm{d}v}{\mathrm{d}t}=v\mathrm{e}^t+2u\mathrm{e}^{2t}=\mathrm{e}^{3t}+2\mathrm{e}^{3t}=3\mathrm{e}^{3t}.$$

二、多元复合函数的求导公式

链导公式：

对二元复合函数 $z=F[\phi(x,y),\varphi(x,y)]$，设 $u=\phi(x,y)$，$v=\phi(x,y)$ 均在 (x,y) 处可导，则函数 $z=F(u,v)$ 在对应的 (u,v) 处有连续的一阶偏导数，那么，复合函数 $z=F[\phi(x,y),\varphi(x,y)]$ 在 (x,y) 处可导，且有链导公式：

$$\frac{\partial z}{\partial x}=\frac{\partial F}{\partial u}\frac{\partial u}{\partial x}+\frac{\partial F}{\partial v}\frac{\partial v}{\partial x}$$

$$\frac{\partial z}{\partial y}=\frac{\partial F}{\partial u}\frac{\partial u}{\partial y}+\frac{\partial F}{\partial v}\frac{\partial v}{\partial y}$$

【例题 5】　设 $z=u+v$，$u=xy$，$v=x-y$，求 $\frac{\partial z}{\partial x},\frac{\partial z}{\partial y}$.

解：由二元函数的链导公式得：

$$\frac{\partial z}{\partial x}=\frac{\partial F}{\partial u}\frac{\partial u}{\partial x}+\frac{\partial F}{\partial v}\frac{\partial v}{\partial x}=y+1$$

$$\frac{\partial z}{\partial y}=\frac{\partial F}{\partial u}\frac{\partial u}{\partial y}+\frac{\partial F}{\partial v}\frac{\partial v}{\partial y}=x-1.$$

【例题 6】　设 $z=uv$，$u=xy$，$v=x-y$，求 $\frac{\partial z}{\partial x},\frac{\partial z}{\partial y}$.

解：由二元函数的链导公式得：

$$\frac{\partial z}{\partial x}=\frac{\partial F}{\partial u}\frac{\partial u}{\partial x}+\frac{\partial F}{\partial v}\frac{\partial v}{\partial x}=yv+u=2xy-y^2$$

$$\frac{\partial z}{\partial y}=\frac{\partial F}{\partial u}\frac{\partial u}{\partial y}+\frac{\partial F}{\partial v}\frac{\partial v}{\partial y}=xv-u=x^2-2xy.$$

【例题 7】　设 $z=uv$，$u=x^2+y^2$，$v=x^2-y^2$，求 $\frac{\partial z}{\partial x},\frac{\partial z}{\partial y}$.

解：由二元函数的链导公式得：

$$\frac{\partial z}{\partial x}=\frac{\partial F}{\partial u}\frac{\partial u}{\partial x}+\frac{\partial F}{\partial v}\frac{\partial v}{\partial x}=2xv+2xu=2x^3-2xy^2+2x^3+2xy^2=4x^3.$$

$$\frac{\partial z}{\partial y}=\frac{\partial F}{\partial u}\frac{\partial u}{\partial y}+\frac{\partial F}{\partial v}\frac{\partial v}{\partial y}=2yv-2yu=2x^2y-2y^3-2x^2y-2y^3=-4y^3.$$

【例题 8】　设 $z=f(x+y,xy)$，求 $\frac{\partial z}{\partial x},\frac{\partial z}{\partial y}$.

解：设 $u=x+y$，$v=xy$，则 $z=f(x+y,xy)$ 求导变为 $z=f(u,v)$，$u=x+y$，$v=xy$ 二元复合函数求导，由二元函数的链导公式得：

$$\frac{\partial z}{\partial x}=\frac{\partial F}{\partial u}\frac{\partial u}{\partial x}+\frac{\partial F}{\partial v}\frac{\partial v}{\partial x}=f'_u+yf'_v$$

$$\frac{\partial z}{\partial y}=\frac{\partial F}{\partial u}\frac{\partial u}{\partial y}+\frac{\partial F}{\partial v}\frac{\partial v}{\partial y}=f'_u+xf'_v.$$

一个多元复合函数，其一阶偏导数的个数取决于此复合函数自变量的个数. 在一阶偏导数的链导公式中,项数的多少取决于与此自变量有关的中间变量的个数.

习题 8.4

1. 设 $z=uv,u=2x,v=2x^2$,求$\frac{\mathrm{d}z}{\mathrm{d}x}$.

2. 设 $z=u-v,u=x,v=x^3$,求$\frac{\mathrm{d}z}{\mathrm{d}x}$.

3. 设 $z=uv,u=\cos 2x,v=\sin 2x$,求$\frac{\mathrm{d}z}{\mathrm{d}x}$.

4. 设 $z=u^2+v^2,u=\mathrm{e}^t,v=\mathrm{e}^{2t}$,求$\frac{\mathrm{d}z}{\mathrm{d}t}$.

5. 设 $z=u-v,u=xy,v=x+y$,求$\frac{\partial z}{\partial x},\frac{\partial z}{\partial y}$.

6. 设 $z=u^2v,u=xy,v=x+y$,求$\frac{\partial z}{\partial x},\frac{\partial z}{\partial y}$.

7. 设 $z=uv,u=x+y,v=x-y$,求$\frac{\partial z}{\partial x},\frac{\partial z}{\partial y}$.

8. 设 $z=u^2+v^2,u=\mathrm{e}^{xy},v=\mathrm{e}^y$,求$\frac{\partial z}{\partial x},\frac{\partial z}{\partial y}$.

9. 设 $z=f(x+y,x-y)$,求$\frac{\partial z}{\partial x},\frac{\partial z}{\partial y}$.

10. 设 $z=f(x^2+y^2,x^2-y^2)$,求$\frac{\partial z}{\partial x},\frac{\partial z}{\partial y}$.

*第五节 隐函数求导公式

【知识点回顾】

一般而言,如果 x 与 y 的函数关系隐含在方程 $F(x,y)=0$ 中,即 x 在某一区间取值时,相应地有确定的 y 值和其唯一对应,则称方程 $F(x,y)=0$ 所确定的函数为**隐函数**.

隐函数求导步骤:

(1)方程两边对 x 进行求导;

(2)在求导过程中把 y 看成 x 的函数 $y=f(x)$,用复合函数求导法则进行.

(3)把$\frac{\mathrm{d}y}{\mathrm{d}x}$从表达式中解出来.

一、二元函数的情形

在第二章第六节中已经提出了隐函数的概念,并且指出了不经过显化直接由方程

$$f(x,y)=0 \tag{1}$$

求它所确定的隐函数的方法. 现在介绍隐函数存在定理,并根据多元复合函数的求导法来导出隐函数的导数公式.

【隐函数存在定理 1】　设函数 $F(x,y)$ 在点 $P(x_0,y_0)$ 的某一邻域内具有连续的偏导数,且$F(x_0,y_0)=0$,$F_y(x_0,y_0)\neq 0$,则方程 $F(x,y)=0$ 在点(x_0,y_0)的某一邻域内恒能唯一确定一个单值连续且具有连续导数的函数 $y=f(x)$,它满足条件 $y_0=f(x_0)$,并有

$$\frac{\mathrm{d}y}{\mathrm{d}x}=-\frac{F_x}{F_y} \tag{2}$$

公式(2)就是隐函数的求导公式.

这个定理我们不证. 现仅就公式(2)作如下推导.

将方程(1)所确定的函数 $y=f(x)$ 代入,得恒等式

$$F(x,f(x))\equiv 0,$$

其左端可以看作是 x 的一个复合函数,求这个函数的全导数,由于恒等式两端求导后仍然恒等,即得

$$\frac{\partial F}{\partial x}+\frac{\partial F}{\partial y}\frac{\mathrm{d}y}{\mathrm{d}x}=0,$$

由于 F_y 连续,且 $F_y(x_0,y_0)\neq 0$,所以存在(x_0,y_0)的一个邻域,在这个邻域内 $F_y\neq 0$,于是得

$$\frac{\mathrm{d}y}{\mathrm{d}x}=-\frac{F_x}{F_y}.$$

如果 $F(x,y)$ 的二阶偏导数也都连续,我们可以把等式(2)的两端看作 x 的复合函数而再一次求导,即得

$$\begin{aligned}\frac{\mathrm{d}^2y}{\mathrm{d}x^2}&=\frac{\partial}{\partial x}\left(-\frac{F_x}{F_y}\right)+\frac{\partial}{\partial y}\left(-\frac{F_x}{F_y}\right)\frac{\mathrm{d}y}{\mathrm{d}x}\\&=-\frac{F_{xx}F_y-F_{yz}F_x}{F_y^2}-\frac{F_{xx}F_y-F_{yy}F_x}{F_y^2}\left(-\frac{F_x}{F_y}\right)\\&=-\frac{F_{xx}F_y^2-2F_{xy}F_xF_y+F_{yy}F_x^2}{F_y^3}.\end{aligned}$$

【例题 1】　验证方程 $x^2+y^2-1=0$ 在点(0,1)的某一邻域内能唯一确定一个单值且有连续导数,当 $x=0$ 时,$y=1$ 的隐函数 $y=f(x)$,并求该函数的一阶和二阶导数在 $x=0$ 的值.

解:设 $F(x,y)=x^2+y^2-1$,则 $F_x=2x$,$F_y=2y$,$F(0,1)=0$,$F_y(0,1)=2\neq 0$. 因此由定理 1 可知,方程 $x^2+y^2-1=0$ 在点(0,1)的某邻域内能唯一确定一个单值且有连续导数,当 $x=0$ 时,$y=1$ 的隐函数 $y=f(x)$.

下面求该函数的一阶和二阶导数:

$$\frac{\mathrm{d}y}{\mathrm{d}x}=-\frac{F_x}{F_y}=-\frac{x}{y},\left.\frac{\mathrm{d}y}{\mathrm{d}x}\right|_{x=0}=0;$$

$$\frac{\mathrm{d}^2y}{\mathrm{d}x^2}=-\frac{y-xy'}{y^2}=-\frac{y-x\left(-\frac{x}{y}\right)}{y^2}=-\frac{y^2+x^2}{y^3}=-\frac{1}{y^3},$$

$$\left.\frac{d^2y}{dx^2}\right|_{x=0} = -1.$$

【例题 2】 求隐函数 $x^2+2x^2y^2-y^2=4$ 的导数.

解:设 $F(x,y)=x^2+2x^2y^2-y^2-4$,

则 $F_x=2x+4xy^2, F_y=4x^2y-2y$

$$\frac{dy}{dx} = -\frac{F_x}{F_y} = -\frac{2x+4xy^2}{4x^2y-2y} = -\frac{x+2xy^2}{2x^2y-y}.$$

二、三元函数的情形

隐函数存在定理还可以推广到多元函数. 既然一个二元方程(1)可以确定一个一元隐函数,那么一个三元方程

$$F(x,y,z)=0 \tag{3}$$

就有可能确定一个二元隐函数.

与定理 1 一样,我们同样可以由三元函数 $F(x,y,z)$ 的性质来断定由方程 $F(x,y,z)=0$ 所确定的二元函数 $z=(x,y)$ 的存在,以及这个函数的性质,这就是下面的定理.

【隐函数存在定理 2】 设函数 $F(x,y,z)$ 在点 $P(x_0,y_0,z_0)$ 的某一邻域内具有连续的偏导数,且 $F(x_0,y_0,z_0)=0, F_z(x_0,y_0,z_0)\neq 0$,则方程 $F(x,y,z)=0$ 在点 (x_0,y_0,z_0) 的某一邻域内恒能唯一确定一个单值连续且具有连续偏导数的函数 $z=f(x,y)$,它满足条件 $z_0=f(x_0,y_0)$,并有

$$\frac{\partial z}{\partial x} = -\frac{F_x}{F_z}, \frac{\partial z}{\partial y} = -\frac{F_y}{F_z}. \tag{4}$$

这个定理我们不证. 与定理 1 类似,仅就公式(4)作如下推导.

由于 $$F(x,y,f(x,y))\equiv 0,$$

将上式两端分别对 x 和 y 求导,应用复合函数求导法则得

$$F_x+F_z\frac{\partial z}{\partial x}=0, F_y+F_z\frac{\partial z}{\partial y}=0.$$

因为 F_z 连续,且 $F_z(x_0,y_0,z_0)\neq 0$,所以存在点 (x_0,y_0,z_0) 的一个邻域,在这个邻域内 $F_z\neq 0$,于是得

$$\frac{\partial z}{\partial x} = -\frac{F_x}{F_z}, \frac{\partial z}{\partial y} = -\frac{F_y}{F_z}.$$

【例题 3】 设 $x^2+y^2+z^2-4z=0$,求 $\frac{\partial z}{\partial x}, \frac{\partial z}{\partial y}$.

解:设 $F(x,y,z)=x^2+y^2+z^2-4z$,则 $F_x=2x, F_y=2y, F_z=2z-4$.

应用公式(4),得

$$\frac{\partial z}{\partial x} = \frac{x}{2-z}$$

$$\frac{\partial z}{\partial y} = \frac{y}{2-z}.$$

【例题4】　设 $x^2+y^2+2xy+z^2-4xz=0$,求$\frac{\partial z}{\partial x},\frac{\partial z}{\partial y}$.

解:设 $F(x,y,z)=x^2+y^2+2xy+z^2-4xz$

则 $F_x=2x+y-4z,F_y=2y+2x,F_z=2z-4x.$

应用公式(4),得

$$\frac{\partial z}{\partial x}=\frac{x+y-2z}{2x-z}$$

$$\frac{\partial z}{\partial y}=\frac{x+y}{2x-z}.$$

习题8.5

1. 求下列隐函数的导数$\frac{\mathrm{d}y}{\mathrm{d}x}$.

(1)$x^2+y^2=4$　　(2)$x^2+xy-y^2=4$

(3)$\mathrm{e}^x-\mathrm{e}^y+2xy=0$　　(4)$x^2-y^2-\sin(xy)=0$

2. 设 $x^2+y^2-z^2=0$,求$\frac{\partial z}{\partial x},\frac{\partial z}{\partial y}$.

3. 设 $x^3+y^3+3xy-z^2=0$,求$\frac{\partial z}{\partial x},\frac{\partial z}{\partial y}$.

4. 设 $x^2+y^2-2xy-4z^2-4z=0$,求$\frac{\partial z}{\partial x},\frac{\partial z}{\partial y}$.

第六节　多元函数的极值

在一元函数中我们看到,利用函数的导数可以求得函数的极值,从而可以解决一些最大、最小值的应用问题.多元函数也有类似的问题,这里只学习二元函数的极值问题.

一、二元函数极值的定义

【知识点回顾】

设 $y=f(x)$在 x_0 的一个邻域内有定义,且除 x_0 外,

(1)恒有$f(x)<f(x_0)$,则称$f(x_0)$为$f(x)$的极大值,点 x_0 称为$f(x)$的一个极大值点;

(2)恒有$f(x)>f(x_0)$,则称$f(x_0)$为$f(x)$的极小值,点 x_0 称为$f(x)$的一个极小值点.

函数的极大值与极小值统称为极值,使函数取得极值的点称为极值点.

(极值存在的必要条件):若点 x_0 是函数$f(x)$的极值点,且 x_0 处函数可微,则$f'(x_0)=0$.

设二元函数 $z=f(x,y)$在点(x_0,y_0)的一个邻域内有定义,如果在(x_0,y_0)的某一去心邻域

内的一切点(x,y)恒有等式：

$$f(x,y) \leqslant f(x_0,y_0)$$

成立，那么就称函数$f(x,y)$在点(x_0,y_0)处取得极大值$f(x_0,y_0)$；如果恒有等式：

$$f(x,y) \geqslant f(x_0,y_0)$$

成立，那么就称函数$f(x,y)$在点(x_0,y_0)处取得极小值$f(x_0,y_0)$.

极大值与极小值统称极值. 使函数取得极值的点(x_0,y_0)称为极值点.

定理1（极值点的必要条件） 二元可导函数在(x_0,y_0)取得极值的条件是：

$$f'_x(x_0,y_0)=0,f'_y(x_0,y_0)=0.$$

注意：此条件只是取得极值的必要条件.

凡是使$f'_x(x_0,y_0)=0$，$f'_y(x_0,y_0)=0$的点(x,y)称为函数$f(x,y)$的驻点. 可导函数的极值点必为驻点，但驻点却不一定是极值点. 例如，点$(0,0)$是函数$z=xy$的驻点，但是函数在该点并无极值.

二、二元函数极值判定的方法

仿照一元函数，凡是能使$f'_x(x,y)=0$，$f'_y(x,y)=0$同时成立的点(x_0,y_0)称为函数$z=f(x,y)$的驻点，从定理1可知，具有偏导数的函数的极值点必定是驻点. 但是函数的驻点不一定是极值点，怎样判定一个驻点是否是极值点呢？下面的定理回答了这个问题.

定理2（充分条件） 设函数$z=f(x,y)$在点(x_0,y_0)的某邻域内连续且有一阶及二阶连续偏导数，又$f'_x(x_0,y_0)=0$，$f'_y(x_0,y_0)=0$，令

$$f''_{xx}(x_0,y_0)=A,f''_{xy}(x_0,y_0)=B,f''_{yy}(x_0,y_0)=C$$

则$f(x,y)$在(x_0,y_0)处是否取得极值的条件如下：

①$AC-B^2>0$时具有极值，且当$A<0$时有极大值，当$A>0$时有极小值；

②$AC-B^2<0$时没有极值；

③$AC-B^2=0$时可能有极值，也可能没有极值，还需另作讨论.

利用定理1、2，我们把具有二阶连续偏导数的函数$z=f(x,y)$的极值的求法叙述如下：

第一步 解方程组

$$f'_x(x,y)=0,f'_y(x,y)=0$$

求得一切实数解，即可以得到一切驻点.

第二步 对于每一个驻点(x_0,y_0)，求出二阶偏导数的值A，B和C.

第三步 定出$AC-B^2$的符号，按定理2的结论判定$f(x_0,y_0)$是否是极值、是极大值还是极小值.

【例题1】 求$z=x^2-2x+y^2-2y$的极值.

解：设$z=x^2-2x+y^2-2y$则

$$f'_x(x,y)=2x-2,f'_y(x,y)=2y-2.$$

$$f''_{xx}(x,y)=2,f''_{xy}=0,f''_{yy}(x,y)=2.$$

解方程组$\begin{cases}2x-2=0\\2y-2=0\end{cases}$，得驻点$(1,1)$，

对于驻点(1,1)有$f''_{xx}(1,1)=2,f''_{xy}(1,1)=0,f''_{yy}(1,1)=2$,故

$$AC-B^2=4>0,A=2>0$$

因此,$z=x^2-2x+y^2-2y$ 在点(1,1)取得极小值$f(1,1)=-2$.

【例题 2】　求 $z=x^3+y^3-3xy$ 的极值.

解:设 $z=x^3+y^3-3xy$ 则

$$f'_x(x,y)=3x^2-3y,f'_y(x,y)=3y^2-3x.$$

$$f''_{xx}(x,y)=6x,f''_{xy}=-3,f''_{yy}(x,y)=6y.$$

解方程组$\begin{cases}3x^2-3y=0\\3y^2-3x=0\end{cases}$,得驻点(1,1),(0,0).

对于驻点(1,1)有$f''_{xx}(1,1)=6,f''_{xy}(1,1)=-3,f''_{yy}(1,1)=6$,故

$$AC-B^2=6.6-(-3)^2=27>0,A=6>0$$

因此,$f(x,y)=x^3+y^3-3xy$ 在点(1,1)取得极小值$f(1,1)=-1$.

对于驻点(0,0)有$f''_{xx}(0,0)=0,f''_{xy}(0,0)=-3,f''_{yy}(0,0)=0$,故

$$AC-B^2=0.0-(-3)^2=-9>0$$

因此,$f(x,y)=x^3+y^3-3xy$ 在点(0,0)不取得极值.

三、二元函数的最大、最小值问题

在实际问题中,若知道函数的最大值、最小值一定在区域 D 的内部取得,而函数在 D 内如果只有一个驻点,则这个驻点就是所求函数的最大值、最小值. 下面我们给出实际问题中多元函数的极大值、极小值,求解步骤如下:

①根据实际问题建立函数关系,确定其定义域;

②求出驻点;

③结合实际意义判定最大值、最小值.

【例题 3】　某厂要用铁板制作一个体积为 2 m^3 的有盖长方体水箱. 问当长、宽、高各取怎样的尺寸时,才能使用料最省.

解:设水箱的长为 x m,宽为 y m,则其高应为$\dfrac{2}{xy}$ m,此水箱所用材料的面积

$$A=2\left(xy+y\cdot\frac{2}{xy}+x\cdot\frac{2}{xy}\right),$$

即

$$A=2\left(xy+\frac{2}{x}+\frac{2}{y}\right)\qquad(x>0,y>0)$$

可见材料面积 A 是 x 和 y 的二元函数,这就是目标函数,下面求使这函数取得最小值的点(x,y).

令

$$A'_x=2\left(y-\frac{2}{x^2}\right)=0,$$

$$A'_y=2\left(x-\frac{2}{y^2}\right)=0$$

解这方程组,得:

$$x = \sqrt[3]{2}, y = \sqrt[3]{2}$$

从这个例子还可看出,在体积一定的长方体中,以立方体的表面积为最小.

【例题4】 在平面 $3x+4y-z=26$ 上求一点,使它与坐标原点的距离最短.

解:(1)先建立函数关系,确定定义域

求解与原点的距离最短的问题等价于求解与原点距离的平方

$$u = x^2 + y^2 + z^2$$

最小的问题. 但是 P 点位于所给的平面上,故 $z=3x+4y-26$. 把它代入上式便得到我们所需的函数关系:

$$u = x^2 + y^2 + (3x+4y-26)^2, -\infty < x < +\infty, -\infty < y < +\infty$$

(2)求驻点

$$\frac{\partial u}{\partial x} = 2x + 6(3x+4y-26) = 4(5x+6y-39)$$

$$\frac{\partial u}{\partial y} = 2y + 8(3x+4y-26) = 2(12x+17y-104)$$

解 $\frac{\partial u}{\partial x}=0, \frac{\partial u}{\partial y}=0$ 得唯一驻点 $x=3, y=4$. 由于点 P 在所给平面上,故可知

$$z = -1$$

(3)结合实际意义判定最大值、最小值,由问题的实际意义可知,原点与平面距离的最小值是客观存在的,且这个最小值就是极小值. 而函数仅有唯一的驻点. 所以,平面上与原点距离最短的点为 $P(3,4,-1)$.

四、条件极值　拉格朗日乘数法

拉格朗日乘数法　要找函数 $z=f(x,y)$ 在附加条件 $\phi(x,y)=0$ 下的可能极值点,可以先构成辅助函数

$$F(x,y) = f(x,y) + \lambda\phi(x,y)$$

分别对 x,y,λ 求其一阶偏导数,并使之为零,得出方程组

$$\begin{cases} f_x(x,y) + \lambda\phi_x(x,y) = 0, \\ f_y(x,y) + \lambda\phi_y(x,y) = 0, \\ \phi(x,y) = 0. \end{cases}$$

由这方程组解出 x,y 及 λ,则其中 x,y 就是函数 $f(x,y)$ 在附加条件下 $\phi(x,y)=0$ 的可能极值点的坐标.

至于如何确定所求得的点是否为极值点,在实际问题中往往可根据问题本身的性质来判定.

【例题5】 求表面积为 a^2 而体积为最大的长方体的体积.

解:设长方体的3条棱长为 x,y,z, 则问题就是在条件

$$\psi(x,y,z,t) = 2xy + 2yz + 2xz - a^2 = 0 \tag{1}$$

下,求函数

$$V = xyz \qquad (x > 0, y > 0, z > 0)$$

的最大值. 构成辅助函数

$$F(x,y,z) = xyz + \lambda(2xy + 2yz + 2xz - a^2)$$

求其对 x、y、z 的偏导数,并使之为零,得到

$$\begin{cases} yz + 2(y + z) = 0 \\ xz + 2(x + z) = 0 \\ xy + 2(y + z) = 0 \end{cases} \tag{2}$$

再与(1)联立求解.

因 x、y、z 都不等于零,所以由(2)可得

$$\frac{x}{y} = \frac{x+z}{y+z}, \frac{y}{z} = \frac{x+y}{x+z}.$$

由以上两式解得

$$x = y = z$$

将此代入式(1),便得

$$x = y = z = \frac{\sqrt{6}}{6}a$$

这是唯一可能的极值点. 因为由问题本身可知最大值一定存在,所以最大值就在这个可能的极值点处取得. 也就是说,在表面积为 a^2 的长方体中,以棱长为$\frac{\sqrt{6}}{6}a$ 的正方体的体积为最大,最大体积 $V = \frac{\sqrt{6}}{36}a$.

习题 8.6

1. 求下列函数的极值.

(1)$f(x,y) = x^2 + y^2$

(2)$f(x,y) = 4x - 4y - x^2 - y^2$

(3)$z = x^2 - 2x + 1 + y^2 - 2y + 2$

(4)$z = x^3 + y^3 - 3x - 3y$

(5)$z = x^3 + y^3 - 3x^2 - 3y^2$

(6)$f(x,y) = e^{2x}(x + y^2 + 2y)$

2. 计算一个长方体容器,其长、宽、高之和为定值,问怎样下料才能使所做容器最大?

3. 求函数 $z = xy$ 在适合附加条件 $x + y = 1$ 下的极大值.

4. 设直角三角形斜边长为 5,问直角边取何值时,直角三角形周长最大?

5. 曲线 $L: xy = 1(x > 0)$上求一点,使函数$f(x,y) = x^2 + 2y^2$ 达到最小值.

复习题八

一、填空题

1. $\lim\limits_{(x,y)\to(1,2)}(x^2-xy-y^2)=$________.

2. 设 $z=x^2+y^2$,则 $\mathrm{d}z=$________.

3. 设 $z=\mathrm{e}^{x^2y}$,则$\dfrac{\partial z}{\partial x}=$________.

4. 设 $z=\mathrm{e}^{xy}$,则$\left.\dfrac{\partial^2 z}{\partial x^2}\right|_{\substack{x=1\\y=2}}=$________.

5. 二元函数 $z=x^2-2x+1+y^2-2y+2$ 的驻点为________.

二、选择题

1. 设 $z=x^2+2xy$,则$\left.\dfrac{\partial z}{\partial x}\right|_{\substack{x=1\\y=2}}=$(　　).

A. 3　　B. 4　　C. 5　　D. 6

2. 设 $z=x^2+y^2$,则$\dfrac{\partial^2 z}{\partial x^2}=$(　　).

A. 0　　B. 2　　C. $2x$　　D. $x+y$

3. $\lim\limits_{\substack{x\to3\\y\to0}}\dfrac{\sin(xy)}{y}=$(　　).

A. 3　　B. 4　　C. 5　　D. 6

4. 设 $z=xy$,则 $\mathrm{d}z=$(　　).

A. $\mathrm{d}x+\mathrm{d}y$　　B. $-\mathrm{d}x-\mathrm{d}y$　　C. $x\mathrm{d}x+y\mathrm{d}y$　　D. $y\mathrm{d}x+x\mathrm{d}y$

5. 函数 $z=x^3-y^3+3x^2+3y^2-9x$ 的极值点有(　　).

A. $(1,0)$和$(1,2)$　　B. $(1,0)$和$(1,4)$

C. $(1,0)$和$(-3,2)$　　D. $(-3,0)$和$(-3,2)$

三、计算题

1. 求下列函数的极限.

(1)$\lim\limits_{(x,y)\to(1,0)}(x^3-2xy+y^3)$　　(2)$\lim\limits_{\substack{x\to1\\y\to1}}\dfrac{2-\sqrt{x+y+2}}{x+y-2}$

2. 求下列函数的一阶偏导数.

(1)$z=2x^2-3xy+2y^2$　　(2)$z=\sin(xy)$

(3)$z=\mathrm{e}^{x^2y^2}$　　(4)$z=\ln(x+y)$

3. 已知二元函数 $z=x^2+xy$,求$\frac{\partial^2 z}{\partial x^2}$,$\frac{\partial^2 z}{\partial x\partial y}$,$\frac{\partial^2 z}{\partial y^2}$.

4. 设 $z=uv$,$u=x$,$v=x^3$,求$\frac{dz}{dx}$.

5. 设 $z=u-v$,$u=x^2$,$v=x^3$,求$\frac{dz}{dx}$.

6. 设 $z=u^2v^2$,$u=xy$,$v=x+y$,求$\frac{\partial z}{\partial x}$,$\frac{\partial z}{\partial y}$.

7. 设 $x^2+xy-y^2=4$,求$\frac{dy}{dx}$.

8. 设 $x^3+y^3+3xy-z^2=0$,求$\frac{\partial z}{\partial x}$,$\frac{\partial z}{\partial y}$.

四、应用题

1. 求二元函数 $z=x^2-2x+y^2-4y+1$ 的极值.
2. 求二元函数 $z=x^3+y^3-3x-3y^2$ 的极值.
3. 求 $z=xy$ 在约束条件 $x+y=1$ 下的极值.
4. 在抛物线 $L:y=x^2$ 上求一点,使其与直线 $x+y+2=0$ 的距离最短.

中国现代数学之父——华罗庚

第九章 多元函数的积分学

在一元函数积分学中,我们知道定积分是某种确定形式的和的极限,这种和的极限的概念推广到定义在区域、曲线及曲面上多元函数的情形,便得到了重积分、曲线积分及曲面积分的概念. 本章将曲顶柱体体积的计算引出二重积分概念,并介绍二重积分的计算及应用.

第一节 二重积分的概念及性质

前面我们已经知道,定积分与曲边梯形的面积有关. 下面我们通过曲顶柱体的体积来引出二重积分的概念.

一、二重积分的概念

【知识点回顾】

定积分定义 设函数 $y = f(x)$ 在区间 $[a,b]$ 上有界,经过分割:在 $[a,b]$ 上插入若干个分点 $a = x_0 < x_1 < x_2 < x_3 < \cdots < x_{n-1} < x_n = b$,将区间 $[a,b]$ 分成 n 个小区间 $[x_0,x_1]$,$[x_1,x_2]$,$\cdots$,$[x_{n-1},x_n]$,各小区间的长度依次记为 $\Delta x_i = x_i - x_{i-1}(i = 1,2,\cdots,n)$;近似替代:在每个小区间上任取一点 $\xi_i(x_{i-1} \leqslant \xi_i \leqslant x_i)$,作乘积 $f(\xi_i)\Delta x_i(i = 1,2,\cdots,n)$;求和:并作出和式 $\sum\limits_{i=1}^{n} f(\xi_i)\Delta x_i$;取极限:记 $\lambda = \max\limits_{1\leqslant i\leqslant n}\{\Delta x_i\}$,只要当 $n\to\infty$,或 $\lambda\to 0$ 时,和式的极限 $\lim\limits_{\lambda\to 0}\sum\limits_{i=1}^{n} f(\xi_i)\Delta x_i$ 存在,则称 $f(x)$ 在 $[a,b]$ 上可积,称此极限值 I 为函数 $f(x)$ 在 $[a,b]$ 上的定积分,记作 $\int_a^b f(x)\,\mathrm{d}x$,即

$$\int_a^b f(x)\,\mathrm{d}x = \lim_{\lambda\to 0}\sum_{i=1}^{n} f(\xi_i)\Delta x_i.$$

其中 $f(x)$ 称为被积函数,$f(x)$ 称为被积函数,x 称为积分变量,a 称为积分下限,b 称为积

分上限，$[a,b]$称为积分区间.

曲顶柱体体积

【引例1】设有一个曲顶柱体，底是 xOy 平面上的有界闭区域 D，侧面是以 D 的边界为准线，母线平行于 z 轴的柱面，用二元函数 $z=f(x,y)$ 表示它的曲顶，求当$f(x,y)\geqslant 0$ 时该曲顶柱体的体积(图9.1).

对于平顶柱体的体积可以简单地用底面积×柱体高度来计算，在求曲顶柱体体积时，类似于求曲边梯形的面积一样，可以通过局部线性化将求曲顶柱体体积转化为求平顶柱体体积的和，据此，有以下步骤，如下所述.

(1)分割：将区域 D 细分成 n 个区域：$\Delta\sigma_1,\Delta\sigma_2,\cdots,\Delta\sigma_i,\cdots,\Delta\sigma_n$.

(2)近似替代：在微小区域 $\Delta\sigma_i$ 上取一点 (x_i,y_i)，以$f(x_i,y_i)$为高，$\Delta\sigma_i$ 为底的平顶柱体体积近似代替 $\Delta\sigma_i$ 上小曲顶柱体的体积：

$$\Delta V_i \approx f(x_i,y_i)\Delta\sigma_i$$

(3)取极限：将 ΔV_i 在区域 D 上累加，得到曲顶柱体的近似体积

$$V = \sum_{i=1}^{n}\Delta V_i \approx \sum_{i=1}^{n} f(x_i,y_i)\Delta\sigma_i$$

(4)取极限：当 n 个区域面积的最大值 $\lambda\to 0$ 时，上述和式的极限就是所求曲顶柱体的体积，即

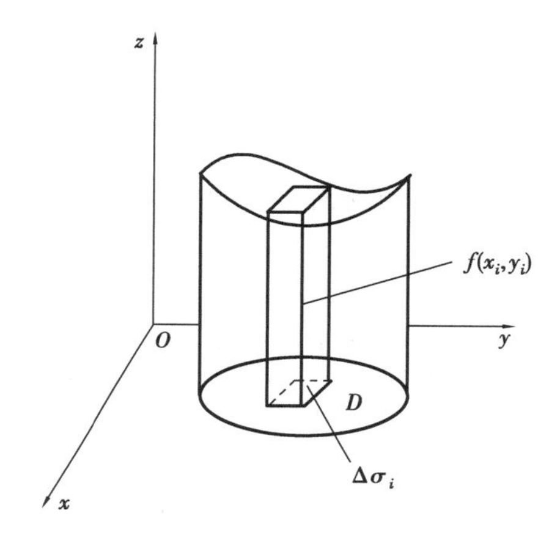

图9.1

$$V = \lim_{\lambda\to 0}\sum_{i=1}^{n} f(x_i,y_i)\Delta\sigma_i$$

平面薄片的质量

【引例2】设有一个平面薄片占有 xOy 平面上的区域 D(图9.2)，其面密度(单位面积的质量)为 D 上的连续函数 $\mu(x,y)$，求该平面薄片的质量 M.

解：对于质量分布均匀的薄片，即当

$$\mu(x,y)\equiv\mu_0\quad(\mu_0\text{ 为常数},\mu_0>0),$$

该薄片的质量　$M=$面密度×薄片面积$\equiv\mu_0\sigma$

现在薄片的面密度 $\mu(x,y)$在 D 上是变化的，因而其质量就不能使用上面的公式计算，但是它仍可仿照求曲顶柱体体积的思想方法求得，简单说，非均匀分布的平面薄片的质量，可以通过“分割、近似、求和、限极限”这4个步骤求得，具体做法如下所述.

(一)分割

将薄片(即区域 D)任意分成 n 个子域：$\Delta\sigma_1,\Delta\sigma_2,\cdots,\Delta\sigma_n$，并以 $\Delta\sigma_i(i=1,2,\cdots,n)$表示第 i 个子域的面积.

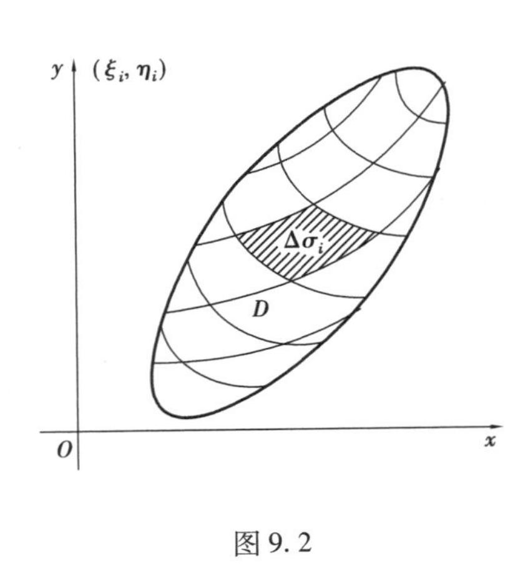

图 9.2

(二)近似替代

由于$\mu(x,y)$在D上连续,因此当$\Delta\sigma_i$很小时,这个子域上的密度的变化也很小,即其质量可近似看成均匀分布的,于是在$\Delta\sigma_i$上任意取一点(ξ_i,η_i),第i块薄片的质量近似值为

$$\Delta M_i \approx \mu(\xi_i,\eta_i)\Delta\sigma_i.$$

(三)求和

将这n个看成质量均匀分布的小块的质量相加得到整个平面薄片的近似值,即

$$M = \sum_{i=1}^{n}\Delta M_i \approx \sum_{i=1}^{n}\mu_i(\xi_i,\eta_i)\Delta\sigma_i$$

(四)取极限

当n个子域的最大直径$\lambda\to 0$时,上述和式的极限就是所求薄片的质量,即

$$M = \lim_{\lambda\to 0}\sum_{i=1}^{n}\mu_i(\xi_i,\eta_i)\Delta\sigma_i$$

上述两个例子意义不同,但解决问题的方法都可归纳为求二元函数在平面区域上和式极限,在几何、物理、力学、工程实践中许多问题均可归纳为这种方式的极限,抽去其实际意义,我们给出二重积分的概念.

二、二重积分的定义

设二元函数$z=f(x,y)$为有界闭区域D上的有界函数:

把区域D任意划分成n个小区域$\Delta\sigma_i(i=1,2,3,\cdots,n)$,其面积记作$\Delta\sigma_i(i=1,2,3,\cdots,n)$;在每一个子域$\Delta\sigma_i$上任取一点$(\xi_i,\eta_i)$,作乘积$f(\xi_i,\eta_i)\Delta\sigma_i$;把所有这些乘积相加,即作出和数$\sum\limits_{i=1}^{n}f(\xi_i,\eta_i)\Delta\sigma_i$,记子域的最大直径$d$.如果不论子域怎样划分以及$(\xi_i,\eta_i)$怎样选取,上述和数当$n\to+\infty$且$d\to 0$时的极限存在,那么称此极限为函数$f(x,y)$在区域$D$上的二重积分.记作:$\iint\limits_D f(x,y)\,\mathrm{d}\sigma$,

即
$$\iint\limits_D f(x,y)\,\mathrm{d}\sigma = \lim_{d\to 0}\sum_{i=1}^{n}f(\xi_i,\eta_i)\Delta\sigma_i$$

其中x与y称为积分变量,函数$f(x,y)$称为被积函数,D称为积分区域.

于是由二重积分的定义:

以连续曲面$z=f(x,y)(f(x,y)\geqslant 0)$为顶,区域$D$为底的曲顶柱体的体积是$z=f(x,y)$在$D$上的二重积分,即$V=\iint\limits_D f(x,y)\,\mathrm{d}\sigma$.

以$z=\rho(x,y)(\rho(x,y)\geqslant 0)$为面密度,区域$D$为面积的薄片的质量是$z=\rho(x,y)$在$D$上的二重积分,即$m=\iint\limits_D \rho(x,y)\,\mathrm{d}\sigma$.

定理　如果被积函数$f(x,y)$在积分区域D上连续,那么二重积分$\iint\limits_D f(x,y)\mathrm{d}\sigma$必定存在.

三、二重积分的几何意义

对于二重积分的定义,我们并没有$f(x,y)\geqslant 0$的限制,容易看出,当$f(x,y)\geqslant 0$时,二重积分$\iint\limits_D f(x,y)\mathrm{d}\sigma$在几何上就是以$z=f(x,y)$为曲顶,以$D$为底且母线平行于$z$轴的曲顶柱体的体积.这就是二重积分的几何意义.

四、二重积分的性质

可积函数的二重积分具有下述性质.

1. 被积函数中的常数因子可以提到二重积分符号外面去.

$$\iint\limits_D Af(x,y)\mathrm{d}\sigma = A\iint\limits_D f(x,y)\mathrm{d}\sigma \quad (A\text{ 为常数})$$

2. 有限个函数代数和的二重积分等于各函数二重积分的代数和.

$$\iint\limits_D [f_1(x,y)\pm f_2(x,y)]\mathrm{d}\sigma = \iint\limits_D f_1(x,y)\mathrm{d}\sigma \pm f_2(x,y)\mathrm{d}\sigma$$

3. (区域可加性)如果把积分区域D分成两个子域σ_1与σ_2,即$D=\sigma_1+\sigma_2$,那么:

$$\iint\limits_D f(x,y)\mathrm{d}\sigma = \iint\limits_{\sigma_1} f(x,y)\mathrm{d}\sigma \pm \iint\limits_{\sigma_2} f(x,y)\mathrm{d}\sigma$$

4. 如果在D上$f(x,y)=1$,且D的面积是σ,则$\iint\limits_D \mathrm{d}\sigma=\sigma$.

5. 如果在D上有$f(x,y)\leqslant g(x,y)$,那么:

$$\iint\limits_D f(x,y)\mathrm{d}\sigma \leqslant \iint\limits_D g(x,y)\mathrm{d}\sigma.$$

6. (二重积分中值定理)设$f(x,y)$在闭域D上连续,则在D上至少存在一点(ξ,η),使

$$\iint\limits_D f(x,y)\mathrm{d}\sigma = f(\xi,\eta)\cdot\sigma$$

其中σ是区域D的面积.

7. 如果M、m分别是函数$f(x,y)$在D上的最大值和最小值,σ是区域D的面积,则$m\sigma\leqslant\iint\limits_D f(x,y)\mathrm{d}\sigma\leqslant M\sigma$.

【例题1】　比较二重积分$\iint\limits_D (x+y)\mathrm{d}\sigma$和$\iint\limits_D (x+y)^2\mathrm{d}\sigma$的大小,其中$D$是三角形闭区域,3个顶点分别是$(1,0)$,$(1,1)$,$(2,0)$.

解:如图9.3所示,在D上,$1\leqslant x+y\leqslant 2$,则

$$x+y\leqslant(x+y)^2$$

由性质5:

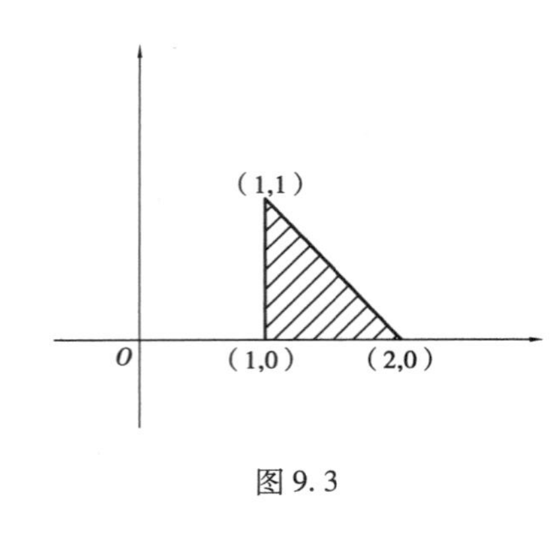

图 9.3

$$\iint_D (x+y)\mathrm{d}\sigma \leqslant \iint_D (x+y)^2\mathrm{d}\sigma.$$

【例题 2】 估计二重积分 $\iint_D (x+y+1)\mathrm{d}\sigma$ 的范围，其中 D 是矩形闭域 $0 \leqslant x \leqslant 1, 0 \leqslant y \leqslant 2$.

解:因为在 D 上,$1 \leqslant x+y+1 \leqslant 4$,而 D 的面积为 2,由性质 7

$$1 \times 2 \leqslant \iint_D (x+y+1)\mathrm{d}\sigma \leqslant 4 \times 2$$

$$2 \leqslant \iint_D (x+y+1)\mathrm{d}\sigma \leqslant 8$$

习题 9.1

1. 填空题.

(1) 设曲顶柱体 $z = x^2 + y^2$,区域 $D: x^2 + y^2 \leqslant 1$,则曲顶柱体的体积用二重积分表示为:____________________.

(2) 设曲顶柱体 $z = x^2 y^2$,D:由 $x + y = 1$,x 轴,y 轴所围成的区域,则曲顶柱体的体积用二重积分表示为:____________________.

(3) 由二重积分的性质,$\iint_D \mathrm{d}\sigma =$ ____________________,区域 $D: x^2 + y^2 \leqslant 1$.

(4) 由二重积分的性质,$\iint_D \mathrm{d}\sigma =$ ____________________,区域 D:由 $y = x, x = 2$,x 轴所围成的区域.

(5) 由二重积分的性质,比较大小 $\iint_D (x+y)\mathrm{d}\sigma =$ __________ $\iint_D (x+y)^2\mathrm{d}\sigma$,区域 D: $\begin{cases} 0 \leqslant x \leqslant 2 \\ 1 \leqslant y \leqslant 2 \end{cases}$.

2. 估计下列积分值的大小.

(1) $\iint_D (x+y)\mathrm{d}\sigma$,区域 D: $\begin{cases} 0 \leqslant x \leqslant 2 \\ 1 \leqslant y \leqslant 2 \end{cases}$.

(2) $\iint_D (x^2+y^2)\mathrm{d}\sigma$,区域 D: $\begin{cases} 0 \leqslant x \leqslant 2 \\ 1 \leqslant y \leqslant 2 \end{cases}$.

第二节　直角坐标系下二重积分的计算

二重积分直接不容易积分,须化为二次定积分来计算,设被积函数 $z = f(x,y)$ 在 D 上连续，它是一个连续曲面，因此可将其都看作以 D 为底，曲面 $z=f(x,y)$ 为顶的曲顶柱体的体积.

在直角坐标系下，区域 D 可以看成由一系列小矩形区域构成，任取一小矩形区域 $\Delta\sigma$，则它的边长为 $\Delta x,\Delta y$，面积为 $\Delta\sigma=\Delta x\Delta y$，即 $\mathrm{d}\sigma=\mathrm{d}x\mathrm{d}y$，

$$\iint_D f(x,y)\,\mathrm{d}\sigma = \iint_D f(x,y)\,\mathrm{d}x\mathrm{d}y.$$

为求二重积分，必须对区域 D 进行划分，如图 9.4 所示，区域 D 加在 $x=a,x=b,y=y_1(x),y=y_2(x)$ 4 条曲线之间；如图 9.5 所示区域 D 加在 $y=c,y=d,x=\phi_1(x),x=\phi_2(x)$ 4 条曲线之间.

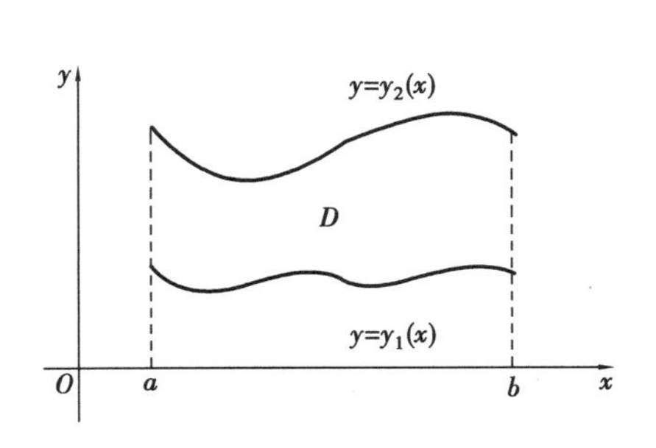

图 9.4

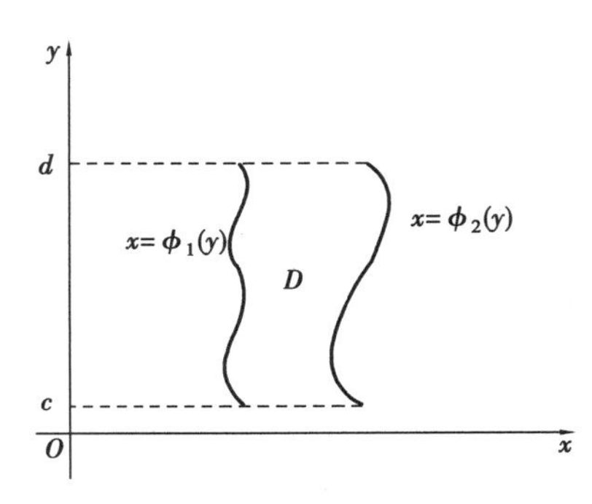

图 9.5

区域 $D:\begin{cases}a\leqslant x\leqslant b\\ y_1(x)\leqslant y\leqslant y_2(x)\end{cases}$　　　　区域 $D:\begin{cases}\phi_1(x)\leqslant x\leqslant\phi_2(x)\\ c\leqslant y\leqslant d\end{cases}$

对区域 D 进行划分后，要求二重积分，这里我们采取的方法是累次积分法. 即将二重积分化为两个定积分. 也就是先将 x 看成常量，对 y 进行积分，然后再对 x 进行积分，或者是先将 y 看成常量，对 x 进行积分，然后在对 y 进行积分. 为此我们有积分公式，如下：

$$\iint_D f(x,y)\,\mathrm{d}\sigma = \int_a^b\int_{y_1(x)}^{y_2(x)} f(x,y)\,\mathrm{d}y\mathrm{d}x = \int_a^b \mathrm{d}x\int_{y_1(x)}^{y_2(x)} f(x,y)\,\mathrm{d}y$$

或

$$\iint_D f(x,y)\,\mathrm{d}\sigma = \int_c^d\int_{\phi_1(y)}^{\phi_2(y)} f(x,y)\,\mathrm{d}y\mathrm{d}x = \int_c^d \mathrm{d}y\int_{\phi_1(y)}^{\phi_2(y)} f(x,y)\,\mathrm{d}x.$$

上下限都是常数的称为内积分，上下限不全都是常数的称为外积分，求二重积分是先求外积分，再求内积分.

注意：对含有 x 的变量进行积分时，将 y 看成常量，对含有 y 的变量进行积分时，将 x 看成常量.

【例题 1】　求二重积分 $\iint_D (xy)\,\mathrm{d}\sigma$，其中区域其中 D 是由 $y=x,x=2,x$ 轴所围成的区域.

解：如图 9.6 所示，$D:\begin{cases}0\leqslant x\leqslant 2\\ 0\leqslant y\leqslant x\end{cases}$

$$\iint_D (xy)\,\mathrm{d}\sigma = \int_0^2\int_0^x (xy)\,\mathrm{d}y\mathrm{d}x = \int_0^2\left(\frac{1}{2}xy^2\right)\Big|_0^x\mathrm{d}x = \int_0^2\frac{1}{2}x^3\,\mathrm{d}x$$

$$=\frac{1}{8}x^4\Big|_0^2\mathrm{d}x = 2.$$

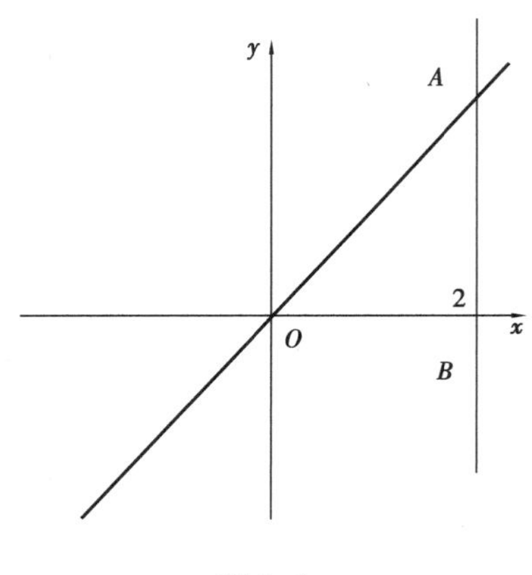

图 9.6

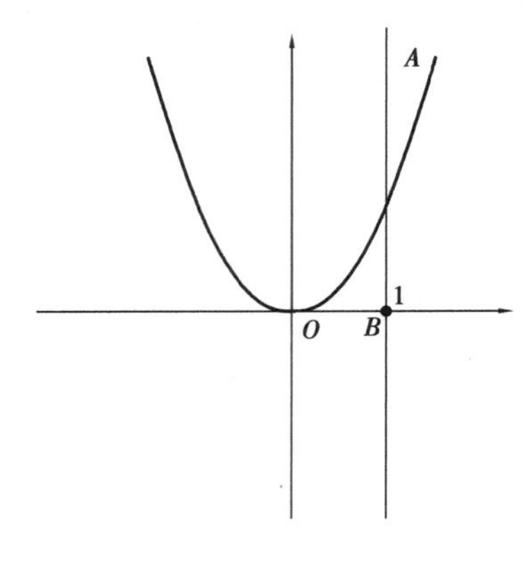

图 9.7

【例题 2】 求二重积分 $I = \iint\limits_{D}(x^2 + y^2)\mathrm{d}\sigma$，其中 D 是由 $y = x^2, x = 1, y = 0$ 所围成的区域.

解：如图 9.7 所示

$$D:\begin{cases}0 \leqslant x \leqslant 1\\0 \leqslant y \leqslant x^2\end{cases}$$

$$I = \int_0^1\int_0^{x^2}(x^2 + y^2)\mathrm{d}y\mathrm{d}x = \int_0^1\left(x^2y + \frac{1}{3}y^3\right)\Big|_0^{x^2}\mathrm{d}x = \int_0^1\left(x^4 + \frac{1}{3}x^6\right)\mathrm{d}x = \left(\frac{1}{5}x^5 + \frac{1}{21}x^7\right)\Big|_0^1 = \frac{26}{105}$$

【知识点回顾】

1. 定积分基本积分公式：如果函数 $f(x)$ 在区间 $[a,b]$ 上连续，且 $F(x)$ 是 $f(x)$ 的任意一个原函数，那么 $\int_a^b f(x)\mathrm{d}x = F(b) - F(a)$.

2. 不定积分基本不定积分公式.

(1) $\int k\mathrm{d}x = kx + C$　（C 为常数）

(2) $\int x^{\mu}\mathrm{d}x = \frac{1}{\mu + 1}x^{\mu+1} + C$　$(\mu \neq -1)$

(3) $\int \frac{1}{x}\mathrm{d}x = \ln|x| + C$

(4) $\int \mathrm{e}^x\mathrm{d}x = \mathrm{e}^x + C$

(5) $\int a^x\mathrm{d}x = \frac{a^2}{\ln a} + C$　（$a > 0$ 且 $a \neq 1$）

(6) $\int \cos x\mathrm{d}x = \sin x + C$

(7) $\int \sin x\mathrm{d}x = -\cos x + C$

(8) $\int \frac{1}{\cos^2 x}\mathrm{d}x = \int \sec^2 x\mathrm{d}x = \tan x + C$

(9) $\int \frac{1}{\sin^2 x} dx = \int \csc^2 x dx = -\cot x + C$

(10) $\int \sec x \cdot \tan x dx = \sec x + C$

(11) $\int \csc x \cdot \cot x dx = -\csc x + C$

(12) $\int \frac{1}{1+x^2} dx = \arctan x + C$

(13) $\int \frac{1}{\sqrt{1-x^2}} dx = \arcsin x + C$

习题9.2

1. 计算下列二重积分.

(1) 求二重积分$\iint\limits_D x d\sigma$,其中区域D:$\begin{cases} 0 \leqslant x \leqslant 2 \\ 1 \leqslant y \leqslant 2 \end{cases}$.

(2) 求二重积分$\iint\limits_D y d\sigma$,其中区域D:$\begin{cases} 0 \leqslant x \leqslant 2 \\ 1 \leqslant y \leqslant 2 \end{cases}$.

(3) 求二重积分$\iint\limits_D (x^2 y) d\sigma$,其中区域$D$:$\begin{cases} 0 \leqslant x \leqslant 2 \\ 1 \leqslant y \leqslant 2 \end{cases}$.

(4) 求二重积分$\iint\limits_D (x^2 + y^2) d\sigma$,其中区域$D$:$\begin{cases} 0 \leqslant x \leqslant 2 \\ 1 \leqslant y \leqslant 2 \end{cases}$.

2. 计算下列二重积分.

(1) 求二重积分$\iint\limits_D (x+y) d\sigma$,其中区域$D$是由$y = x, x = 1$,$x$轴所围成的区域.

(2) 求二重积分$\iint\limits_D (xy) d\sigma$,其中区域$D$是由$y = x, y = 1$,$y$轴所围成的区域.

(3) 求二重积分$\iint\limits_D x d\sigma$,其中D是由$y = x^2, x = 1, y = 0$所围成的区域.

(4) 求二重积分$\iint\limits_D y d\sigma$,其中区域D是由$y = x^2, x = 2$,x轴所围成的区域.

(5) 求二重积分$\iint\limits_D (x+y) d\sigma$,其中区域$D$是由$y = x^2, x = 2$,$x$轴所围成的区域.

(6) 求二重积分$\iint\limits_D (xy) d\sigma$,其中区域$D$是由$y = x^2, y = 2$,$y$轴所围成的区域.

*第三节　极坐标下二重积分的计算

一、极坐标下二重积分变换公式

【知识点回顾】

1. 直角坐标与极坐标的转换公式：$\begin{cases}x=\rho\cos\theta\\y=\rho\sin\theta\end{cases}$.

2. 扇形的面积公式：$S=\dfrac{1}{2}l^2\theta$（其中 l 是扇形的所在圆的半径，θ 是圆心角）.

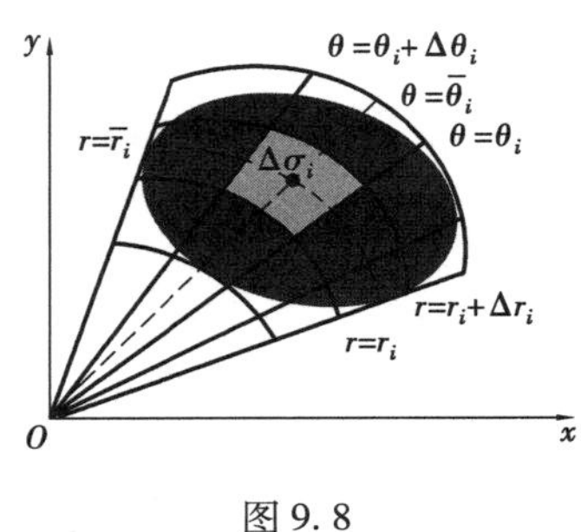

图 9.8

按照二重积分的定义有

$$\iint_D f(x,y)\mathrm{d}\sigma=\lim_{\lambda\to 0}\sum_{i=1}^{n}f(\xi_i,\eta_i)\Delta\sigma_i.$$

现研究这一和式极限在极坐标中的形式.

用以极点 O 为中心的一族同心圆 $r=$ 常数，以及从极点出发的一族射线 $\theta=$ 常数，将 D 剖分成个小闭区域.

除了包含边界点的一些小闭区域外，小闭区域 $\Delta\sigma_i$ 的面积可按如下方式计算

$$\Delta\sigma_i=\frac{1}{2}(r_i+\Delta r_i)^2\Delta\theta_i-\frac{1}{2}r_i^2\Delta\theta_i=\frac{1}{2}(2r_i+\Delta r_i)\Delta r_i\Delta\theta_i$$

$$=\frac{r_i+(r_i+\Delta r_i)}{2}\Delta r_i\Delta\theta_i=\bar{r}_i\Delta r_i\Delta\theta_i$$

式中　$\bar{r}_i$——相邻两圆弧半径的平均值.

在小区域 $\Delta\sigma_i$ 上取点 $(\bar{r}_i,\bar{\theta}_i)$，设该点直角坐标为 (ξ_i,η_i)，据直角坐标与极坐标的关系有

$$\xi_i=\bar{r}_i\cos\bar{\theta}_i,\eta_i=\bar{r}_i\sin\bar{\theta}_i$$

于是

$$\lim_{\lambda\to 0}\sum_{i=1}^{n}f(\xi_i,\eta_i)\Delta\sigma_i=\lim_{\lambda\to 0}\sum_{i=1}^{n}f(\bar{r}_i\cos\bar{\theta}_i,\bar{r}_i\sin\bar{\theta}_i)\cdot\bar{r}_i\Delta r_i\Delta\theta_i$$

即

$$\iint_D f(x,y)\mathrm{d}\sigma=\iint_D f(r\cos\theta,r\sin\theta)r\mathrm{d}r\mathrm{d}\theta$$

由于 $\iint_D f(x,y)\mathrm{d}\sigma$ 也常记作 $\iint_D f(x,y)\mathrm{d}x\mathrm{d}y$，因此，上述变换公式也可以写成更富有启发性的形式

$$\iint_D f(x,y)\mathrm{d}x\mathrm{d}y=\iint_D f(r\cos\theta,r\sin\theta)r\mathrm{d}r\mathrm{d}\theta\tag{1}$$

(1)式称为二重积分由直角坐标变量变换成极坐标变量的变换公式，其中，$r\mathrm{d}r\mathrm{d}\theta$ 就是极坐标中的面积元素.

(1)式的记忆方法：

$$\iint_D f(x,y)\mathrm{d}x\mathrm{d}y \to \begin{cases} x \to r\cos\theta \\ y \to r\sin\theta \\ \mathrm{d}x\mathrm{d}y \to r\mathrm{d}r\mathrm{d}\theta \end{cases} \to \iint_D f(r\cos\theta, r\sin\theta) r\mathrm{d}r\mathrm{d}\theta$$

二、极坐标下的二重积分计算法

极坐标系中的二重积分，同样可以化归为二次积分来计算.

（一）积分区域 D 可表示成下述形式

$$\alpha \leqslant \theta \leqslant \beta; \varphi_1(\theta) \leqslant r \leqslant \varphi_2(\theta)$$

其中函数 $\varphi_1(\theta)$，$\varphi_2(\theta)$ 在 $[\alpha,\beta]$ 上连续(图 9.9).

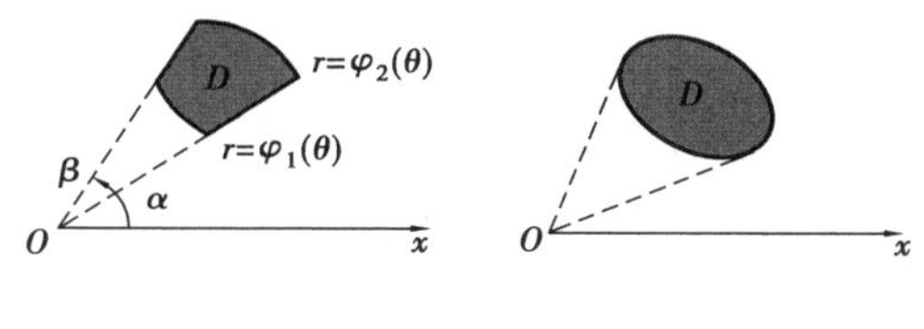

图 9.9

则
$$\iint_D f(r\cos\theta, r\sin\theta) r\mathrm{d}r\mathrm{d}\theta = \int_\alpha^\beta \mathrm{d}\theta \int_{\varphi_1(\theta)}^{\varphi_2(\theta)} f(r\cos\theta, r\sin\theta) r\mathrm{d}r$$

（二）积分区域 D 为下述形式

显然，这只是(1) 的特殊形式 $\varphi_1(\theta) \equiv 0$（即极点在积分区域的边界上）.

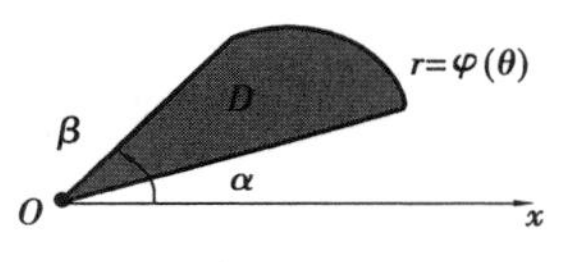

图 9.10

故 $$\iint_D f(r\cos\theta, r\sin\theta) r\mathrm{d}r\mathrm{d}\theta = \int_\alpha^\beta \mathrm{d}\theta \int_0^{\varphi(\theta)} f(r\cos\theta, r\sin\theta) r\mathrm{d}r$$

由上面的讨论不难发现，将二重积分化为极坐标形式进行计算，其关键之处在于将积分区域 D 用极坐标变量 r,θ 表示成如下形式：

$$\alpha \leqslant \theta \leqslant \beta, \varphi_1(\theta) \leqslant r \leqslant \varphi_2(\theta).$$

三、使用极坐标变换计算二重积分的原则

(1)积分区域的边界曲线易于用极坐标方程表示（含圆弧，直线段）.

(2)被积函数表示式用极坐标变量表示较简单[含 $(x^2+y^2)^\alpha$，α 为实数].

【例题 1】　求二重积分 $I = \iint_D (x^2+y^2)\mathrm{d}\sigma$，其中 D 在圆 $x^2+y^2 \leqslant 4$ 的内部.

解：在极坐标系下，区域 D 表示为 D：$\begin{cases} 0 \leqslant \theta \leqslant 2\pi \\ 0 \leqslant \rho \leqslant 2 \end{cases}$

原式 $= \iint_D (x^2+y^2)\mathrm{d}\sigma = \int_0^{2\pi}\mathrm{d}\theta\int_0^2 \rho^3\mathrm{d}\rho = \int_0^{2\pi}\left(\frac{1}{4}\rho^4\right)\Big|_0^2\mathrm{d}\theta = \int_0^{2\pi} 4\mathrm{d}\theta = 8\pi.$

【例题 2】　求二重积分 $\iint_D \mathrm{e}^{x^2+y^2}\mathrm{d}\sigma$，其中 D 在圆 $x^2+y^2 \leqslant 1$ 的内部.

解:在极坐标系下,区域 D 表示为 $D:\begin{cases}0 \leqslant \theta \leqslant 2\pi \\ 0 \leqslant \rho \leqslant 1\end{cases}$

原式 $= \iint\limits_D e^{x^2+y^2}d\sigma = \int_0^{2\pi}d\theta\int_0^1 e^{\rho^2}\rho d\rho = \int_0^{2\pi}d\theta\int_0^1 \frac{1}{2}e^{\rho^2}d\rho^2 = \int_0^{2\pi}\frac{1}{2}e^{\rho^2}\Big|_0^1 d\theta = \int_0^{2\pi}\frac{1}{2}(e-1)d\theta = (e-1)\pi.$

小结:

二重积分计算公式

直角坐标系下 $\iint\limits_D f(x,y)dxdy = \int_a^b dx\int_{\phi_1(x)}^{\phi_2(x)} f(x,y)dy$　　X-型

$\iint\limits_D f(x,y)dxdy = \int_c^d dy\int_{\phi_1(y)}^{\phi_2(y)} f(x,y)dx$　　Y-型

极坐标系下 $\iint\limits_D f(r\cos\theta, r\sin\theta)rdrd\theta = \int_\alpha^\beta d\theta\int_{\phi_1(\theta)}^{\phi_2(\theta)} f(r\cos\theta, r\sin\theta)rdr$

习题 9.3

1. 求二重积分 $\iint\limits_D (x^2+y^2)d\sigma$,其中 D 在圆 $x^2+y^2 \leqslant 9$ 的内部.

2. 求二重积分 $\iint\limits_D x^2d\sigma$,其中 D 在圆 $x^2+y^2 \leqslant 1$ 的内部.

3. 求二重积分 $\iint\limits_D y^2d\sigma$,其中 D 在圆 $x^2+y^2 \leqslant 1$ 的内部.

4. 求二重积分 $\iint\limits_D e^{-x^2-y^2}d\sigma$,其中 D 在圆 $x^2+y^2 \leqslant 1$ 的内部.

*第四节　三重积分及其计算法

二重积分的被积函数是一个二元函数,它的积分域是一平面区域. 如果考虑三元函数 $f(x,y,z)$ 在一空间区域(V)上的积分,就可得到三重积分的概念.

一、三重积分概念

设函数 $u=f(x,y,z)$ 在空间有界闭区域(V)任意划分成 n 个子域 $\Delta V_1,\Delta V_2,\Delta V_3,\cdots,\Delta V_n$,它们的体积分别记作 $\Delta V_k(k=1,2,\cdots,n)$. 在每一个子域上任取一点$(\xi_k,\eta_k,\zeta_k)$,并作和数

$$\sum_{k\to 1}^{n} f(\xi_k,\eta_k,\zeta_k)\Delta V_k.$$

如果不论 ΔV_k 怎样划分,点(ξ_k,η_k,ζ_k)怎样选取,当 $n\to+\infty$ 而且最大的子域直径 $\delta\to 0$

时,这个和数的极限都存在,那么此极限就称为函数$f(x,y,z)$在域V上的三重积分,记作:

$$\iiint_V f(x,y,z)\mathrm{d}V$$

即

$$\iiint_V f(x,y,z)\mathrm{d}V = \lim_{\sigma\to 0}\sum_{k=1}^{n} f(\xi_k,\eta_k,\zeta_k)\Delta V_k$$

如果$f(x,y,z)$在域V上连续,那么此三重积分一定存在.

对于三重积分没有直观的几何意义,但它却有着各种不同的物理意义.

二、直角坐标系中三重积分的计算方法

这里我们直接给出三重积分的计算公式,具体它是怎样得来的,请大家参考相关书籍.

直角坐标系中三重积分的计算公式为:

$$\iiint_V f(x,y,z)\mathrm{d}V = \iint_\sigma\int_{z_1(x,y)}^{z_2(x,y)} f(x,y,z)\mathrm{d}z\mathrm{d}\sigma.$$

此公式是把一个三重积分转化为一个定积分与一个二重积分的问题,根据我们前面所学的结论即可求出.

【例题】　求$I=\iiint_V xyz\mathrm{d}V$,其中$V$是由平面$x=0,y=0,z=0$及$x+y+z=1$所围成的区域.

解:把I化为先对z积分,再对y和x积分的累次积分,那么应把V投影到xOy平面上,求出投影域σ,它就是平面$x+y+z=1$与xOy平面的交线和x轴、y轴所围成的三角区域.

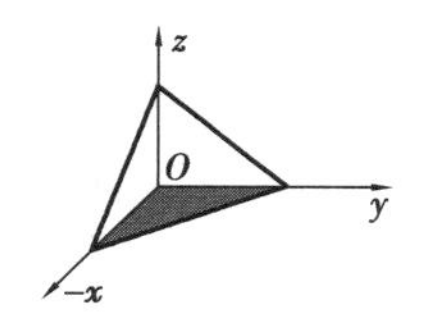

图9.11

我们为了确定出对z积分限,在(σ)固定点(x,y),通过此点作一条平行于z的直线,它与V上下边界的交点的竖坐标:$z=0$与$z=1-x-y$,这就是对z积分的下限与上限,于是由积分公式得:

$$I=\iint_\sigma\int_0^{1-x-y} xyz\mathrm{d}z\mathrm{d}\sigma$$

其中σ为平面区域:$x\geqslant 0,y\geqslant 0,x+y\leqslant 1$,如图9.12中阴影部分所示.

再将σ域上的二重积分化成先对y后对x的累次积分,得:

$$I=\int_0^1\int_0^{1-x}\int_0^{1-x-y} xyz\mathrm{d}z\mathrm{d}y\mathrm{d}x=\int_0^1\int_0^{1-x}\frac{xyz^2}{2}\Big|_0^{1-x-y}\mathrm{d}y\mathrm{d}x$$

$$=\int_0^1\int_0^{1-x}\frac{xy}{2}(1-x-y)^2\mathrm{d}y\mathrm{d}x$$

$$=\int_0^1\frac{x}{24}(1-x)^4\mathrm{d}x=\frac{1}{720}.$$

三、柱面坐标系中三重积分的计算法

我们先来学习一下空间中的点用极坐标的表示方法.

平面上点 P 可以用极坐标(ρ,θ)来确定,因此空间中的点 P 可用数组(ρ,θ,z)来表示. 显然,空间的点 P 与数组(ρ,θ,z)之间的对应关系是一一对应关系,数组(ρ,θ,z)称为空间点 P 的柱面坐标. 它与直角坐标的关系为:

$$x = \rho\cos\theta, y = \rho\sin\theta, z = z$$

构成柱面坐标系的 3 族坐标面分别为:

$\rho=$常数:以 z 轴为对称轴的同轴圆柱面族;

$\theta=$常数:通过 z 轴的半平面族;

$z=$常数:与 z 轴垂直的平面族.

因此,每 3 个这样的坐标面确定着空间的唯一的一点,由于利用了圆柱面,所以称为柱面坐标.

柱面坐标系下三重积分的计算公式为:

$$\iiint_V f(x,y,z)\mathrm{d}V = \int_\alpha^\beta\int_{R_1(\theta)}^{R_2(\theta)}\int_{z_1(\rho\cos\theta,\rho\sin\theta)}^{z_2(\rho\cos\theta,\rho\sin\theta)} f(\rho\cos\theta,\rho\sin\theta,z)\rho\mathrm{d}z\mathrm{d}\rho\mathrm{d}\theta.$$

习题 9.4

1. 计算.

(1) D 位于 $z=\sqrt{\frac{1}{3}(x^2+y^2)}$ 之上,球面 $x^2+y^2+(z-a)^2=a^2$ 之上,写出 $\iiint_D f\mathrm{d}x\mathrm{d}y\mathrm{d}z$ 在球坐标下的累次积分(　　).

(2) D 由 $z=\sqrt{x^2+y^2}, z=x^2+y^2$ 所围,写出 $\iiint_D f\mathrm{d}x\mathrm{d}y\mathrm{d}z$ 在柱坐标下的累次积分(　　).

(3) $D=\{(x,y,z)\mid x^2+y^2+z^2\leqslant R^2, z\geqslant 0\}$, $\iiint_D y\mathrm{d}x\mathrm{d}y\mathrm{d}z=$(　　).

2. 计算 $\iiint_D(ax+by+cz)\mathrm{d}v$,其中 $D: x^2+y^2+z^2\leqslant 2Rz$.

3. 利用对称性计算下列三重积分.

(1) $\iiint_D(x+y-z)^2\mathrm{d}v, D: 0\leqslant x,y,z\leqslant 1$.

(2) $\iiint_D(x+y+z)^2\mathrm{d}v, D: x^2+y^2+z^2\leqslant a^2$

(3) $\iiint_D(x+\sqrt{2}y-\pi z)^2\mathrm{d}v, D: x^2+y^2+z^2\leqslant a^2$.

4. 计算 $\iiint_D \mathrm{e}^{|z|}\mathrm{d}V, D: x^2+y^2+z^2\leqslant 1$.

5. 计算 $\iiint_D(x^2+y^2)\mathrm{d}v$,其中 D 是由曲线 $y^2=2z, x=0$ 绕 Oz 轴旋转一周而成的曲面与两平面 $z=2, z=8$ 所围的立体.

复习题九

一、填空题

1. 设曲顶柱体 $z = x^2y^2$，区域 $D: x^2 + y^2 \leqslant 4$，则曲顶柱体的体积用二重积分表示为：________.

2. 设曲顶柱体 $z = x + y$，D：由 $y = 2x$，x 轴，y 轴所围成的区域，则曲顶柱体的体积用二重积分表示为：________.

3. 由二重积分的性质，$\iint\limits_D \mathrm{d}\sigma =$ ________，区域 $D: x^2 + y^2 \leqslant 9$.

4. 由二重积分的性质，$\iint\limits_D \mathrm{d}\sigma =$ ________，区域 D：由 $y = x$，$y = 2$，y 轴所围成的区域.

5. 由二重积分的性质，比较大小 $\iint\limits_D (x + y)^2 \mathrm{d}\sigma$ ________ $\iint\limits_D (x + y)^3 \mathrm{d}\sigma$，区域 D：$\begin{cases} 0 \leqslant x \leqslant 2 \\ 1 \leqslant y \leqslant 2 \end{cases}$.

二、选择题

1. 设区域 $D: x^2 + y^2 \leqslant 4$，则 $\iint\limits_D \mathrm{d}x\mathrm{d}y =$ (　　).

A. π　　B. 2π　　C. 3π　　D. 4π

2. 区域 D 由 $y = 1$，$x = 2$ 及 $y = x$ 所围成，则 $\iint\limits_D f(x,y)\mathrm{d}\sigma =$ (　　).

A. $\int_1^2 \mathrm{d}x \int_1^x f(x,y)\mathrm{d}y$　　B. $\int_1^2 \mathrm{d}x \int_x^1 f(x,y)\mathrm{d}y$

C. $\int_0^2 \mathrm{d}y \int_y^2 f(x,y)\mathrm{d}x$　　D. $\int_0^2 \mathrm{d}x \int_2^y f(x,y)\mathrm{d}x$

3. 设区域 D：$\begin{cases} -1 \leqslant x \leqslant 1 \\ -1 \leqslant y \leqslant 1 \end{cases}$，则 $\iint\limits_D x\mathrm{d}\sigma =$ (　　).

A. 1　　B. 2　　C. π　　D. 0

4. 若 D 由曲线 $y = x^2$ 与 $y = 4 - x^2$ 所围成，则 $\iint\limits_D f(x,y)\mathrm{d}x\mathrm{d}y =$ (　　).

A. $\int_{-\sqrt{2}}^{\sqrt{2}} \mathrm{d}x \int_0^4 f(x,y)\mathrm{d}y$　　B. $\int_{x^2}^{4-x^2} \mathrm{d}x \int_{-\sqrt{2}}^{\sqrt{2}} f(x,y)\mathrm{d}y$

C. $\int_{-\sqrt{2}}^{\sqrt{2}} \mathrm{d}x \int_{x^2}^{4-x^2} f(x,y)\mathrm{d}y$　　D. $2\int_{-\sqrt{2}}^{\sqrt{2}} \mathrm{d}x \int_{x^2}^{4-x^2} f(x,y)\mathrm{d}y$

5. 设 $D:x^2+y^2\leqslant 2x$,则 $\iint\limits_D f\left(\dfrac{y}{x}\right)\mathrm{d}x\mathrm{d}y=($　　$)$.

A. $\int_0^{\pi}\mathrm{d}\theta\int_0^{2\cos\theta}f(\tan\theta)\mathrm{d}r$　　　B. $\int_0^{\pi}\mathrm{d}\theta\int_0^{2\cos\theta}f(r\tan\theta)\mathrm{d}r$

C. $\int_{-\frac{\pi}{2}}^{\frac{\pi}{2}}\mathrm{d}\theta\int_0^{2\cos\theta}f(\tan\theta)\mathrm{d}r$　　　D. $\int_{-\frac{\pi}{2}}^{\frac{\pi}{2}}\mathrm{d}\theta\int_0^{2\cos\theta}f(r\tan\theta)\mathrm{d}r$

三、计算下列二重积分

1. 求二重积分 $\iint\limits_D xy\mathrm{d}\sigma$,其中区域 $D:\begin{cases}0\leqslant x\leqslant 1\\0\leqslant y\leqslant 1\end{cases}$.

2. 求二重积分 $\iint\limits_D (x+y)\mathrm{d}\sigma$,其中区域 $D:\begin{cases}0\leqslant x\leqslant 2\\1\leqslant y\leqslant 2\end{cases}$.

3. 求二重积分 $\iint\limits_D (x^2+y^2)\mathrm{d}\sigma$,其中区域 D 是由 $y=x,x=1,x$ 轴所围成的区域.

4. 求二重积分 $\iint\limits_D x^2\mathrm{d}\sigma$,其中 D 是由 $y=x^2,x=1,y=0$ 所围成的区域.

5. 求二重积分 $\iint\limits_D y^2\mathrm{d}\sigma$,其中区域 D 是由 $y=x^2,x=2,x$ 轴所围成的区域.

6. 求二重积分 $\iint\limits_D (x^2y^2)\mathrm{d}\sigma$,其中区域 D 是由 $y=x^2,y=2,y$ 轴所围成的区域.

中国现代数学先驱——陈省身

第十章 无穷级数

无穷级数是高等数学重要的组成部分,是重要的数学方法,是研究函数性质,函数表达式、数值计算的重要工具.无穷级数的丰硕的理论,在其他学科如电工、力学中有着极为广泛的应用.

这一章首先在极限的理论基础上介绍数项级数、收敛、发散的一些基本概念和性质;在此基础上讨论正项级数收敛判定的方法和任意项级数的收敛判定方法;然后研究讨论幂级数收敛区间的求法以及如何将函数展开成幂级数的方法.

第一节 数项级数及其敛散性

一、常数项级数的概念

【知识点回顾】

(1)数列的定义:按照自然数顺序变化的一列数称为数列.

(2)等比数列的通项公式:$a_n = a_1 q^{n-1}(q \neq 0)$

等比数列的前 n 项通项公式:$s_n = \dfrac{a_1(1-q^n)}{1-q}\ (q \neq 1)$

$$s_n = na_1(q=1)$$

(3)等差数列的通项公式:$a_n = a_1 + (n-1)d$

等比数列的前 n 项通项公式:$s_n = na_1 + \dfrac{n(n-1)d}{2}$

定义 1 若给定一个数列 $u_1, u_2, \cdots, u_n, \cdots$,则由它构成的表达式

$$u_1 + u_2 + \cdots + u_n + \cdots \tag{1}$$

称为无穷级数,简称级数,也记作 $\sum\limits_{n=1}^{\infty} u_n$.

即 $\sum_{n=1}^{\infty} u_n = u_1 + u_2 + \cdots + u_n + \cdots$

其中第 n 项 u_n 称为级数的一般项或通项. 式(1) 中由于每一项都是常数,因此又称为数项级数.

如果当 $\lim_{n\to\infty}\sum_{n=1}^{\infty} u_n = s$($s$ 是常数),则称级数(1) 是收敛的,否则称级数(1) 是发散的.

由于级数是由无限多项的和一项一项地累加起来的,要求解它的极限不容易,为此我们引入部分和概念.

作级数(1)的前 n 项的和

$$s_n = u_1 + u_2 + \cdots + u_n \tag{2}$$

称 s_n 为级数(2)的部分和. 当 n 依次取 1,2,3,…时,它们构成一个新数列

$$s_1 = u_1, s_2 = u_1 + u_2, s_3 = u_1 + u_2 + u_3$$

$$\cdots, s_n = u_1 + u_2 + u_3 + \cdots + u_n, \cdots$$

称此数列为级数(1)的部分和数列$\{s_n\}$.

根据部分和数列(2)是否有极限,来判定级数(1)收敛与发散.

定义 2 当 n 无限增大时,如果级数(1)的部分和数列(2)有极限 s,即 $\lim_{n\to\infty} s_n = s$,则称级数(1)收敛,这时极限 s 称为级数(1)的和,并记作

$$s = u_1 + u_2 + u_3 + \cdots + u_n + \cdots; 即\ s = \sum_{n=1}^{\infty} u_n,$$

如果部分和数列(2)无极限,则称级数(1)发散.

当级数(1)收敛时,其部分和 s_n 是级数和 s 的近似值,它们之间的差值

$$r_n = s - s_n = u_{n+1} + u_{n+2} + \cdots + u_{n+k} + \cdots$$

称为级数的余项.

因此,我们判断一个级数的敛散性问题就转化为求这个级数部分和数列的前 n 项部分和的极限问题.

【例题 1】 判断下列级数的敛散性.

(1) $\sum_{n=1}^{\infty}\left(\frac{1}{2}\right)^n$　　(2) $\sum_{n=1}^{\infty}\frac{1}{n(n+1)}$

(3) $\sum_{n=1}^{\infty}\frac{1}{\sqrt{n+1}+\sqrt{n}}$

解:(1) $s_n = \frac{1}{2} + \frac{1}{4} + \frac{1}{8} + \cdots + \left(\frac{1}{2}\right)^n$

所以:$s_n = \frac{a_1(1-q^n)}{1-q} = \frac{\frac{1}{2}\left[\left(1-\left(\frac{1}{2}\right)^n\right]\right.}{1-\frac{1}{2}} = 1 - \left(\frac{1}{2}\right)^n$

$\lim_{n\to\infty} s_n = 1$,所以级数收敛.

(2) $s_n = \sum_{n=1}^{n}\frac{1}{n(n+1)} = \sum_{n=1}^{n}\left(\frac{1}{n} - \frac{1}{n+1}\right)$

$$=\left(\frac{1}{1}-\frac{1}{2}\right)+\left(\frac{1}{2}-\frac{1}{3}\right)+\left(\frac{1}{3}-\frac{1}{4}\right)+\cdots+\left(\frac{1}{n}-\frac{1}{n+1}\right)$$

$$=1-\frac{1}{n+1}.$$

从而$\lim\limits_{n\to\infty}s_n=\lim\limits_{n\to\infty}\left(1-\frac{1}{n+1}\right)=1$. 因此,级数$\sum\limits_{n=1}^{\infty}\frac{1}{n(n+1)}$收敛于1.

$$(3)s_n=\sum_{k=1}^{n}\frac{1}{\sqrt{k+1}+\sqrt{k}}=\sum_{k=1}^{n}[\sqrt{k+1}-\sqrt{k}]$$

$$=(\sqrt{2}-\sqrt{1})+(\sqrt{3}-\sqrt{2})+(\sqrt{4}-\sqrt{3})+\cdots+(\sqrt{n+1}-\sqrt{n})$$

$$=\sqrt{n+1}-\sqrt{1}$$

从而$\lim\limits_{n\to\infty}s_n=\lim\limits_{n\to\infty}(\sqrt{n+1}-\sqrt{1})=+\infty$. 因此,级数$\sum\limits_{n=1}^{\infty}\frac{1}{\sqrt{n+1}+\sqrt{n}}$是发散的.

二、两个特殊的级数

下面讨论两个特殊的级数等比级数和p-级数的收敛性.

1. 等比级数(或称几何级数)

$\sum\limits_{k=0}^{\infty}aq^k=a+aq+aq^2+\cdots+aq^n+\cdots(a\neq 0)$ 其中$a\neq 0,q\neq 0,q$为级数的公比.

若$q\neq 1$,则部分和为

$$s_n=\sum_{k=0}^{n-1}aq^k=a+aq+aq^2+\cdots+aq^{n-1}=\frac{a(1-q^n)}{1-q}.$$

(1)当$|q|<1$时,$\lim\limits_{n\to\infty}q^n=0$,故$\lim\limits_{n\to\infty}s_n=\frac{a}{1-q}$,

等比级数收敛,且和为$s=\frac{a}{1-q}$;

(2)当$|q|>1$时,$\lim\limits_{n\to\infty}q^n=\infty$,从而$\lim\limits_{n\to\infty}s_n=\infty$, 等比级数发散;

(3)当$|q|=1$时,

若$q=1$,则

$$s_n=\sum_{k=0}^{n-1}a\cdot 1^k=a+a+a+\cdots+a=n\cdot a\to\infty\ (n\to\infty)$$

若$q=-1$, 则

$$s_n=\sum_{k=0}^{n-1}(-1)^k\cdot a=a-a+a-a+\cdots+(-1)^{n-2}a+(-1)^{n-1}a=\begin{cases}0 & n\text{ 为偶数},\\ a & n\text{ 为奇数},\end{cases}$$

$\lim\limits_{n\to\infty}s_n$不存在.

即当$|q|\neq 1$时,等比级数发散.

因此,综合上述结论有:

$$\sum_{k=0}^{\infty}aq^k=\begin{cases}\frac{a}{1-q} & |q|<1\\ \text{发散} & |q|\geqslant 1\end{cases}$$

【例题 2】 讨论下列等比级数(或称几何级数)的收敛性.

(1) $\sum_{n=1}^{\infty} 2^n$　　(2) $\sum_{n=1}^{\infty} \left(\frac{1}{2}\right)^n$

(3) $\sum_{n=1}^{\infty} \left(\frac{4}{5}\right)^n$　　(4) $\sum_{n=1}^{\infty} \left(\frac{10}{9}\right)^n$

(5) $\sum_{n=1}^{\infty} \pi^n$　　(6) $\sum_{n=1}^{\infty} \left(\frac{1}{\sqrt{2}}\right)^n$

解:(1) 由于 $q = 2 > 1$,所以级数发散.

(2) 由于 $q = \frac{1}{2} < 1$,所以级数收敛.

(3) 由于 $q = \frac{4}{5} < 1$,所以级数收敛.

(4) 由于 $q = \frac{10}{9} > 1$,所以级数发散.

(5) 由于 $q = \pi > 1$,所以级数发散.

(6) 由于 $q = \frac{1}{\sqrt{2}} < 1$,所以级数收敛.

2. p-级数

下面不加证明地给出 p- 级数的收敛性结果:

$$\sum_{n=1}^{\infty} \frac{1}{n^p} = 1 + \frac{1}{2^p} + \frac{1}{3^p} + \cdots + \frac{1}{n^p} + \cdots \qquad (p\text{ 为正数})$$

此级数在 $p \leqslant 1$ 时发散,在 $p > 1$ 时收敛.

【例题 3】 讨论下列 p-级数的收敛性.

(1) $\sum_{n=1}^{\infty} \frac{1}{n}$　　(2) $\sum_{n=1}^{\infty} \frac{1}{n^3}$

(3) $\sum_{n=1}^{\infty} \frac{1}{n^{\frac{3}{2}}}$　　(4) $\sum_{n=1}^{\infty} \frac{1}{n^{\pi}}$

(5) $\sum_{n=1}^{\infty} \frac{1}{\sqrt{n}}$　　(6) $\sum_{n=1}^{\infty} \frac{1}{\sqrt{n^5}}$

解:(1)由于 $p = 1$,所以级数发散.

(2)由于 $p = 3 > 1$,所以级数收敛.

(3)由于 $p = \frac{3}{2} > 1$,所以级数收敛.

(4)由于 $p = \pi > 1$,所以级数收敛.

(5)由于 $p = \frac{1}{2} < 1$,所以级数发散.

(6)由于 $p = \frac{5}{2} > 1$,所以级数收敛.

三、级数的基本性质

根据级数的概念和极限的定义,可以得到级数的几个基本性质.

性质 1　如果级数 $\sum_{n=1}^{\infty} u_n = u_1 + u_2 + \cdots + u_n + \cdots$ 收敛于和 s,则它的各项同乘以一个常数 k 所得的级数

$$\sum_{n=1}^{\infty} ku_n = k \cdot u_1 + k \cdot u_2 + \cdots + k \cdot u_n + \cdots$$

也收敛,且和为 $k \cdot s$. 如果级数 $\sum_{n=1}^{\infty} u_n$ 发散,且 $k \neq 0$,则级数 $\sum_{n=1}^{\infty} ku_n$ 也发散.

即级数的每一项同乘一个不为零的常数后,它的敛散性不变.

性质 2　设有级数 $\sum_{n=1}^{\infty} u_n$ 和 $\sum_{n=1}^{\infty} v_n$ 分别收敛于 s 与 σ, 则级数 $\sum_{n=1}^{\infty}(u_n \pm v_n)$ 也收敛,且和为 $s \pm \sigma$.

性质 3　在级数的前面去掉或加上有限项,不会影响级数的敛散性,不过在收敛时,一般来说级数的和是要改变.

性质 4　将收敛级数的某些项加括号之后所成的新级数仍收敛于原来的和.

性质 5　(级数收敛的必要条件) 若级数 $\sum_{n=1}^{\infty} u_n$ 收敛,则 $\lim_{n\to\infty} u_n = 0$.

注: $\lim_{n\to\infty} u_n = 0$ 只是级数收敛的必要条件,而非充分条件,即若 $\lim_{n\to\infty} u_n = 0$,级数未必收敛;例如级数 $\sum_{n=1}^{\infty} \frac{1}{n}$ 满足 $\lim_{n\to\infty} u_n = 0$,但可以证明此级数是发散的;反之,若 $\lim_{n\to\infty} u_n \neq 0$,则级数必不收敛.

【例题 4】　判定级数 $\sum_{n=1}^{\infty} \frac{2n}{5n+3}$ 的敛散性.

解:由于 $\lim_{n\to\infty} u_n = \lim_{n\to\infty} \frac{2n}{5n+3} = \frac{2}{5} \neq 0$,由级数收敛的必要条件可知,该级数发散.

习题 10.1

1. 写出下列级数的前五项.

(1) $\sum_{n=1}^{\infty} 2^n$　　(2) $\sum_{n=1}^{\infty} \frac{1}{\sqrt{n}}$　　(3) $\sum_{n=1}^{\infty} \frac{2n+1}{n!}$

(4) $\sum_{n=1}^{\infty} \frac{(n+2)!}{3^n}$　　(5) $\sum_{n=1}^{\infty} \sin \frac{\pi}{2^2}$　　(6) $\sum_{n=1}^{\infty} \frac{2\sqrt{n+1}}{n+2}$

2. 写出下列级数的通项.

(1) $\frac{1}{2} + \frac{2}{3} + \frac{3}{4} + \frac{4}{5} + \cdots$　　(2) $1 + 2 + 4 + 8 + 16 + \cdots$

(3) $\frac{3}{2\ln 2}+\frac{5}{3\ln 3}+\frac{7}{4\ln 4}+\frac{9}{5\ln 5}+\cdots$　　(4) $\frac{1}{2}-\frac{2}{5}+\frac{3}{10}-\frac{4}{17}+\cdots$

3. 讨论下列无穷等比级数的收敛性.

(1) $\sum_{n=1}^{\infty}3^n$　　(2) $\sum_{n=1}^{\infty}\left(\frac{1}{3}\right)^n$

(3) $\sum_{n=1}^{\infty}\left(\frac{2}{5}\right)^n$　　(4) $\sum_{n=1}^{\infty}\frac{2^n}{3^n}$

(5) $\sum_{n=1}^{\infty}e^n$　　(6) $\sum_{n=1}^{\infty}\left(\frac{1}{\sqrt{3}}\right)^n$

4. 讨论下列 p- 级数的收敛性.

(1) $\sum_{n=1}^{\infty}\frac{1}{n^2}$　　(2) $\sum_{n=1}^{\infty}\frac{1}{n^{\frac{1}{3}}}$

(3) $\sum_{n=1}^{\infty}\frac{1}{n^{\frac{5}{2}}}$　　(4) $\sum_{n=1}^{\infty}\frac{1}{n^{e}}$

(5) $\sum_{n=1}^{\infty}\frac{1}{\sqrt[3]{n}}$　　(6) $\sum_{n=1}^{\infty}\frac{1}{\sqrt{n^3}}$

5. 根据级数的敛散性定义,判别下列级数的敛散性.

(1) $\sum_{n=1}^{\infty}\frac{1}{n(n+1)}$　　(2) $\sum_{n=1}^{\infty}(\sqrt{n+1}-\sqrt{n})$

6. 根据级数收敛的必要条件,判别下列级数的敛散性.

(1) $\sum_{n=1}^{\infty}\frac{n}{2n+1}$　　(2) $\sum_{n=1}^{\infty}\frac{2n^2}{3n^2+1}$

第二节　正项级数及其敛散性

研究级数问题,首先是级数的敛散性问题. 级数的敛散性取决于级数的部分和数列是否有极限. 但实际上,多数级数的部分和表达式不太容易求得. 因此,我们先考虑较简单的级数——正项级数.

若级数 $\sum_{n=1}^{\infty}u_n$ 中的各项都是非负的(即 $u_n\geqslant 0,n=1,2,\cdots$),则称级数 $\sum_{n=1}^{\infty}u_n$ 为正项级数. 显然,$s_1=u_1\leqslant s_2=u_1+u_2\leqslant s_3=u_1+u_2+u_3\leqslant\cdots\leqslant s_{n-1}\leqslant s_n$,正项级数的部分和是非负的且是单调递增的. 由数列极限理论和级数收敛的概念,正项级数收敛或发散取决于该级数部分和数列是否有界.

由于很多级数的敛散性可归结为正项级数的敛散性问题,因此,正项级数的敛散性判定就显得十分重要.

定理 1　(正项级数收敛的基本定理) 正项级数 $\sum_{n=1}^{\infty}v_n$ 收敛的充分必要条件是它的部分和

数列有界.

下面给出几种正项级数的敛散性判别方法.

定理 2 （比较审敛法）给定两个正项级数 $\sum_{n=1}^{\infty} v_n$ 和 $\sum_{n=1}^{\infty} u_n$.

(1) 若 $u_n \leqslant v_n (n = 1,2,\cdots)$，而 $\sum_{n=1}^{\infty} v_n$ 收敛，则 $\sum_{n=1}^{\infty} u_n$ 亦收敛；

(2) 若 $u_n \geqslant v_n (n = 1,2,\cdots)$，而 $\sum_{n=1}^{\infty} v_n$ 发散，则 $\sum_{n=1}^{\infty} u_n$ 亦发散.

简单一点说，即两个级数相比较，若大的收敛，则小的必收敛；若小的发散，则大的必发散. 因此，利用比较审敛法判断级数的敛散性时，需要找一个参照级数. 判别已给级数收敛时，需要找一个收敛的且通项不小于已给级数通项的参照级数；判别已给级数发散时，需要找一个发散的且通项不大于已给级数通项的参照级数. 一般的参照级数为等比级数和 p-级数.

【例题 1】 判定下列级数的敛散性.

(1) $\sum_{n=1}^{\infty} \frac{1}{n(n+1)}$ (2) $\sum_{n=1}^{\infty} \frac{n+1}{2n^2+n}$

解：(1) 因为 $\frac{1}{n(n+1)} \leqslant \frac{1}{n^2}$，而级数 $\sum_{n=1}^{\infty} \frac{1}{n^2}$ 是收敛的，由比较判别法知，级数 $\sum_{n=1}^{\infty} \frac{1}{n(n+1)}$ 收敛.

(2) 因为 $\frac{n+1}{2n^2+n} \geqslant \frac{n+1}{2n^2+2n} = \frac{1}{2n}$，而级数 $\sum_{n=1}^{\infty} \frac{1}{2n} = \frac{1}{2} \sum_{n=1}^{\infty} \frac{1}{n}$ 是发散的，由比较判别法可知，级数 $\sum_{n=1}^{\infty} \frac{n+1}{2n^2+n}$ 发散.

比较审敛法还可用其极限形式给出，而极限形式在运用中更显得方便.

定理 3 比较审敛法的极限形式，设 $\sum_{n=1}^{\infty} u_n$ 及 $\sum_{n=1}^{\infty} v_n$ 为两个正项级数，如果极限 $\lim_{n\to\infty} \frac{u_n}{v_n} = l$

则(1) 若 $0 < l < \infty$，级数 $\sum_{n=1}^{\infty} u_n$ 与 $\sum_{n=1}^{\infty} v_n$ 同时收敛或同时发散；

(2) 若 $l = 0$ 且 $\sum_{n=1}^{\infty} v_n$ 收敛，则级数 $\sum_{n=1}^{\infty} u_n$ 收敛；

(3) 若 $l = \infty$ 且级数 $\sum_{n=1}^{\infty} v_n$ 发散，则级数 $\sum_{n=1}^{\infty} u_n$ 发散.

【例题 2】 判别下列级数的敛散性.

(1) $\sum_{n=1}^{\infty} \frac{1}{n(n+1)}$ (2) $\sum_{n=1}^{\infty} \frac{n+1}{2n^2+n}$

(3) $\sum_{n=1}^{\infty} \sin \frac{1}{n}$ (4) $\sum_{n=1}^{\infty} \ln\left(1+\frac{1}{n^2}\right)$

解：(1) $\lim_{n\to\infty} \frac{u_n}{v_n} = \lim_{n\to\infty} \frac{\frac{1}{n(n+1)}}{\frac{1}{n^2}} = \lim_{n\to\infty} \frac{n^2}{n(n+1)} = 1$，

因$\sum\limits_{n=1}^{\infty}\dfrac{1}{n^2}$收敛,故$\sum\limits_{n=1}^{\infty}\dfrac{1}{n(n+1)}$收敛.

(2) $\lim\limits_{n\to\infty}\dfrac{u_n}{v_n}=\lim\limits_{n\to\infty}\dfrac{\dfrac{n+1}{2n^2+n}}{\dfrac{1}{n}}=\lim\limits_{n\to\infty}\dfrac{n^2+n}{2n^2+n}=\lim\limits_{n\to\infty}\dfrac{n+1}{2n+1}=\dfrac{1}{2}$,

因$\sum\limits_{n=1}^{\infty}\dfrac{1}{n}$发散,故级数$\sum\limits_{n=1}^{\infty}\dfrac{n+1}{2n^2+n}$发散.

(3) 显然,$u_n=\sin\dfrac{1}{n}>0$,是正向级数,又

$\lim\limits_{n\to\infty}n\cdot\sin\dfrac{1}{n}\xlongequal{令\frac{1}{n}=t\quad n\to\infty\quad t\to 0}\lim\limits_{t\to 0}\dfrac{\sin t}{t}=1$,而级数$\sum\limits_{n=1}^{\infty}\dfrac{1}{n}$是发散的,由极限判别法,级数$\sum\limits_{n=1}^{\infty}\sin\dfrac{1}{n}$发散;

(4) 显然,$u_n=\ln\left(1+\dfrac{1}{n^2}\right)>0$,是正向级数,又因为

$\lim\limits_{n\to\infty}n^2\cdot\ln\left(1+\dfrac{1}{n^2}\right)$,令$\dfrac{1}{n^2}=t\quad n\to\infty\quad t\to 0$,有$\lim\limits_{t\to 0}\dfrac{\ln(1+t)}{t}=1$,而$\sum\limits_{n=1}^{\infty}\dfrac{1}{n^2}$是收敛的,于是级数$\sum\limits_{n=1}^{\infty}\ln\left(1+\dfrac{1}{n^2}\right)$收敛.

【知识点回顾】

常用的等价代换有:

当$x\to 0$时,$\sin x\sim x,\tan x\sim x,\arcsin x\sim x$,

$\ln(1+x)\sim x,e^x-1\sim x,1-\cos x\sim\dfrac{1}{2}x^2$.

定理 4 比值审敛法(达朗拜尔判别法)若正项级数$\sum\limits_{n=1}^{\infty}u_n$有

$$\lim_{n\to\infty}\frac{u_{n+1}}{u_n}=\rho,$$

则(1) 当$\rho<1$时,级数收敛;

(2) 当$\rho>1$(也包括$\rho=+\infty$)时,级数发散;

(3) 当$\rho=1$时,级数可能收敛,也可能发散,级数的敛散性不定.

【例题 3】 用比值审敛法判定下列正向级数的敛散性.

(1) $\sum\limits_{n=1}^{\infty}\dfrac{n}{2^n}$　(2) $\sum\limits_{n=1}^{\infty}\dfrac{3n-1}{2^n}$　(3) $\sum\limits_{n=1}^{\infty}\dfrac{2^{n+1}}{n3^n}$

(4) $\sum\limits_{n=1}^{\infty}\dfrac{3^n}{n^2}$　(5) $\sum\limits_{n=1}^{\infty}\dfrac{1}{2n(2n+1)}$

解:(1) 因为$\lim\limits_{n\to\infty}\dfrac{u_{n+1}}{u_n}=\lim\limits_{n\to\infty}\dfrac{\dfrac{n+1}{2^{n+1}}}{\dfrac{n}{2^2}}=\lim\limits_{n\to\infty}\dfrac{n+1}{2n}=\dfrac{1}{2}<1$

由比值审敛法可知,级数收敛.

(2) 因为$\lim\limits_{n\to\infty}\dfrac{u_{n+1}}{u_n}=\lim\limits_{n\to\infty}\dfrac{\dfrac{3(n+1)-1}{2^{n+1}}}{\dfrac{3n-1}{2^n}}=\lim\limits_{n\to\infty}\dfrac{3n+2}{2(3n-1)}=\dfrac{1}{2}<1$

由比值审敛法可知,级数收敛.

(3) 因为$\lim\limits_{n\to\infty}\dfrac{u_{n+1}}{u_n}=\lim\limits_{n\to\infty}\dfrac{\dfrac{2^{n+2}}{(n+1)3^{n+1}}}{\dfrac{2^{n+1}}{n3^n}}\lim\limits_{n\to\infty}\dfrac{2n}{3(n+1)}=\dfrac{2}{3}<1$

于是,由比值审敛法可知,级数收敛.

(4) $\lim\limits_{n\to\infty}\dfrac{u_{n+1}}{u_n}=\lim\limits_{n\to\infty}\dfrac{\dfrac{3^{n+1}}{(n+1)^2}}{\dfrac{3^n}{n^2}}=\lim\limits_{n\to\infty}\dfrac{3n^2}{(n+1)^2}=3>1$

于是,由比值审敛法可知,级数发散.

(5) $\lim\limits_{n\to\infty}\dfrac{u_{n+1}}{u_n}=\lim\limits_{n\to\infty}\dfrac{2n(2n+1)}{(2n+1)(2n+3)}=1$

这表明,用比值法无法确定该级数的敛散性. 注意到

$$\frac{1}{2n(2n+1)}\leqslant\frac{1}{4n^2}$$

而级数$\dfrac{1}{4}\sum\limits_{n=1}^{\infty}\dfrac{1}{n^2}$收敛,由比较审敛法可知,级数收敛.

习题 10.2

1. 用比较收敛法判定下列级数的敛散性.

(1) $\sum\limits_{n=1}^{\infty}\dfrac{1}{n(n+3)}$　　(2) $\sum\limits_{n=1}^{\infty}\dfrac{1}{n^2+8}$

(3) $\sum\limits_{n=1}^{\infty}\dfrac{1}{2n(2n+3)}$　　(4) $\sum\limits_{n=1}^{\infty}\dfrac{1}{n^2+n}$

2. 用比较收敛法的极限形式判定下列级数的敛散性.

(1) $\sum\limits_{n=1}^{\infty}\dfrac{1}{2n(n+3)}$　　(2) $\sum\limits_{n=1}^{\infty}\dfrac{n+2}{n^2+n}$

(3) $\sum\limits_{n=1}^{\infty}\dfrac{1}{a+bn}\quad(a,b>0)$　　(4) $\sum\limits_{n=1}^{\infty}\dfrac{n+1}{2n^4-1}$

(5) $\sum\limits_{n=1}^{\infty}\sqrt{\dfrac{n+1}{2n^2+1}}$　　(6) $\sum\limits_{n=1}^{\infty}\left(1-\cos\dfrac{1}{n}\right)$

3. 用比值收敛法判定下列级数的敛散性.

(1) $\sum_{n=1}^{\infty}\frac{3^n}{n2^n}$　　(2) $\sum_{n=1}^{\infty}\frac{2n}{n!}$

(3) $\sum_{n=1}^{\infty}\frac{2n-1}{2^n}$　　(4) $\sum_{n=1}^{\infty}\frac{n^2-2}{n^2+n}$

(5) $\sum_{n=1}^{\infty}\frac{n^n}{n!}$　　(6) $\sum_{n=1}^{\infty}\frac{n^4}{4^n}$

(7) $\sum_{n=1}^{\infty}\frac{5^n}{n^2 2^n}$　　(8) $\sum_{n=1}^{\infty}\frac{(n!)^2}{4^n}$

第三节　任意项级数及其审敛法

正项级数只是级数中的一种情形,级数还有其他各种形式,即所谓任意项级数.

一、交错级数

所谓交错级数,它的各项是正、负交错的,其形式如下所述.

$$\sum_{n=1}^{\infty}(-1)^{n-1}u_n = u_1 - u_2 + u_3 - u_4 + \cdots + (-1)^{n-1}u_n + \cdots$$

或

$$\sum_{n=1}^{\infty}(-1)^{n}u_n = -u_1 + u_2 - u_3 + u_4 - \cdots + (-1)^{n}u_n + \cdots$$

其中 $u_n(n=1,2,3,\cdots)$ 均为正数.

定理 1　交错级数审敛法(莱布尼兹定理)　如果交错级数 $\sum_{n=1}^{\infty}(-1)^{n-1}u_n$ 满足条件:

(1) $u_n \geqslant u_{n+1}(n=1,2,\cdots)$

(2) $\lim_{n\to\infty}u_n = 0$

则交错级数 $\sum_{n=1}^{\infty}(-1)^{n-1}u_n$ 收敛,且收敛和 $s \leqslant u_1$,余项 r_n 的绝对值 $|r_n| \leqslant u_{n+1}$.

【例题 1】　判断交错级数的收敛性

$$\sum_{n=1}^{\infty}(-1)^{n-1}\frac{1}{n} = 1 - \frac{1}{2} + \frac{1}{3} - \frac{1}{4} + \cdots + (-1)^{n-1}\frac{1}{n} + \cdots$$

解:因为 $u_n = \frac{1}{n} > \frac{1}{n+1} = u_{n+1}$

且　$\lim_{n\to\infty}u_n = \lim_{n\to\infty}\frac{1}{n} = 0$

于是,交错级数 $\sum_{n=1}^{\infty}(-1)^{n-1}\frac{1}{n}$ 收敛,并且和 $s < 1$.

【例题 2】　试判定交错级数 $\sum_{n=1}^{\infty}(-1)^{n-1}\frac{n}{2^n}$ 的收敛性.

解:由于 $u_n - u_{n+1} = \frac{n}{2^n} - \frac{n+1}{2^{n+1}} = \frac{n-1}{2^{n+1}} \geqslant 0 \quad (n = 1,2,3,\cdots)$

因此有:$u_n \geqslant u_{n+1}(n = 1,2,\cdots)$

又因为$\lim\limits_{n\to\infty}u_n = \lim\limits_{n\to\infty}\frac{n}{2^n} = 0$,于是由交错级数审敛法可知,级数收敛.

二、绝对收敛与条件收敛

设有级数$\sum\limits_{n=1}^{\infty} u_n = u_1 + u_2 + \cdots + u_n + \cdots$

其中$u_n(n = 1,2,\cdots)$为任意实数,该级数称为任意项级数.

下面,我们考虑级数$\sum\limits_{n=1}^{\infty} u_n$各项的绝对值所组成的正项级数$|u_1| + |u_2| + \cdots + |u_n| + \cdots$的敛散性问题.

定义　如果级数$\sum\limits_{n=1}^{\infty} |u_n|$收敛,则称级数$\sum\limits_{n=1}^{\infty} u_n$绝对收敛;

如果级数$\sum\limits_{n=1}^{\infty} |u_n|$发散,而级数$\sum\limits_{n=1}^{\infty} u_n$收敛,则称级数$\sum\limits_{n=1}^{\infty} u_n$条件收敛.

定理 2　如果级数$\sum\limits_{n=1}^{\infty} u_n$绝对收敛,则级数$\sum\limits_{n=1}^{\infty} u_n$必收敛.

该定理将任意项级数的敛散性判定转化成正项级数的收敛性判定.

注意 1　因此讨论任意项级数的收敛性,一般先考虑其绝对值级数的敛散性. 若其绝对值级数收敛,则原级数收敛.

【例题 3】　判定任意项级数$\sum\limits_{n=1}^{\infty} \frac{\sin(n\alpha)}{n^2}$($\alpha$为实数)的收敛性.

解:因$\left|\frac{\sin(n\alpha)}{n^2}\right| \leqslant \frac{1}{n^2}$,

而$\sum\limits_{n=1}^{\infty} \frac{1}{n^2}$收敛,故$\sum\limits_{n=1}^{\infty} \left|\frac{\sin(n\alpha)}{n^2}\right|$亦收敛,

由定理可知,级数$\sum\limits_{n=1}^{\infty} \frac{\sin(n\alpha)}{n^2}$收敛.

注意 2　对交错级数,一般先考虑其加绝对值以后级数的敛散性. 若其绝对值级数收敛,则原级数绝对收敛. 否则,再考虑是否为条件收敛.

【例题 4】　讨论级数$\sum\limits_{n=1}^{\infty} (-1)^{n-1}\frac{1}{n}$的收敛性.

解:因$\sum\limits_{n=1}^{\infty} \left|(-1)^{n-1}\frac{1}{n}\right| = \sum\limits_{n=1}^{\infty} \frac{1}{n}$,因调和级数$\sum\limits_{n=1}^{\infty} \frac{1}{n}$发散,所以级数$\sum\limits_{n=1}^{\infty} (-1)^{n-1}\frac{1}{n}$不绝对收敛.

又因为$u_n = \frac{1}{n} > \frac{1}{n+1} = u_{n+1}$,

且 $\lim\limits_{n\to\infty}u_n=\lim\limits_{x\to\infty}\dfrac{1}{n}=0.$

于是,交错级数$\sum\limits_{n=1}^{\infty}(-1)^{n-1}\dfrac{1}{n}$收敛.

故级数$\sum\limits_{n=1}^{\infty}(-1)^{n-1}\dfrac{1}{n}$非绝对收敛,仅仅是条件收敛.

【例题5】 判别级数$\sum\limits_{n=1}^{\infty}(-1)^{n-1}\ln\left(1+\dfrac{1}{n}\right)$是绝对收敛,条件收敛,还是发散?

解:因为$\sum\limits_{n=1}^{\infty}\left|(-1)^{n-1}\ln\left(1+\dfrac{1}{n}\right)\right|=\sum\limits_{n=1}^{\infty}\ln\left(1+\dfrac{1}{n}\right)$,

而$\lim\limits_{n\to\infty}\dfrac{\ln\left(1+\dfrac{1}{n}\right)}{\dfrac{1}{n}}=1$,由于调和级数$\sum\limits_{n=1}^{\infty}\dfrac{1}{n}$是发散的,故级数$\sum\limits_{n=1}^{\infty}\ln\left(1+\dfrac{1}{n}\right)$发散,即级数$\sum\limits_{n=1}^{\infty}(-1)^{n-1}\ln\left(1+\dfrac{1}{n}\right)$不绝对收敛.

又 $\ln\left(1+\dfrac{1}{n}\right)>\ln\left(1+\dfrac{1}{n+1}\right)$,

即$u_n\geqslant u_{n+1}(n=1,2,\cdots)$且$\lim\limits_{n\to\infty}u_n=0$,

故由莱布尼茨定理知,级数$\sum\limits_{n=1}^{\infty}(-1)^{n-1}\ln\left(1+\dfrac{1}{n}\right)$收敛.因此,级数$\sum\limits_{n=1}^{\infty}(-1)^{n-1}\ln\left(1+\dfrac{1}{n}\right)$条件收敛.

习题10.3

1.判别下列任意项级数的敛散性.

(1) $\sum\limits_{n=1}^{\infty}\sin\dfrac{1}{n}$ (2) $\sum\limits_{n=1}^{\infty}\sin\dfrac{1}{n^2}$

(3) $\sum\limits_{n=1}^{\infty}\tan\dfrac{1}{n}$ (4) $\sum\limits_{n=1}^{\infty}\tan\dfrac{1}{n^2}$

(5) $\sum\limits_{n=1}^{\infty}\ln\left(1+\dfrac{1}{n}\right)$ (6) $\sum\limits_{n=1}^{\infty}\left(e^{\frac{1}{n}}-1\right)$

2.判别下列交错级数是绝对收敛,条件收敛,还是发散?

(1) $\sum\limits_{n=1}^{\infty}(-1)^{n-1}\dfrac{1}{n^2}$ (2) $\sum\limits_{n=1}^{\infty}(-1)^{n-1}\left(\dfrac{3}{4}\right)^n$

(3) $\sum\limits_{n=1}^{\infty}(-1)^{n-1}\dfrac{1}{\sqrt{n}}$ (4) $\sum\limits_{n=1}^{\infty}(-1)^{n-1}\dfrac{1}{n+1}$

(5) $\sum\limits_{n=1}^{\infty}(-1)^{n-1}\dfrac{1}{2n-1}$ (6) $\sum\limits_{n=1}^{\infty}(-1)^{n-1}\ln\left(1+\dfrac{1}{n}\right)$

第四节　幂级数及其展开式

在本章开始时,我们曾考查过一种较简单的级数——等比级数.

$$\sum_{k=0}^{\infty} aq^k = a + aq + aq^2 + \cdots + aq^n + \cdots (a \neq 0)$$

的敛散性,其中 $a\neq 0, q\neq 0, q$ 为级数的公比. 当 $|q|<1$ 时, $\lim\limits_{n\to\infty} q^n = 0$,故 $\lim\limits_{n\to\infty} s_n = \frac{a}{1-q}$,

即等比级数收敛,且和为 $s = \frac{a}{1-q}$. 亦即

$$\frac{a}{1-q} = \sum_{k=0}^{\infty} aq^k = a + aq + aq^2 + \cdots + aq^n + \cdots (a \neq 0)$$

若令 $a=1, q=x\in(-1,1)$则上式变成:

$$\frac{1}{1-x} = 1 + x + x^2 + x^3 + x^4 + \cdots + x^{n-1} + \cdots$$

其每一项都是 x 的函数,由此,我们给出函数项级数的概念.

一、函数项级数的一般概念

设有定义在区间 I 上的函数列

$$u_1(x), u_2(x), \cdots, u_n(x), \cdots$$

由此函数列构成的表达式

$$\sum_{n=1}^{\infty} u_n(x) = u_1(x) + u_2(x) + \cdots + u_n(x) + \cdots \tag{1}$$

称作函数项级数.

例如, $\sum\limits_{n=0}^{\infty} x^n = 1 + x + x^2 + x^3 + \cdots + x^n + \cdots (x\in \mathrm{R})$

$$\sum_{n=0}^{\infty} \sin nx = 1 + \sin x + \sin 2x + \sin 3x + \cdots + \sin nx + \cdots (x\in \mathrm{R})$$

都是函数项级数.

对于函数项 $\sum\limits_{n=0}^{\infty} x^n = 1 + x + x^2 + x^3 + \cdots + x^n + \cdots (x\in \mathrm{R})$

取 $x=\frac{1}{2}, x=\frac{1}{3}, x=2, x=5$,函数项级数 $\sum\limits_{n=1}^{\infty} x^n$ 变为

$$\sum_{n=0}^{\infty} x^n = 1 + \frac{1}{2} + \left(\frac{1}{2}\right)^2 + \left(\frac{1}{2}\right)^3 + \cdots + \left(\frac{1}{2}\right)^n + \cdots, \left(x = \frac{1}{2}\right) \tag{2}$$

$$\sum_{n=0}^{\infty} x^n = 1 + \frac{1}{3} + \left(\frac{1}{3}\right)^2 + \left(\frac{1}{3}\right)^3 + \cdots + \left(\frac{1}{3}\right)^n + \cdots, \left(x = \frac{1}{3}\right) \tag{3}$$

$$\sum_{n=0}^{\infty} x^n = 1 + 2 + 2^2 + 2^3 + \cdots + 2^n + \cdots, (x = 2) \tag{4}$$

$$\sum_{n=0}^{\infty} x^n = 1 + 5 + 5^2 + 5^3 + \cdots + 5^n + \cdots, (x = 5) \tag{5}$$

前面学过的等比级数,都是常数项级数.

当 $x = \frac{1}{2}, x = \frac{1}{3}$,我们知道此等比级数(2)(3)是收敛的,因此 $x = \frac{1}{2}, x = \frac{1}{3}$ 称为函数项级数 $\sum\limits_{n=0}^{\infty} x^n$ 的收敛点;

当 $x = 2, x = 5$,我们知道此等比级数(4)(5)是发散的,因此 $x = 2, x = 5$ 称为函数项级数 $\sum\limits_{n=0}^{\infty} x^n$ 的发散点.

一般对函数项级数 $\sum\limits_{n=1}^{\infty} u_n(x)$,取 $x = x_0$,函数项级数即成为常数项级数.

$$\sum_{n=1}^{\infty} u_n(x_0) = u_1(x_0) + u_2(x_0) + \cdots + u_n(x_0) + \cdots$$

若 $\sum\limits_{n=1}^{\infty} u_n(x_0)$ 收敛,则称点 x_0 是函数项级数(1)的收敛点;

若 $\sum\limits_{n=1}^{\infty} u_n(x_0)$ 发散,则称点 x_0 是函数项级数(1)的发散点.

函数项级数的所有收敛点的全体称为它的收敛域(收敛区间);函数项级数的所有发散点的全体称为它的发散域(或发散区间).

对于函数项级数收敛域内任意一点 x,$\sum\limits_{n=1}^{\infty} u_n(x)$ 收敛,其收敛和自然应依赖于 x 的取值,故其收敛和应为 x 的函数,即为 $s(x)$. 通常称 $s(x)$ 为函数项级数的和函数. 它的定义域就是级数的收敛域,并记为

$$s(x) = u_1(x) + u_2(x) + \cdots + u_n(x) + \cdots = \sum_{n=1}^{\infty} u_n(x)$$

若将函数项级数 $\sum\limits_{n=1}^{\infty} u_n(x)$ 的前 n 项之和(即部分和)记作 $s_n(x)$,则在收敛域上有 $\lim\limits_{n\to\infty} s_n(x) = s(x)$.

若把 $r_n(x) = s(x) - s_n(x)$ 称为函数项级数的余项(这里 x 在收敛域上),则 $\lim\limits_{n\to\infty} r_n(x) = 0$.

在函数项级数中,函数项级数中最常见的一类级数是幂级数.

二、幂级数及其收敛性

形如 $\sum\limits_{n=0}^{\infty} a_n x^n = a_0 + a_1 x + a_2 x^2 + \cdots + a_n x^n + \cdots$

或 $\sum\limits_{n=0}^{\infty} a_n (x - x_0)^n = a_0 + a_1 (x - x_0) + a_2 (x - x_0)^2 + \cdots + a_n (x - x_0)^n + \cdots$

的级数称为幂级数,其中 $a_0, a_1, a_2, \cdots, a_n, \cdots$ 是常数,称作幂级数的系数.

表达式 $\sum\limits_{n=0}^{\infty} a_n (x - x_0)^n$ 是幂级数的一般形式,作变量代换 $t = x - x_0$ 可以把它化为表达式

$\sum_{n=0}^{\infty} a_n x^n$ 的形式. 因此,在下述讨论中,如不作特殊说明,我们用幂级数表达式 $\sum_{n=0}^{\infty} a_n x^n$ 作为讨论的对象.

下面我们讨论幂级数的收敛域、发散域的构造.

例如等比级数(显然也是幂级数)

$$\sum_{n=0}^{\infty} x^n = 1 + x + x^2 + x^3 + \cdots + x^n + \cdots \quad (x \in \mathrm{R})$$

$$s_n = 1 + x + x^2 + x^3 + \cdots + x^{n-1}$$

$$s_n = \frac{a_1(1-q^n)}{1-q} = \frac{1-x^n}{1-x} \quad (令\ a_1 = 1, q = x)$$

当 $|x| < 1$ 时,该级数收敛.

当 $|x| \geqslant 1$ 时,该级数发散.

因此,该幂级数的收敛域是开区间 $(-1,1)$,发散域是 $(-\infty, -1) \cup (1, +\infty)$,如果在开区间 $(-1,1)$ 内取值,则

$$1 + x + x^2 + \cdots + x^n + \cdots = \frac{1}{1-x} = s(和函数)$$

由此例我们观察到,这个幂级数的收敛域是一个区间. 事实上,这一结论对一般的幂级数也是成立的.

定理 1　设有幂级数 $\sum_{n=0}^{\infty} a_n x^n$,且

$\lim\limits_{n\to\infty}\left|\frac{a_{n+1}}{a_n}\right| = \rho$　(a_{n+1}, a_n 是幂级数的相邻两项的系数).

如果当 $\rho \neq 0$,则 $R = \frac{1}{\rho}$;R 称为幂级数的收敛半径,

(1) 当 $\rho \neq 0$,该幂级数的收敛半径为 R,收敛域为 $(-R,R)$,发散域为 $(-\infty,R) \cup (R,+\infty)$;

(2) $\rho = 0$,则收敛半径为 $R = +\infty$,收敛域为 $(-\infty,\infty)$;

(3) $\rho = +\infty$,则 $R = 0$,收敛域为 $x = 0$.

【例题 1】　求幂级数 $\sum_{n=0}^{\infty} \frac{1}{2^n} x^n$ 的收敛半径与收敛区间.

解: $\rho = \lim\limits_{n\to\infty} \frac{a_{n+1}}{a_n} = \lim\limits_{n\to\infty} \frac{\frac{1}{2^{n+1}}}{\frac{1}{2^n}} = \lim\limits_{n\to\infty} \frac{2^n}{2^{n+1}} = \frac{1}{2}$

于是幂级数 $\sum_{n=0}^{\infty} \frac{1}{2^n} x^n$ 收敛半径为 2,收敛域为 $(-2,2)$.

【例题 2】　求幂级数 $\sum_{n=0}^{\infty} (-1)^{n-1} \frac{x^n}{n}$ 的收敛半径与收敛区间.

解:

$$\rho = \lim_{n\to\infty}\left|\frac{a_{n+1}}{a_n}\right| = \lim_{n\to\infty}\left|\frac{(-1)^n \frac{1}{n+1}}{(-1)^{n-1}\frac{1}{n}}\right| = \lim_{n\to\infty}\frac{n}{n+1} = 1$$

于是幂级数 $\sum\limits_{n=0}^{\infty}(-1)^{n-1}\frac{x^n}{n}$ 收敛半径为 $R=1$，收敛域为 $(-1,1)$.

因为 $\sum\limits_{n=0}^{\infty}(-1)^{n-1}\frac{x^n}{n} = x - \frac{x^2}{2} + \frac{x^3}{3} - \cdots + (-1)^{n-1}\frac{x^n}{n} + \cdots$

在左端点 $x=-1$，幂级数成为

$-1 - \frac{1}{2} - \frac{1}{3} - \frac{1}{4} - \cdots - \frac{1}{n} - \cdots$ 级数发散.

在右端点 $x=1$，幂级数成为

$1 - \frac{1}{2} + \frac{1}{3} - \frac{1}{4} + \cdots + (-1)^{n-1}\frac{1}{n} + \cdots$ 级数收敛.

因此，级数收敛区间为 $(-1,1]$.

【例题 3】 求幂级数 $\sum\limits_{n=0}^{\infty}\frac{x^n}{n!}$ 的收敛半径.

解：$\rho = \lim\limits_{n\to\infty}\left|\frac{a_{n+1}}{a_n}\right| = \lim\limits_{n\to\infty}\left|\frac{\frac{1}{(n+1)!}}{\frac{1}{n!}}\right| = \lim\limits_{n\to\infty}\frac{1}{n+1} = 0$，

所以 $R=+\infty$，因此幂级数 $\sum\limits_{n=0}^{\infty}\frac{x^n}{n!}$ 的收敛半径为 $R=+\infty$.

【例题 4】 求幂级数 $\sum\limits_{n=0}^{\infty}\frac{1}{5^n}(x-2)^n$ 的收敛半径与收敛区间.

解：令 $x-2=t$，则幂级数 $\sum\limits_{n=0}^{\infty}\frac{1}{5^n}(x-2)^n$ 转换为幂级数 $\sum\limits_{n=0}^{\infty}\frac{1}{5^n}t^n$.

由 $\rho = \lim\limits_{n\to\infty}\frac{a_{n+1}}{a_n} = \lim\limits_{n\to\infty}\frac{\frac{1}{5^{n+1}}}{\frac{1}{5^n}} = \lim\limits_{n\to\infty}\frac{5^n}{5^{n+1}} = \frac{1}{5}$，

于是幂级数 $\sum\limits_{n=0}^{\infty}\frac{1}{5^n}t^n$ 的收敛半径为 5，

由 $|x-2|<5$，得 $-5<x-2<5$，即 $-3<x<7$，

所以幂级数 $\sum\limits_{n=0}^{\infty}\frac{1}{5^n}(x-2)^n$ 的收敛域为 $(-3,7)$.

*【例题 5】 求幂级数 $\sum\limits_{n=1}^{\infty}\frac{2n-1}{2^n}x^{2n-2}$ 的收敛区间.

解：因为

$$\lim_{n\to\infty}\left|\frac{u_{n+1}(x)}{u_n(x)}\right| = \lim_{n\to\infty}\left|\frac{\frac{2n+1}{2^{n+1}}x^{2n}}{\frac{2n-1}{2^n}x^{2n-2}}\right| = \lim_{n\to\infty}\frac{2n+1}{4n-2}|x|^2 = \frac{1}{2}|x|^2$$

当$\frac{1}{2}|x|^2 < 1$,即$|x| < \sqrt{2}$时,幂级数收敛;

当$\frac{1}{2}|x|^2 > 1$,即$|x| > \sqrt{2}$时,幂级数发散;

对于左端点$x = -\sqrt{2}$,幂级数成为

$\sum_{n=1}^{\infty}\frac{2n-1}{2^n}(-\sqrt{2})^{2n-2} = \sum_{n=1}^{\infty}\frac{2n-1}{2^n}\cdot 2^{n-1} = \sum_{n=1}^{\infty}\frac{2n-1}{2}$. 级数发散;

对于右端点$x = \sqrt{2}$,幂级数成为

$\sum_{n=1}^{\infty}\frac{2n-1}{2^n}(\sqrt{2})^{2n-2} = \sum_{n=1}^{\infty}\frac{2n-1}{2^n}\cdot 2^{n-1} = \sum_{n=1}^{\infty}\frac{2n-1}{2}$. 级数是发散的.

故收敛区间为$(-\sqrt{2},\sqrt{2})$.

三、幂级数的运算性质

下面我们不加证明地给出下述性质.

1. 幂级数的加、减及乘法运算

设幂级数$\sum_{n=1}^{\infty}a_nx^n$及$\sum_{n=1}^{\infty}b_nx^n$的收敛区间分别为$(-R_1,R_1)$与$(-R_2,R_2)$,其和函数分别记为$S_1(x)$与$S_2(x)$,记$R = \min\{R_1,R_2\}$,当$|x| < R$时,有

$$\sum_{n=1}^{\infty}a_nx^n \pm \sum_{n=1}^{\infty}b_nx^n = \sum_{n=1}^{\infty}(a_n \pm b_n)x^n = S_1(x) \pm S_2(x)$$

$$\sum_{n=1}^{\infty}a_nx^n \cdot \sum_{n=1}^{\infty}b_nx^n = a_0b_0 + (a_0b_1 + a_1b_0)x + (a_0b_2 + a_1b_1 + a_2b_0)x^2$$
$$+ \cdots + (a_0b_n + a_1b_{n-1} + \cdots + a_nb_0)x^n + \cdots = S_1(x)S_2(x)$$

即两个幂级数的和或差的收敛区间是两个幂级数收敛区间的交集.

2. 幂级数和函数的性质

性质1(幂级数的连续性)

幂级数$\sum_{n=1}^{\infty}a_nx^n$的和函数$s(x)$在收敛区间$(-R,R)$内连续;

性质2(幂级数逐项求导)　幂级数$\sum_{n=1}^{\infty}a_nx^n$的和函数$s(x)$在收敛区间$(-R,R)$内可导,且有

$$s'(x) = \left(\sum_{n=0}^{\infty}a_nx^n\right)' = \sum_{n=0}^{\infty}(a_nx^n)' = \sum_{n=1}^{\infty}n\cdot a_nx^{n-1}$$

且逐项求导后所得的新级数其收敛半径不变,但在收敛区间端点处的收敛性可能改变.

性质 3（幂级数逐项积分）幂级数 $\sum_{n=1}^{\infty} a_n x^n$ 的和函 $s(x)$ 数在收敛区间 $(-R,R)$ 内可积，且有

$$\int_0^x S(x)\mathrm{d}x = \int_0^x \left(\sum_{n=0}^{\infty} a_n x^n\right)\mathrm{d}x = \sum_{n=0}^{\infty}\int_0^x a_n x^n \mathrm{d}x = \sum_{n=0}^{\infty}\frac{a_n}{n+1}x^{n+1}$$

且逐项积分后所得的新级数其收敛半径不变，但在收敛区间端点处的收敛性可能改变.

【例题 6】 求数项级数 $1-\frac{1}{2}+\frac{1}{3}-\frac{1}{4}+\cdots+(-1)^{n-1}\frac{1}{n}+\cdots$ 的和函数.

解：由于 $1+x+x^2+\cdots+x^{n-1}+\cdots=\frac{1}{1-x}(-1<x<1)$

$$\int_0^x 1\mathrm{d}x+\int_0^x x\mathrm{d}x+\int_0^x x^2\mathrm{d}x+\cdots+\int_0^x x^{n-1}\mathrm{d}x+\cdots=\int_0^x\frac{1}{1-x}\mathrm{d}x$$

$$x+\frac{1}{2}x^2+\frac{1}{3}x^3+\cdots+\frac{1}{n}x^n+\cdots=-\ln(1-x)$$

当 $x=-1$ 时，幂级数成为

$$(-1)+\frac{1}{2}(-1)^2+\frac{1}{3}(-1)^3+\cdots+\frac{1}{n}(-1)^n+\cdots$$

$$=-\left[1-\frac{1}{2}+\frac{1}{3}-\cdots+(-1)^{n-1}\frac{1}{n}+\cdots\right]$$

是一收敛的交错级数.

当 $x=1$ 时，幂级数成为

$$1+\frac{1}{2}+\frac{1}{3}+\cdots+\frac{1}{n}+\cdots$$

是发散的调和级数.

故 $x+\frac{1}{2}x^2+\frac{1}{3}x^3+\cdots+\frac{1}{n}x^n+\cdots=-\ln(1-x)(-1\leqslant x<1)$

且有 $-\left[1-\frac{1}{2}+\frac{1}{3}-\cdots+(-1)^{n-1}\frac{1}{n}+\cdots\right]=-\ln 2$

$1-\frac{1}{2}+\frac{1}{3}-\cdots+(-1)^{n-1}\frac{1}{n}+\cdots=\ln 2$

【例题 7】 求 $\sum_{n=1}^{\infty}(-1)^{n+1}\frac{x^{n+1}}{n(n+1)}$ 的和函数.

解：$\rho=\lim_{n\to\infty}\left|\frac{a_{n+1}}{a_n}\right|=\lim_{n\to\infty}\left|\frac{(-1)^{n+2}\frac{1}{(n+1)(n+2)}}{(-1)^{n+1}\frac{1}{n(n+1)}}\right|$

$=\lim_{n\to\infty}\frac{n}{n+2}=1$

$R=1$

设 $s(x)=\sum_{n=1}^{\infty}(-1)^{n+1}\frac{x^{n+1}}{n(n+1)}\qquad(-1<x<1)$

$$s'(x) = \sum_{n=1}^{\infty}(-1)^{n+1}\frac{x^n}{n}$$

$$s''(x) = \sum_{n=1}^{\infty}(-1)^{n+1}x^{n-1} = 1 - x + x^2 - x^3 + \cdots = \frac{1}{1+x}$$

$$\int_0^x s''(x)\mathrm{d}x = \int_0^x \frac{1}{1+x}\mathrm{d}x$$

$$s'(x) - s'(0) = \ln(1+x)$$

$$s'(0) = \sum_{n=1}^{\infty}(-1)^{n+1}\frac{0^n}{n} = 0$$

$$s'(x) = \ln(1+x)$$

$$\int_0^x s'(x)\mathrm{d}x = \int_0^x \ln(1+x)\mathrm{d}x$$

$$s(x) - s(0) = (1+x)\ln(1+x)\Big|_0^x - \int_0^x \mathrm{d}x$$

$$s(x) = (1+x)\ln(1+x) - x$$

当 $x=-1$ 时,幂级数成为

$$\sum_{n=1}^{\infty}(-1)^{n+1}\frac{(-1)^{n+1}}{n(n+1)} = \sum_{n=1}^{\infty}\frac{1}{n(n+1)}$$

它是收敛的;

当 $x=1$ 时,幂级数成为

$$\sum_{n=1}^{\infty}(-1)^{n+1}\frac{1^{n+1}}{n(n+1)} = \sum_{n=1}^{\infty}\frac{(-1)^{n+1}}{n(n+1)}$$

它是收敛的;

因此,当$[-1,1]$时,有

$$\sum_{n=1}^{\infty}(-1)^{n+1}\frac{x^{n+1}}{n(n+1)} = (1+x)\ln(1+x) - x.$$

*【例题8】　求 $1\cdot\frac{1}{2}+2\cdot\left(\frac{1}{2}\right)^2+3\cdot\left(\frac{1}{2}\right)^3+\cdots+n\cdot\left(\frac{1}{2}\right)^n+\cdots$的和.

解:考虑辅助幂级数　$x+2x^2+3x^3+\cdots+nx^n+\cdots$

$$\rho = \lim_{n\to\infty}\left|\frac{a_{n+1}}{a_n}\right| = \lim_{n\to\infty}\frac{n+1}{n} = 1$$

$R=1$

设　$s(x)=x+2x^2+3x^3+\cdots+nx^n+\cdots \qquad (-1<x<1)$

$$\begin{aligned} s(x) &= x\cdot(1+2x+3x^2+\cdots+nx^{n-1}+\cdots) \\ &= x\cdot(x+x^2+x^3+\cdots+x^n+\cdots)' \\ &= x\cdot\left(\frac{x}{1-x}\right)' = x\cdot\frac{1}{(1-x)^2} \end{aligned}$$

故,当 $-1<x<1$ 时,有

$$x+2x^2+3\cdot x^3+\cdots+nx^n+\cdots = \frac{x}{(1-x)^2}$$

令 $x=\frac{1}{2}$,得

$$\frac{1}{2}+\frac{2}{2^2}+\frac{3}{2^3}+\cdots+\frac{n}{2^n}+\cdots=\frac{\frac{1}{2}}{\left(1-\frac{1}{2}\right)^2}=2$$

习题 10.4

1. 求下列幂级数的收敛半径.

(1) $\sum_{n=1}^{\infty}(-1)^{n+1}\frac{x^{n+1}}{n(n+1)}$　　(2) $\sum_{n=1}^{\infty}(-1)^{n+1}\frac{x^n}{n!}$

(3) $\sum_{n=1}^{\infty}(n+1)!x^n$　　(4) $\sum_{n=1}^{\infty}\frac{x^n}{n3^n}$

2. 求下列幂级数的收敛区间.

(1) $\sum_{n=1}^{\infty}(n+1)!x^n$　　(2) $\sum_{n=1}^{\infty}\frac{x^n}{n3^n}$

(3) $\sum_{n=1}^{\infty}\frac{(n+1)!}{n^n}x^n$　　(4) $\sum_{n=1}^{\infty}(-1)^n\frac{x^{n+1}}{n+1}$

(5) $\sum_{n=1}^{\infty}\frac{1}{2^nn^2}x^n$　　(6) $\sum_{n=1}^{\infty}\frac{2^n}{n}(x-1)^n$

3. 求 $\sum_{n=1}^{\infty}\frac{(-1)^n}{n+1}x^n$ 的和函数.

* 第五节　函数展开成幂级数

上节我们讨论了幂级数的收敛性,以及在其收敛区间内幂级数收敛于一个和函数. 本节研究另一个问题即对于任意一个函数 $f(x)$ 而言,能否将其展开成幂级数.

一、泰勒级数(Taylor)

如果 $f(x)$ 在 $x=x_0$ 处具有任意阶的导数,我们把级数

$$f(x_0)+\frac{f'(x_0)}{1!}(x-x_0)+\frac{f''(x_0)}{2!}(x-x_0)^2+\cdots+\frac{f^{(n)}(x_0)}{n!}(x-x_0)^n+\cdots \tag{1}$$

称为函数 $f(x)$ 在 $x=x_0$ 处的泰勒级数.

它的前 $n+1$ 项部分和用 $s_{n+1}(x)$ 记之,且

$$s_{n+1}(x)=\sum_{k=0}^{n}\frac{f^{(k)}(x_0)}{k!}(x-x_0)^k$$

这里:$0!=1$,$f^{(0)}(x_0)=f(x_0)$

$$f(x)=s_{n+1}(x)+R_n(x)$$

当然,这里 $R_n(x)$ 是拉格朗日余项,且

$$R_n(x)=\frac{f^{(n+1)}(\xi)}{(n+1)!}(x-x_0)^{n+1}(\xi\text{ 在 }x\text{ 与 }x_0\text{ 之间}).$$

由 $R_n(x)=f(x)-s_{n+1}(x)$ 有

$$\lim_{n\to\infty}R_n(x)=0\Leftrightarrow\lim_{n\to\infty}s_{n+1}(x)=f(x).$$

因此,当 $\lim\limits_{n\to\infty}R_n(x)=0$ 时,函数 $f(x)$ 的泰勒级数

$$f(x_0)+\frac{f'(x_0)}{1!}(x-x_0)+\frac{f''(x_0)}{2!}(x-x_0)^2+\cdots+\frac{f^{(n)}(x_0)}{n!}(x-x_0)^n+\cdots$$

就是它的另一种精确的表达式. 即

$$f(x)=f(x_0)+\frac{f'(x_0)}{1!}(x-x_0)+\frac{f''(x_0)}{2!}(x-x_0)^2+\cdots+\frac{f^{(n)}(x_0)}{n!}(x-x_0)^n+\cdots$$

这时,我们称函数 $f(x)$ 在 $x=x_0$ 处可展开成泰勒级数.

特别地,当 $x_0=0$ 时,

$$f(x)=f(0)+\frac{f'(0)}{1!}x+\frac{f''(0)}{2!}x^2+\cdots+\frac{f^{(n)}(0)}{n!}x^n+\cdots$$

这时,我们称函数 $f(x)$ 可展开成麦克劳林(Maclaurin)级数.

将函数 $f(x)$ 在 $x=x_0$ 处展开成泰勒级数,可通过变量替换 $t=x-x_0$,化归为函数 $f(x)=f(t+x_0)$ 在 $t=0$ 处的麦克劳林展开. 因此,我们着重讨论函数的麦克劳林展开.

定理　函数的麦克劳林展开式是唯一的.

证明:设 $f(x)$ 在 $x=0$ 的某邻域 $(-R,R)$ 内可展开成 x 的幂级数

$$f(x)=a_0+a_1x+a_2x^2+\cdots+a_nx^n+\cdots$$

据幂级数在收敛区间内可逐项求导,有

$$f'(x)=1\cdot a_1+2\cdot a_2x+\cdots+n\cdot a_nx^{n-1}+\cdots$$

$$f''(x)=2\cdot 1\cdot a_2+\cdots+n\cdot(n-1)a_nx^{n-2}+\cdots$$

$$\vdots$$

$$f^{(n)}(x)=n\cdot(n-1)\cdots 1a_n+(n+1)\cdot n\cdots 2a_{n+1}x+\cdots$$

$$\vdots$$

把 $x=0$ 代入上式,有

$$f(0)=a_0$$

$$f'(0)=1\cdot a_1$$

$$f''(0)=2\cdot 1\cdot a_2$$

$$\cdots$$

$$f^{(n)}(0)=n\cdot(n-1)\cdots 1\cdot a_n$$

$$\cdots$$

从而　$a_0=f(0)$

$$a_1 = \frac{f'(0)}{1!}$$

$$a_2 = \frac{f''(0)}{2!}$$

$$\cdots$$

$$a_n = \frac{f^{(n)}(0)}{n!}$$

$$\cdots$$

于是,函数$f(x)$在$x=0$处的幂级数展开式其形式为

$$f(x) = f(0) + \frac{f'(0)}{1!}x + \frac{f''(0)}{2!}x^2 + \cdots + \frac{f^{(n)}(0)}{n!}x^n + \cdots$$

这就是函数的麦克劳林展开式.

这表明,函数在$x=0$处的幂级数展开形式只有麦克劳林展开式这一种形式.

二、函数展开成幂级数

1. 直接展开法

将函数展开成麦克劳林级数可按下述几步进行.

(1)求出函数的各阶导数及函数值

$$f(0),f'(0),f''(0),\cdots,f^{(n)}(0),\cdots$$

若函数的某阶导数不存在,则函数不能展开.

(2)写出麦克劳林级数

$$f(0) + \frac{f'(0)}{1!}x + \frac{f''(0)}{2!}x^2 + \cdots + \frac{f^{(n)}(0)}{n!}x^n + \cdots$$

并求其收敛半径R.

(3)考察当$x\in(-R,R)$时,拉格朗日余项

$$R_n(x) = \frac{f^{(n+1)}(\theta \cdot x)}{(n+1)!}x^{n+1} \qquad (0 < \theta < 1)$$

在$n\to\infty$时,是否趋向于零.

若$\lim\limits_{n\to\infty}R_n(x)=0$,则第二步写出的级数就是函数的麦克劳林展开式;

若$\lim\limits_{n\to\infty}R_n(x)\neq 0$,则函数无法展开成麦克劳林级数.

【例题1】 将函数$f(x)=\mathrm{e}^x$展开成麦克劳林级数.

解:$f^{(n)}(x)=\mathrm{e}^x,f^{(n)}(0)=1 \quad (n=0,1,2,\cdots)$

因此我们得到幂级数$1+\frac{x}{1!}+\frac{x^2}{2!}+\cdots+\frac{x^n}{n!}+\cdots$

$$\text{而}\rho = \lim_{n\to\infty}\left|\frac{a_{n+1}}{a_n}\right| = \lim_{n\to\infty}\left|\frac{\frac{1}{(n+1)!}}{\frac{1}{n!}}\right| = \lim_{n\to\infty}\frac{1}{n+1} = 0 \qquad \text{故}R=+\infty$$

对于任意$x\in(-\infty,+\infty)$,有

$$|R_n(x)| = \left|\frac{e^{\theta \cdot x}}{(n+1)!} \cdot x^{n+1}\right| \leqslant e^{|x|} \cdot \frac{|x|^{n+1}}{(n+1)!} \ (0 < \theta < 1)$$

这里 $e^{|x|}$ 是与 n 无关的有限数，考虑辅助幂级数 $\sum_{n=1}^{\infty} \frac{(x)^{n+1}}{(n+1)!}$ 的敛散性. 由比值法有

$$\lim_{n \to \infty} \left|\frac{u_{n+1}(x)}{u_n(x)}\right| = \lim_{n \to \infty} \left|\frac{\frac{|x|^{n+2}}{(n+2)!}}{\frac{|x|^{n+1}}{(n+1)!}}\right| = \lim_{n \to \infty} \frac{|x|}{n+2} = 0$$

故辅助级数收敛,从而一般项趋向于零,即 $\lim_{n \to \infty} \frac{|x|^{n+1}}{(n+1)!} = 0$

因此 $\lim_{n \to \infty} R_n(x) = 0$,

故 $e^x = 1 + \frac{x}{1!} + \frac{x^2}{2!} + \cdots + \frac{x^n}{n!} + \cdots (-\infty < x < +\infty)$.

【例题 2】 将函数 $f(x) = \sin x$ 在 $x = 0$ 处展开成幂级数.

解:因为 $f^{(n)}(x) = \sin\left(x + n \cdot \frac{\pi}{2}\right)(n = 0,1,2,\cdots)$

于是 $f(0) = 0, f'(0) = 1, f''(0) = 0, f'''(0) = -1, f^{(4)}(0) = 0, f^{(5)}(0) = 1, \cdots$

于是得幂级数 $\frac{x}{1!} - \frac{x^3}{3!} + \frac{x^5}{5!} - \cdots + (-1)^{n-1} \frac{x^{2n-1}}{(2n-1)!} + \cdots$

容易求出,它的收敛半径 $R = +\infty$

对任意的 $x \in (-\infty, +\infty)$,有

$$|R_n(x)| = \left|\frac{\sin\left(\theta \cdot x + n \cdot \frac{\pi}{2}\right)}{(n+1)!} \cdot x^{n+1}\right| \leqslant \frac{|x|^{n+1}}{(n+1)!} (0 < \theta < 1)$$

由例 1 可知, $\lim_{n \to \infty} \frac{|x|^{n+1}}{(n+1)!} = 0$,故 $\lim_{n \to \infty} R_n(x) = 0$

因此,我们得到展开式

$$\sin x = \frac{x}{1!} - \frac{x^3}{3!} + \frac{x^5}{5!} - \cdots + (-1)^{n-1} \frac{x^{2n-1}}{(2n-1)!} + \cdots \quad x \in (-\infty, +\infty)$$

2. 间接展开法

由于直接应用麦克劳林公式展开幂级数的方法,虽然程序明确,但运算过于烦琐. 因此,利用一些已知的函数展开式以及幂级数的运算性质(如加减、逐项求导、逐项求积)将所给函数展开不失为一种较好的办法.

【例题 3】 试求 $f(x) = \frac{1}{1+x^2}$ 的幂级数展开式.

解:由于 $\frac{1}{1-x} = 1 + x + x^2 + \cdots + x^n + \cdots \quad (-1 < x < 1)$

将上式中的 x 换为 $-x$,

则上式变为

$$\frac{1}{1+x} = 1 - x + x^2 - \cdots + (-1)x^n + \cdots \qquad (-1 < x < 1)$$

再将此展开式中的 x 换成 x^2

则有

$$\frac{1}{1+x^2}=1-x^2+x^4-\cdots+(-1)x^{2n}+\cdots \qquad (-1<x<1)$$

【例题 4】 将函数 $f(x)=\cos x$ 展开成 x 的幂级数.

解:由于 $(\sin x)'=\cos x$

对展开式

$$\sin x=\frac{x}{1!}-\frac{x^3}{3!}+\frac{x^5}{5!}-\cdots+(-1)^{n-1}\frac{x^{2n+1}}{(2n+1)!}+\cdots \quad x\in(-\infty,+\infty)$$

两边关于 x 逐项求导，得

$$\cos x=1-\frac{x^2}{2!}+\frac{x^4}{4!}-\cdots+(-1)^{n-1}\frac{x^{2n}}{(2n)!}+\cdots \quad x\in(-\infty,+\infty)$$

【例题 5】 将函数 $f(x)=\ln(1+x)$ 展开成 x 的幂级数.

解:由于 $f'(x)=[\ln(1+x)]'=\dfrac{1}{1+x}$

而 $\dfrac{1}{1+x}=1-x+x^2-x^3+\cdots+(-1)^n x^n+\cdots(-1<x<1)$

将上式两端从 0 到 x 逐项积分得:

$$\ln(1+x)=x-\frac{x^2}{2}+\frac{x^3}{3}-\cdots+(-1)^n\frac{x^{n+1}}{n+1}+\cdots$$

当 $x=1$ 时,级数为交错级数

$$1-\frac{1}{2}+\frac{1}{3}-\cdots+(-1)^n\frac{1}{n+1}+\cdots \text{收敛.}$$

故 $\ln(1+x)=x-\dfrac{x^2}{2}+\dfrac{x^3}{3}-\cdots+(-1)^n\dfrac{x^{n+1}}{n+1}+\cdots \quad (-1<x\leqslant 1)$

【例题 6】 试求 $f(x)=\arctan x$ 的幂级数展开式.

解:因为 $f(x)=\arctan x=\displaystyle\int_0^x\frac{1}{1+x^2}\mathrm{d}x$ 又由本节例题 3 知

$$\frac{1}{1+x^2}=1-x^2+x^4-\cdots+(-1)^n x^{2n}+\cdots \qquad (-1<x<1)$$

将上式两端同时积分,即可得到

$$f(x)=\arctan x=x-\frac{1}{3}x^3+\frac{1}{5}x^5-\cdots+(-1)^n\frac{1}{2n+1}x^{2n+1}+\cdots \qquad (-1<x<1)$$

同时可以证明该级数在 $x=\pm 1$ 也是收敛的,因此,得到:

$$f(x)=\arctan x=x-\frac{1}{3}x^3+\frac{1}{5}x^5-\cdots+(-1)^n\frac{1}{2n+1}x^{2n+1}+\cdots \qquad (-1\leqslant x\leqslant 1)$$

【例题 7】 试求 $f(x)=\dfrac{1}{2-x}$ 的幂级数展开式.

解:因为 $\dfrac{1}{1-x}=1+x+x^2+\cdots+x^n+\cdots \qquad (-1<x<1)$

于是

$$f(x)=\frac{1}{2-x}=\frac{1}{2}\quad\frac{1}{1-\frac{x}{2}}=\frac{1}{2}\left[1+\frac{x}{2}+\left(\frac{x}{2}\right)^2+\cdots+\left(\frac{x}{2}\right)^n+\cdots\right]\qquad(-2<x<2)$$

习题 10.5

1. 将下列函数展开成 x 的幂级数,并求其收敛区间.

(1) $\ln(2-x)$　　(2) $\sin\frac{x}{2}$

(3) $\frac{1}{\sqrt{1+x^2}}$　　(4) $(1+x)\ln(1+x)$

2. 将函数 $f(x)=\frac{1}{x}$ 展开成 $(x-1)$ 的幂级数.

3. 将函数 $f(x)=\frac{1}{x^2-3x+2}$ 展开成 x 的幂级数.

复习题十

一、填空题

(1) 若正项级数 $\sum_{n=1}^{\infty}a_n$ 收敛,则 $\lim_{n\to\infty}a_n=$ ________.

(2) $\sum_{n=1}^{\infty}\left(\frac{1}{n^2}-\frac{1}{\sqrt{n}}\right)$ 是________级数(就敛散性回答).

(3) $\lim_{n\to\infty}a_n=0$ 是级数 $\sum_{n=1}^{\infty}a_n$ 收敛的________条件(充分/必要).

(4) $\sum_{n=1}^{\infty}(-1)^n\frac{1}{\sqrt{n}}x^n$ 的收敛半径是________.

(5) 函数 $f(x)=xe^x$ 的幂级数展开式是________.

二、选择题

(1) 若两个正项级数 $\sum_{n=1}^{\infty}a_n$, $\sum_{n=1}^{\infty}b_n$ 满足 $a_n\leqslant b_n(n=1,2,\cdots)$,则结论(　　)成立.

A. $\sum_{n=1}^{\infty}a_n$ 收敛,则 $\sum_{n=1}^{\infty}b_n$ 发散　　B. $\sum_{n=1}^{\infty}a_n$ 收敛,则 $\sum_{n=1}^{\infty}b_n$ 收敛

C. $\sum\limits_{n=1}^{\infty} a_n$ 发散,则 $\sum\limits_{n=1}^{\infty} b_n$ 发散　　D. $\sum\limits_{n=1}^{\infty} a_n$ 发散,则 $\sum\limits_{n=1}^{\infty} b_n$ 收敛

(2) 设 $\{S_n\}$ 是级数 $\sum\limits_{n=1}^{\infty} a_n$ 的部分和,若条件(　　)成立,则 $\sum\limits_{n=1}^{\infty} a_n$ 收敛.

A. S_n 有界　　B. S_n 单调减少　　C. $\lim\limits_{n\to\infty} a_n = 0$　　D. $\lim\limits_{n\to\infty} S_n = 0$

(3) 当(　　)时,级数 $\sum\limits_{n=1}^{\infty} \frac{1}{n^p}$ 收敛.

A. $p > 1$　　B. $p < 1$　　C. $p \geqslant 1$　　D. $p \leqslant 1$

(4) 下列级数中,(　　)收敛.

A. $\sum\limits_{n=1}^{+\infty} \frac{1}{2n}$　　B. $\sum\limits_{n=1}^{+\infty} \frac{1}{\sqrt{n}}$　　C. $\sum\limits_{n=1}^{+\infty} (-1)^n \sqrt{\frac{n}{n+2}}$　　D. $\sum\limits_{n=1}^{+\infty} \frac{(-1)^n}{\sqrt{n}}$

(5) 级数 $\sum\limits_{n=0}^{+\infty} \frac{2}{4^n}$ 的和是(　　).

A. $\frac{8}{3}$　　B. 2　　C. $\frac{2}{3}$　　D. 1

三、判定下列正项级数的敛散性.

(1) $\sum\limits_{n=1}^{+\infty} \frac{1}{2n-1}$　　(2) $\sum\limits_{n=1}^{+\infty} \sin \frac{\pi}{2^n}$

(3) $\sum\limits_{n=1}^{+\infty} \frac{3^n}{5^n}$　　(4) $\sum\limits_{n=1}^{+\infty} \frac{n^3}{3^n}$

四、判定下列级数的敛散性,如收敛,指出是绝对收敛还是条件收敛?

(1) $\sum\limits_{n=1}^{+\infty} (-1) \frac{1}{2n-1}$　　(2) $\sum\limits_{n=1}^{+\infty} \frac{\sin(n^2-1)}{n^2}$

(3) $\sum\limits_{n=1}^{+\infty} (-1) \frac{3^n+4^n}{5^n}$　　(4) $\sum\limits_{n=1}^{+\infty} \frac{\cos n\pi}{n^2}$

五、将函数 $f(x) = \frac{1}{x}$ 展开成 $(x-3)$ 的幂级数.

六、函数 $f(x) = \frac{1}{(1-x)^2}$ 展开为 x 的幂级数.

七、求幂级数 $\sum\limits_{n=1}^{+\infty} (-1)^n \frac{(2x-3)^n}{2n-1}$ 的收敛区域.

中国现代数学先驱——熊庆来

附录 MATLAB 简介及其数学实验

第一节 MATLAB 简介

一、MATLAB 概述

MATLAB 是矩阵实验室(Matrix Laboratory)的简称,是美国 MathWorks 公司出品的商业数学软件,主要包括 MATLAB 和 Simulink 两大部分. MATLAB 和 Mathematica、Maple 并称为三大数学软件. 20 世纪 70 年代,美国新墨西哥大学计算机科学系主任 Cleve Moler 为了减轻学生编程的负担,用 FORTRAN 编写了最早的 MATLAB. 1984 年由 Little、Moler、Steve Bangert 合作成立了的 MathWorks 公司正式把 MATLAB 推向市场. 到 20 世纪 90 年代,MATLAB 已成为国际控制界的标准计算软件,是欧美大学本科学生必开的一门课程.

1. MATLAB 的运行环境

硬件环境:

(1)CPU

(2)内存

(3)硬盘

(4)CD-ROM 驱动器和鼠标

软件环境:

(1)Windows 98/NT/2000 或 Windows XP

(2)其他软件根据需要选用

2. 启动 MATLAB 系统常见方法:

(1)使用 Windows“开始”菜单

(2)运行 MATLAB 系统启动程序 matlab. exe

(3)利用快捷方式

3. 在 MATLAB 软件中,向学生介绍启动 MATLAB 系统的退出

要退出 MATLAB 系统也有 3 种常见方法:

(1)在 MATLAB 主窗口 File 菜单中选择 Exit MATLAB 命令

(2)在 MATLAB 命令窗口输入 Exit 或 Quit 命令

(3)单击 MATLAB 主窗口的“关闭”

二、MATLAB 6.5 集成环境及功能菜单

启动 MATLAB 后,将进入 MATLAB7.0.1 集成环境. MATLAB 6.5 集成环境包括 MATLAB 主窗口、命令窗口(Command Window)、工作空间窗口(Workspace)、命令历史窗口(Command History)、当前目录窗口(Current Directory)和启动平台窗口(Launch Pad). 在 File 菜单项实现有关文件的操作.

1. New 用于建立新的 MATLAB 文件、图形文件、模型、图形用户界面

Open:用于打开 MATLAB 文件

Close Command Window:关闭命令窗口

Save As:把工作空间的数据放到相应路径的文件

Import Date:用于从其他文件导入数据

Exit Matlab 退出

Preferences:设置命令窗的属性

Page Set Up:用于页面设置

2. Edit 菜单

Undo:撤销操作

Redo:执行操作

Cut:剪切操作

Copy:复制

Paste:粘贴

Clear Workspace:清出工作区的对象

Debug 菜单:用于 MATLAB 程序调试

3. Step:单步调试

Save And Run:储存并且运行

4. Desktop 菜单

Undock Command Window:将命令窗口变为全屏显示

Desktop Layout:用于工作区的默认设置

Save Layout:保存选定的工作区

三、MATLAB 基本知识

1. 基本算术运算

MATLAB 的基本算术运算有:+(加)、-(减)、*(乘)、/(右除)、\(左除)、^(乘方).

注意,运算是在矩阵意义下进行的,单个数据的算术运算只是一种特例.

2. 点运算

在 MATLAB 中,有一种特殊的运算,因为其运算符是在有关算术运算符前面加点,所以称为点运算.点运算符有.*、./、.\和.^.

3. 利用冒号表达式建立一个向量

冒号表达式可以产生一个行向量,一般格式是:　e1:e2:e3,其中 e1 为初始值,e2 为步长,e3 为终止值.

4. 一些常用符号在 MATLAB 运算中的表示

e^x 表示为 exp(x)

π 表示为 pi

$|x|$表示为 abs(x)

log2　以 2 为底的对数

log　以 e 为底的对数

log10　以 10 为底的对数

pow2　2 的幂次

sqrt　开平方

四、MATLAB 绘图

1. 绘制函数曲线

plot 函数的基本调用格式为:plot(x,y)

其中 x 和 y 为长度相同的向量,分别用于存储 x 坐标和 y 坐标数据.

该函数可以打开一个默认的图形窗口,将各个数据点用直线连接起来,还可以自动将数值及单位标注加到两个坐标轴上.

用 plot 绘图函数可以绘制初等函数的图形

调用格式为:

plot(x,y),相当于描点法,给出 x 的值,响应就有一个 y 值和它对应.

【例题 1】　在($0\leqslant x\leqslant 2\pi$)区间内,绘制曲线

$y=2e^{-\frac{x}{2}}\cos(4\pi x)$

程序如下:

```
x=0:pi/100:2*pi;
y=2*exp(-0.5*x).*cos(4*pi*x);
plot(x,y)
```

用 plot 函数可以在同一坐标下绘制多个图形.

【例题 2】　绘制曲线.

程序如下:

```
t=0:0.1:2*pi;
```

```
x = as(t);
y = sin (2 * t). * cos (t);
plot(t,x,t,y);
```

练习 (1)绘制 $y=\cos x$ 的图像.[0,2π]

(2)绘制 $y=\sin 2x\cdot\cos x$ 的图像.[0,2π]

2. 绘图选项

MATLAB 提供了一些绘图选项,用于确定所绘曲线的线型、颜色和数据点标记符号,它们可以组合使用.例如,"b -."表示蓝色点画线,"y:d"表示黄色虚线并用菱形符标记数据点.当选项省略时,MATLAB 规定,线型一律用实线,颜色将根据曲线的先后顺序依次.

(1)颜色的标准设定值如下:

字母	颜色	标点	线型
y	黄色	•	点线
m	粉红	○	圈线
c	亮蓝	×	×线
r	大红	+	+字线
g	绿色	-	实线
b	蓝色	* *	星形线
w	白色	:	虚线
k	黑色	-· (--)	点画线

(2)线型的标准设定

符号	线型	符号	线型
—	实线	:	点连线
—.	点画线	——	虚线

(3)标记符的设定

控制符	标记符	控制符	标记符
.	点	h	六角形
+	十字号	p	五角形
o	圆圈	v	下三角
x	叉号	^	上三角
s	正方形	>	右三角
*	星号	<	左三角
d	菱形		

要设置曲线样式可以在 plot 函数中加绘图选项,其调用格式为:

plot(x1,y1,选项 1,x2,y2,选项 2,…,xn,yn,选项 n)

画 $y=\cos x$ 的图像,并用蓝色,点画线,五角星标注.

```
clear
clc
```

```
x =0:0.02:2 * pi
y = cos(x)
plot(x,y,'b -. p')
```

● 画 y = x^3 图像,用黑色、实线、星号表示.

```
● clear
● clc
  x =0:0.2:5
● y = x.^3
● plot(x,y,'k * ')
```

hold on/off 命令控制是保持原有图形还是刷新原有图形,不带参数的 hold 命令在两种状态之间进行切换.

绘制分段函数

$$y = \begin{cases} x^2 & x \geqslant 0 \\ x^3 & x < 0 \end{cases}$$

程序如下:

```
x = -10:0.1:0
y = x.^2
plot(x,y)
hold   on
x =0:0.1:10
y = x.^3
plot(x,y)
```

练习一

1. 谈谈你对 MATLAB 的认识.

2. 绘制 $y = \sin 2x$ 在 $[0,2\pi]$ 范围内的图像(要求写出语句,画出图像).

3. 绘制 $y = x^3\cos x$ 的图像用蓝色、实线、三角形标注(要求写出语句,画出图像).

4. 绘制 $y = \begin{cases} x^2 - 1 & x \geqslant 0 \\ x^3 + 1 & x < 0 \end{cases}$ 的图像(要求写出语句,画出图像).

第二节　MATLAB 数学实验一　求极限

一、建立符号对象

1. 建立符号变量和符号常量

要用 MATLAB 求极限,积分,微分,级数,必须把函数表达式转化为符号表达式,才能进行运算. MATLAB 提供了两个建立符号对象的函数:sym 和 syms,两个函数的用法不同.

(1)sym 函数

sym 函数用来建立单个符号变量,一般调用格式为:

符号量名 = sym('符号字符串')

```
>>a = sym('x')                        %符号变量
>>b = sym('3*x^2+4*x+7')              %函数或表达式
>>c = sym('[1 2 3;3 4 5;5 6 7]')      %符号矩阵
```

(2)syms 函数

函数 sym 一次只能定义一个符号变量,使用不方便. MATLAB 提供了另一个函数 syms,一次可以定义多个符号变量. syms 函数的一般调用格式为:

syms　符号变量名 1 符号变量名 2 … 符号变量名 n

```
syms x y z
s = x^2+y^4-7    %把函数 s 转化为符号表达式
m = x^3-y-z    %把函数 m 转化为符号表达式
syms x y z a b c e f g
s = [x,y,z;a,b,c;e,f,g]    %把矩阵 s 转化为符号表达式
```

2. 实例

利用函数 sym 可以将数值表达式变换成它的符号表达式. 反过来函数 numeric 或 eval 可以将符号表达式变换成数值表达式.

```
>>clear
>>a = magic(3);
>>b = sym(a);
>>eval(b)
```

二、求极限

limit 函数的调用格式为:

(1)limit(f,x,a):求符号函数 $f(x)$ 当变量 x 趋近于常数 a 时,$f(x)$ 函数的极限值.

(2)limit(f,a):求符号函数 $f(x)$ 的默认自变量 x 趋近于 a 时的极限值.

(3)limit(f):求符号函数 $f(x)$ 趋近于 0 的极限值.

(4)limit(f,x,a,'right'):求符号函数 f 的极限值. 'right'表示变量 x 从右边趋近于 a.

(5) limit(f,x,a,'left')：求符号函数 f 的极限值. 'left'表示变量 x 从左边趋近于 a.

【例题 1】 $\lim\limits_{x\to 3}\left[x(x^2+1)-\dfrac{2e^{x-1}}{x+2}\right]$.

```
syms  x;
f = (x * ((x^2) +1) -2 * (exp(x -1))/(x +2);
limit(f,x,3)
ans  =
```

【例题 2】 $\lim\limits_{x\to 2}\left(1+\dfrac{2}{x}\right)^{3x}$.

```
syms x ;
f = (1 +2/x)^(3 * x)
limit((f,2)
ans  =64
```

【例题 3】 $\lim\limits_{x\to\infty} x(\sqrt{x^2+1}-x)$

```
syms x;
f = x * (sqrt(x^2 +1) -x);
limit(f,x,inf,'left')
ans  =1/2
```

【例题 4】 $\lim\limits_{x\to 2^+}\left(\dfrac{\sqrt{x}-\sqrt{2}-\sqrt{x-2}}{\sqrt{x^2-4}}\right)$

```
syms x;
f = (sqrt(x) -sqrt(2) -sqrt(x -2))/sqrt(x * x -4);
limit(f,x,2,'right')
ans  = -1/2
```

练习二

1. 求极限

(1) 求 $\lim\limits_{x\to 3}(x^2-2x+3)$

(2) $\lim\limits_{x\to 1}\dfrac{x^2+2x-3}{x-1}$

(3) $\lim\limits_{x\to\infty}\dfrac{x^2-1}{2x^2-x-1}$

(4) $\lim\limits_{x\to 0^+}\dfrac{x}{\sqrt{x+1}-1}$

2. 求极限

(1) $\lim\limits_{x\to 0^-}\dfrac{\sin 3x}{x}$

(2) $\lim\limits_{x\to\infty}\left(1+\dfrac{1}{x}\right)^{4x}$

(3) $\lim\limits_{x\to 0}\dfrac{1-\cos 2x}{x^2}$

(4) $\lim\limits_{x\to 0}\dfrac{e^{2x}-1}{x}$

第三节　MATLAB 数学实验二　求导数

一、一元函数求导

diff 函数用于对符号表达式求导数. 该函数的一般调用格式为:

diff(s):没有指定变量和导数阶数,按默认变量对符号表达式 s 求一阶导数.

diff(s,'v'):以 v 为自变量,对符号表达式 s 求一阶导数.

diff(s,n):按 f 默认变量对符号表达式 s 求 n 阶导数,n 为正整数.

diff(s,'v',n):以 v 为自变量,对符号表达式 s 求 n 阶导数.

【例题 1】 求 $y=(1+2x)^3$ 的导数.

```
syms x
y=(1+2*x)^3
diff(y)
```

【例题 2】 求 $y=e^{(2x+1)^2}$ 的导数.

```
syms x
y=exp(2*x+1)^2
diff(y)
```

【例题 3】 求 $y=\sin^2(2x+a)^2$ 的导数.

```
syms x a
y=(sin (2*x+2)^2)^2
diff(y,'x')
```

【例题 4】 求 $y=x^4-3x^2-5x+6$ 的 2 阶和 5 阶导数.

```
syms x
y=x^4-3*x^2-5*x+6
diff(y,2);
diff(y,5)
```

二、参数方程求导

【例题 5】 已知参数方程 $\begin{cases} x=t\sin t \\ y=t(1-\cos t) \end{cases}$,求 $\frac{dy}{dx}$.

```
symsx  y t
x=t*sin (t),y=t*(1-cos(t)),
dx=diff(x,t);dy=diff(y,t)
dy/dx
```

三、隐函数求导

【例题 6】 已知隐函数 $e^y + y\sin x - e^x = 0$，求$\frac{dy}{dx}$.

```
syms x y
f = exp(y) + y * sin (x) - exp(x);
dfx = diff(f,x);
dfy = diff(f,y);
-dfx/dfy
```

四、对多元函数求偏导数

【例题 7】 已知 $z = 3x^3y^2 + \sin(xy)$，

求(1)$\frac{\partial z}{\partial x}$；(2)$\frac{\partial^2 z}{\partial^2 x}$；(3)$\frac{\partial^2 z}{\partial x\partial y}$

```
syms x   y
z = 3 * x^3 * y^2 + sin (x * y)
(1)diff(z,x)
(2)diff(z,x,2)
(3)s = diff(z,x);
diff(s,y)
```

练习三

1. 求下列函数的导数.

(1)$y = x \cdot e^{2x}$　　(2)$y = (2x+1)^3$

(3)$y = \cos(3x+a)$　　(4)$y = \arccos(1-x)$

2. 已知 $y = \cos^2(2x-1)$，求 y'，$y^{(4)}$

3. 求参数方程$\begin{cases} x = 2t \\ y = 1 + t^2 \end{cases}$的导数.

4. 求参数方程$\begin{cases} x = \sin\theta \\ y = \cos\theta \end{cases}$的导数.

5. 已知隐函数 $xy - e^{xy} = 2$，求$\frac{dy}{dx}$.

6. 已知 $z = x^2y - \sin(xy)$，求$\frac{\partial z}{\partial x}$，$\frac{\partial z}{\partial y}$，$\frac{\partial^2 z}{\partial x^2}$，$\frac{\partial^2 z}{\partial x\partial y}$.

第四节　MATLAB 数学实验三　求积分

一、求积分

求积分由函数 int 来实现. 该函数的一般调用格式为：

int(s)：没有指定积分变量和积分阶数时，系统按默认变量对被积函数或符号表达式 s 求不定积分.

int(s,v)：以 v 为自变量，对被积函数或符号表达式 s 求不定积分.

int(s,v,a,b)：求定积分运算. a,b 分别表示定积分的下限和上限. 该函数求被积函数在区间 $[a,b]$ 上的定积分. a 和 b 可以是两个具体的数，也可以是一个符号表达式，还可以是无穷(inf). 当函数 f 关于变量 x 在闭区间 $[a,b]$ 上可积时，函数返回一个定积分结果. 当 a,b 中有一个是 inf 时，函数返回一个广义积分. 当 a,b 中有一个符号表达式时，函数返回一个符号函数.

【例题 1】　求不定积分 $\int (2x+3)^2 dx$.

```
syms x y
s=(2*x+3)^2;
int(s);
```

【例题 2】　求不定积分 $\int \cos^3 x dx$.

```
syms x
s=(cosx)^3;
int(s);
```

【例题 3】　求定积分 $s=\int_1^3 (4-3x^2)^2 dx$.

```
syms x
s=(4-3*x^2)^2;
int(s);
f=int(s,1,3);
vpa(f,4)   % 对积分值取四位有效数字.
```

【例题 4】　求广义积分 $\int_{-\infty}^{-1} \frac{1}{x^2(x^2+1)} dx$.

```
syms x
s=1/(x^2*(x^2+1));
int(s,-inf,-1)
```

二、求二重积分

【例题5】 求$f=\iint\limits_D[\sin(x^2)-2y]\mathrm{d}x\mathrm{d}y$,其中区间$D$为:$x$满足$[-1,1]$,$y$满足$[-1,1]$

```
syms  x y
f=sin (x.^2+2*y);
a=int(f,y,-1,1)
b=int(a,x,-1,1)
vpa(b,4)
```

【例题6】 求二重积分$I=\iint\limits_D(x^2+y^2)\mathrm{d}\sigma$,其中$D:\begin{cases}0\leqslant x\leqslant 1\\0\leqslant y\leqslant x^2\end{cases}$

```
syms  x y
f=(x.^2+y.^2)
a=int(f,y,0,x^2)
b=int(a,x,0,1)
vpa(b,4)
```

练习四

1. 求下列函数的不定积分

(1) $\int(2x-1)^3\mathrm{d}x$　　(2) $\int\frac{x}{1+x}\mathrm{d}x$

(3) $\int\frac{\ln^3 x\mathrm{d}x}{x}$　　(4) $\int\frac{1}{x+\sqrt{x}}\mathrm{d}x$

(5) $\int x\sin x\mathrm{d}x$　　(6) $\int x^4\ln x\mathrm{d}x$

2. 求下列函数的不定积分

(1) $\int_1^2(x-1)^3\mathrm{d}x$;　　(2) $\int_4^9\frac{1}{1+\sqrt{x}}$

(3) $\int_1^e x^2\ln x\mathrm{d}x$;　　(4) $\int_{-\infty}^{+\infty}\frac{1}{x^2}\mathrm{d}x$

第五节　MATLAB 数学实验四　求常微分方程的解

在 MATLAB 中,用大写字母 D 表示导数. 例如,Dy 表示 y′,D2y 表示 y″,Dy(0)=5 表示 y′(0)=5. D3y+D2y+Dy-x+5=0 表示微分方程 y‴+y″+y′-x+5=0. 符号常微分方程求

解可以通过函数 dsolve 来实现,其调用格式为:

dsolve(f,c,v):该函数求解常微分方程 f 在初值条 件 c 下的特解. 参数 v 是方程中的自变量,若没有给出初值条件 c,则求方程的通解.

dsolve(e1,e2,⋯,en,c1,⋯,cn,v1,⋯,vn):求解常微分方程组 e1,⋯,en 在初值条件 c1,⋯,cn 下的特解,若不给出初值条件,则求方程组的通解,v1,⋯,vn 给出求解变量.

【例题 1】 求下列微分方程的解.

$$\frac{dy}{dt}=\frac{t^2+y^2}{2t^2}$$

y = dsolve('Dy - (t^2 + y^2)/2 * t^2','t') % 求解

【例题 2】 求微分方程$\frac{dy}{dx}=2xy^2$ 在 $y(0)=1$ 时的特解

y = dsolve('Dy = 2 * x * y^2','x')　% 求通解

y = dsolve('Dy = 2 * x * y^2', 'y(0) = 1','x')　% 求特解

【例题 3】 求微分方程组的通解

$$\begin{cases}\frac{dy}{dt}=4x-2y\\ \frac{dy}{dt}=2x-y\end{cases}$$

[x,y] = dsolve('Dx = 4 * x - 2 * y','Dy = 2 * x - y')

练习五

1. 求微分方程$\frac{dy}{dx}=4xy^2-2x^2$ 的通解.

2. 求$\frac{dy}{dx}=4x^2y^2$ 在 $y(0)=1$ 时的特解.

3. 求微分方程组的通解.

$$\begin{cases}\frac{dx}{dt}=10x-2y\\ \frac{dy}{dt}=2x-4y\end{cases}$$

4. 求微分方程的解.

(1)$\frac{dy}{dx}=2xy^4$;

(2)$\frac{dy}{dx}=2xy-x^2$ 在 $y(1)=1$ 的特解.

第六节　MATLAB 数学实验五　级数求和及方程组求解

一、级数符号求和

求级数和的函数为 symsum，其调用格式为：

symsum(s)：求默认自变量的不定和

symsum(s,x)：求自变量 x 的不定和

symsum(s,a,b)：求默认自变量从 a 到 b 的有限和

symsum(s,x,a,b)：求自变量 x 从 a 到 b 的有限和

其中 s 是一个符号表达式，a 和 b 是求和的开始项和末项.

【例题 1】　求下列级数和.

$\sum k$, $\sum_{0}^{10}(k^2-1)$, $\sum_{k=1}^{\infty}\frac{x^k}{k}$

```
>>clear
>>syms x  k
>>symsum(k)
>>symslm(k^2-1,0,10);
>>symsum(x^k/k,k,1,inf)
```

二、求级数展开式

MATLAB 的泰勒级数，调用格式为：

taylor(f)：求 $f(x)$ 在 0 处的 5 阶泰勒级数展开式

taylor(f,n)：求 $f(x)$ 在 0 处的 $n-1$ 阶泰勒级数展开式

taylor(f,n,a)：求 $f(x)$ 在 a 处的 $n-1$ 阶泰勒级数展开式

taylor(f,x,n,a)：求 $f(x)$ 在自变量 x 等于 a 处的 $n-1$ 阶泰勒级数展开式

【例题 2】　求函数 $y=\sin(x)$ 在指定点的泰勒级数展开式.

```
syms x
y=sin (x);
taylor(y)   %x=0 处展开式
taylor(y,12)   %x=0 处 12 阶展开式
taylor(y,12,2)   %x=2 处 12 阶展开式
```

三、符号代数方程求解

在 MATLAB 中，求解用符号表达式表示的代数方程可由函数 solve 实现，其调用格式为：

solve(s)：求解符号表达式 s 的代数方程，求解变量为默认变量.

solve(s,x):求解符号表达式 s 的代数方程,求解变量为 x.

solve(s1,s2,⋯,sn,x1,x2,⋯,xn):求解 符号表达式 $s1,s2,\cdots,sn$ 组成的代数方程组,求解变量分别为 $x1,x2,\cdots,xn$.

【例题3】 解下列方程.

(1)$2x^2-3x-2=0$ (2)$\begin{cases}x_1+5x_2-3x_3-x_4=-1\\x_1-x_2+x_3+3x_4=3\\3x_1+8x_2-x_3+x_4=1\\x_1-9x_2+3x_3+7x_4=7\end{cases}$

```
(1)syms x
s=2*x^2-3*x-2
solve(s)
(2)syms x1 x2 x3 x4
s1=x1+5*x2-3*x3-x4+1
s2=x1-x2+x3+3*x4-3
s3=3*x1+8*x2-x3+x4-1
s4=x1-9*x2+3*x3+7*x4-7
[x1,x2,x3,x4]=solve(s1,s2,s3,s4)
```

练习题六

1. 求下列级数的和.

(1)$\sum_{n=1}^{10}\frac{1}{n^2}$ (2)$\sum_{n=1}^{50}\left(\frac{2}{5}\right)^n$

(3)$\sum_{n=1}^{\infty}\frac{1}{n(n+1)}$ (4)$\sum_{n=1}^{\infty}(\sqrt{n+1}-\sqrt{n})$

2. 求下列级数的展开式.

(1)$\ln(2-x),x=0$ (2)$\sin\frac{x}{2},x=0$

(3)$f(x)=\frac{1}{x},x=1$

3. 求下列方程组的解.

$\begin{cases}x-y-2z=0\\2x-3y+4z=0\\x+2y-z=0\end{cases}$

参考文献

[1] 同济大学数学系. 高等数学[M]. 6 版. 北京:高等教育出版社,2007.
[2] 盛祥耀. 高等数学[M]. 北京:高等教育出版社,2005.
[3] 顾静相. 高等数学[M]. 北京:高等教育出版社,2005.
[4] 陈水林,易同贸. 高等数学[M]. 武汉:湖北长江出版集团,2007.
[5] 于润伟. MATLAB 基础及应用[M]. 北京:机械工业出版社,2010.
[6] 张德喜. MATLAB 程序设计[M]. 北京:中国铁道出版社,2006.
[7] 王正林. 精通 MATLAB7.0[M]. 北京:电子工业出版社,2008.